基礎
電気回路1

第3版

有馬 泉・岩崎 晴光　共著

森北出版株式会社

● 本書のサポート情報を当社Webサイトに掲載する場合があります．
下記のURLにアクセスし，サポートの案内をご覧ください．

https://www.morikita.co.jp/support/

● 本書の内容に関するご質問は，森北出版 出版部「（書名を明記）」係宛
に書面にて，もしくは下記のe-mailアドレスまでお願いします．なお，
電話でのご質問には応じかねますので，あらかじめご了承ください．

editor@morikita.co.jp

● 本書により得られた情報の使用から生じるいかなる損害についても，
当社および本書の著者は責任を負わないものとします．

■ 本書に記載している製品名，商標および登録商標は，各権利者に帰属
します．

■ 本書を無断で複写複製（電子化を含む）することは，著作権法上での
例外を除き，禁じられています．複写される場合は，そのつど事前に
（一社）出版者著作権管理機構（電話03-5244-5088, FAX03-5244-5089,
e-mail：info@jcopy.or.jp）の許諾を得てください．また本書を代行業者
等の第三者に依頼してスキャンやデジタル化することは，たとえ個人や
家庭内での利用であっても一切認められておりません．

第3版の序文

　今回の改訂では，第2章～第5章および第8章の各演習問題を中心に実施した．第2版の改訂が1999年で，各章演習問題の大半は，昭和年度に実施された電気主任技術者国家試験問題であった．

　今回の改訂では，平成年度に実施された電気主任技術者国家試験問題の中から引用した．なお，試験問題は，一般財団法人電気技術者試験センターから毎年直近の5年間について公表されている．

　今回の改訂にあたり，森北出版社のご協力により，本文を新たに組み替え，判型をA5判から菊判に変更し，レイアウトを刷新した．関係者各位に感謝の意を表します．

2014年3月 　　　　　　　　　　　　　　　　　　　　　　　　著　　者

第 2 版の序文

今回の改訂では，主として第 7 章および第 8 章を中心に行った．

第 7 章では，ひずみ波交流の取り扱いの部分の説明をできるだけ平易にした．第 8 章の多相交流回路は，著者らの経験から，大学 2 年後学期ではとくに学生諸君の理解が困難と思われた．しかし，これからますます高度情報化の時代に入り，停電時にはさまざまな障害を生じる．その際，電源のとくに 3 相電源に対する基礎的理解が必要なので，3 相回路を中心とした多相交流の説明を行った．

また，学習内容をよく把握できるように，演習問題に電気管理士国家試験および研修試験の問題の中から選び追加した．電気管理士国家試験および研修試験に合格した電気管理士の免状を有する者は，エネルギーの使用の合理化に関する法律（昭和 54 年 6 月 22 日公布）の施行により，通産大臣が指定したエネルギー管理指定工場で，定められた諸業務を遂行するものである．（平 5，電管）と記した場合，平成 5 年度電気管理士国家試験の問題の意味である．

このたびの改訂にあたり，ご協力いただいた「基礎電気回路 2」の著者の横川泉二氏，ならびに出版に際し種々お世話いただいた森北出版社の関係各位に感謝の意を表します．

1999 年 3 月 　　　　　　　　　　　　　　　　　　　　　　　　著　者

序　文

　本書は，大学電気系学科学生用の教科書として書かれたものである．電気回路は，いうまでもなく，電気系学科目の中でもっとも基礎的なものの一つであり，その知識や理解が十分でないと，その後の諸分野における専門科目の理解が難しい．著者らの大学では，2年後学期から電気回路と電磁気学が同時に開講されるので，電気回路の数式的取り扱いはある程度理解できても，回路素子の基本的性質の理解が困難なようである．また，著者らのうち二人の長年の民間企業における経験から，基礎的事項の十分な理解が望ましく，本書はこれらの点を考慮してその構想を討議してまとめたものである．

　本書は，電気回路 (1)，(2) からなり，(1) では，回路素子の基本的性質や回路内の動作を現象的に理解してから回路の記号解析法に入り，主としていわゆる交流理論の基礎的事項について述べた．(2) では，自然界との対比で回路の過渡現象が理解できるように配慮し，さらに，(1) に入るべきインピーダンス関数と二端子回路の合成は，実際と結びつけてその意義を理解できるように伝送回路網に入れた．また，(1)，(2) とも学習内容が把握できるように，原則として各節ごとに例題を入れ，さらに各章の終わりに演習問題を集録した．なお，問題は主として電気主任技術者国家試験問題を引用した．(昭 52, II) と記した場合，昭和 52 年度第 2 種の意味である．

　本書を草するにあたり，多くの著書を参考にさせていただいた．著者らに心から感謝の意を表すとともに，巻末にそれらの著書名を掲げた．また，図面の作成等に協力いただいた岐阜大学渡辺貞司氏，長瀬信彦氏，梶田祐司氏ならびに出版に際し種々お世話いただいた森北出版社の各位に感謝の意を表します．

1978 年 9 月　　　　　　　　　　　　　　　　　　　　　　　　　　　　著　　者

目　次

第1章　電気回路の構成　　1

1.1　電　源 …………………………………………………………… 1
1.2　回路素子 ………………………………………………………… 1

第2章　直流回路解析の基礎　　6

2.1　キルヒホッフの法則 …………………………………………… 6
2.2　抵抗回路の接続法 ……………………………………………… 9
2.3　直流電力 ………………………………………………………… 12
演習問題 ……………………………………………………………… 12

第3章　交流回路解析の基礎　　17

3.1　正弦波交流電圧・電流の発生 ………………………………… 17
3.2　平均値および実効値 …………………………………………… 19
3.3　位相差 …………………………………………………………… 19
3.4　交流回路における抵抗 ………………………………………… 20
3.5　交流回路における自己インダクタンス ……………………… 21
3.6　交流回路における静電容量 …………………………………… 24
3.7　R–L–C 直列回路 ……………………………………………… 26
演習問題 ……………………………………………………………… 30

第4章　複素数表示による交流回路解析　　32

4.1　複素数のベクトル表示 ………………………………………… 32
4.2　複素数の四則演算 ……………………………………………… 33
4.3　正弦波電圧・電流のベクトル表示 …………………………… 35

4.4 複素数表示による解析法 ……………………………………… 36
4.5 複素インピーダンスと複素アドミタンス ……………………… 42
4.6 ベクトル軌跡 …………………………………………………… 46
4.7 共振回路 ………………………………………………………… 48
4.8 電力のベクトル表示 …………………………………………… 53
4.9 相互誘導回路 …………………………………………………… 54
4.10 逆回路 …………………………………………………………… 57
4.11 定抵抗回路 ……………………………………………………… 58
演習問題 ………………………………………………………… 59

第5章 一般線形回路解析の諸法則　　　　　　　　　　　　68

5.1 回路網のグラフの概念 ………………………………………… 68
5.2 閉路方程式 ……………………………………………………… 69
5.3 回路網に関する定理 …………………………………………… 72
演習問題 ………………………………………………………… 78

第6章 二端子対回路網　　　　　　　　　　　　　　　　　　83

6.1 アドミタンス行列 ……………………………………………… 83
6.2 インピーダンス行列 …………………………………………… 84
6.3 四端子定数 ……………………………………………………… 86
6.4 H 行列および G 行列 ………………………………………… 90
6.5 二端子対回路網の接続組合せ ………………………………… 91
6.6 影像パラメータ ………………………………………………… 95
演習問題 ………………………………………………………… 105

第7章 ひずみ波交流　　　　　　　　　　　　　　　　　　　107

7.1 ひずみ波交流とフーリエ級数 ………………………………… 107
7.2 フーリエ級数の係数 …………………………………………… 108
7.3 フーリエ級数の種々の表現 …………………………………… 110
7.4 特別な波形のひずみ波交流 …………………………………… 111
7.5 任意な波形のフーリエ級数の求め方 ………………………… 120

7.6　ひずみ波交流電圧と電流の実効値 ………………………………… 122
7.7　ひずみ波交流の電力 ………………………………………………… 126
演習問題 …………………………………………………………………… 129

第8章　多相交流回路　　131

8.1　多相交流と結線方式 ………………………………………………… 131
8.2　多相交流の起電力と電流 …………………………………………… 135
8.3　Y結線と△結線の等価変換 ………………………………………… 138
8.4　3相回路の解析 ……………………………………………………… 142
8.5　多相交流回路の電力 ………………………………………………… 146
8.6　対称多相交流による回転磁界 ……………………………………… 148
8.7　対称3相起電力に含まれる高調波 ………………………………… 151
8.8　対称座標法 …………………………………………………………… 153
演習問題 …………………………………………………………………… 163

第9章　分布定数回路　　170

9.1　基礎方程式と特性インピーダンスおよび伝搬定数 ……………… 170
9.2　各種の端子条件における電圧・電流 ……………………………… 176
9.3　位置角 ………………………………………………………………… 178
9.4　線路の共振 …………………………………………………………… 180
9.5　反射波と透過波 ……………………………………………………… 183
演習問題 …………………………………………………………………… 186

付　録　　188

A.1　行　列 ………………………………………………………………… 188
A.2　指数関数・双曲線関数 ……………………………………………… 191

演習問題解答 ……………………………………………………………… 193
参考文献 …………………………………………………………………… 217
索　引 ……………………………………………………………………… 218

第1章 電気回路の構成

電気回路は，電源といくつかの回路素子とが導線で接続されたものである．この章では，電源と回路素子の概念について述べる．

1.1 電源

電源は，回路素子に電気エネルギーを供給するもので，具体的には電池，発電機および発振器などがある．これらの電源は有限のエネルギーしか供給できない．そこで，電気回路学では，これらの電源装置を無限大のエネルギー装置をもった理想化した**電圧源**または**電流源**として考える．電圧源は，その端子に接続された外部回路に関係なく一定の電圧 E_0 を発生するものであり，電流源は，その端子に接続された外部回路に関係なく一定の電流 I_0 を供給するものである．また，電圧源の端子電圧または電流源の端子電流の大きさおよび方向が時間的に一定な場合，それぞれ**直流電圧源** (direct voltage source) または**直流電流源** (direct current source) という．図 1.1(a) および (b) は，それぞれ直流電圧源および直流電流源の記号を示す．同図において，矢印の記号は電圧，電流の方向を示す．

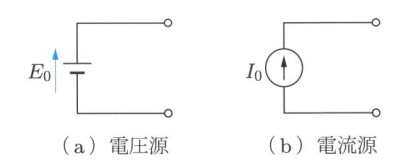

(a) 電圧源　　(b) 電流源

図 1.1　電圧源と電流源の記号

一方，電圧・電流の大きさと方向が時間的に変化する場合，それぞれ**交流電圧源** (alternating voltage source) および**交流電流源** (alternating current source) という．なお交流の場合の電圧源または電流源の記号は，第 3 章で述べる．

1.2 回路素子

電気回路の回路素子には，抵抗器，コイルおよびコンデンサなどがあり，いずれも理

想化したものを考える．これらの回路素子の値が，各素子に加わる電圧や各素子を流れる電流の大きさによって変化しない場合，各素子を**線形素子** (linear element) とよび，そのような線形素子を含む回路を**線形回路** (linear circuit) という．また，回路素子の値が，電圧・電流によって変化する場合，各素子を**非線形素子** (nonlinear element) とよび，非線形素子を含む回路を**非線形回路** (nonlinear circuit) という．本書では，主として線形回路を取り扱っている．

1.2.1 抵抗器

導線の両端に電位差があると導線中を電荷が流れる．この電荷の流れを**電流**とよび，正電荷の流れる方向を電流の正方向と定める．また，導線断面を単位時間に通過する電気量を**電流の強さ**とよび，単位は**アンペア** (ampere, A) で表す．導線の 2 点 AB 間を流れる電流の強さ I [A] は，AB 間の電位差 V ボルト (volt, V) に比例し，

$$V = RI \tag{1.1}$$

となる．これを**オームの法則** (Ohm's law) とよび，比例定数 R を導線 AB 間の**電気抵抗**または単に**抵抗** (resistance) という．単位は**オーム** (ohm, Ω) で表す．抵抗 R の記号は，図 1.2 に示す．抵抗の値は，導線の形状，材料などにより異なる．実際の抵抗器には巻線型抵抗器，皮膜抵抗器などがあり，種々の抵抗器を用いて回路電流を調整する．

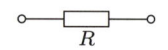

図 1.2 抵抗の記号

また，抵抗の逆数 $1/R$ を**コンダクタンス** (conductance) といい，単位は，**ジーメンス** (simens, S) で表す．記号は抵抗と同じものを使う．

1.2.2 コイル

導線をらせん状に巻いたものを**コイル**という．コイルの記号は図 1.3 に示す．図 1.4 に示すようにコイルが単独にあり，スイッチ S を断続した場合を考える．

コイルを流れる電流 i が変化するので，電流 i の作る**磁束** $\varPhi$ も変化し，コイルには電磁誘導作用により，磁束の変化を妨げる方向の起電力 e_L が発生する．すなわち，

$$e_L = -N \frac{d\varPhi}{dt} \tag{1.2}$$

となる．透磁率が一定であれば，磁束の変化は電流の変化に比例するので，

$$N\varPhi = Li \tag{1.3}$$

図 1.3 コイルの記号 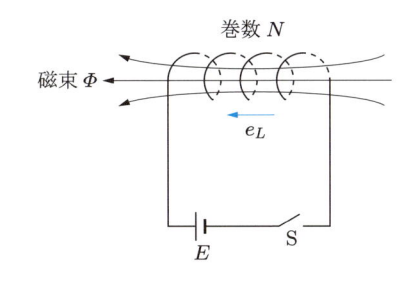   図 1.4 自己誘導作用

となる．比例定数 L を**自己インダクタンス** (self inductance) とよび，単位は**ヘンリー** (henry, H) で表す．式 (1.2), (1.3) より，

$$e_L = -L\frac{\mathrm{d}i}{\mathrm{d}t} \tag{1.4}$$

となり，コイルの両端には，電流の変化を妨げる方向に，電流の時間的変化に比例した電圧が発生する．これを**誘導起電力**とよび，このような現象を**自己誘導作用**という．コイルに直流電流が流れている定常状態では，逆起電力は生じないが，交流電流が流れていると，電流が時間的に変化するので逆起電力が生じる．

次に，図 1.5 に示すように，2 個のコイル①，②を接近させ，スイッチ S を断続した場合を考える．

コイル①を流れる電流 i_1 が変化すると，コイル②と鎖交する電流 i_1 の作る磁束 Φ_1 も変化し，コイル②には電磁誘導作用により，磁束 Φ_1 の変化を妨げる方向の起電力 e_{M_2} を生じる．すなわち，

$$e_{M_2} = -N_2\frac{\mathrm{d}\Phi_1}{\mathrm{d}t} \tag{1.5}$$

となる．透磁率が一定ならば，電流と磁束とは比例するので，

$$N_2\Phi_1 = M_{21} \cdot i_1 \tag{1.6}$$

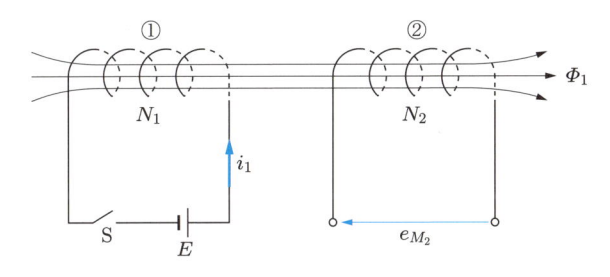

図 1.5 相互誘導作用

となる．比例定数 M_{21} を**相互インダクタンス** (mutual inductance) とよび，単位はヘンリー (henry, H) で表す．式 (1.5), (1.6) より，

$$e_{M_2} = -M_{21}\frac{\mathrm{d}i_1}{\mathrm{d}t} \tag{1.7}$$

となり，コイル②の両端には，コイル①の電流 i_1 の時間的変化に比例した電圧が電流の変化を妨げる方向に生じる．これを**相互誘導作用**という．

コイル②の電流 i_2 を変化させても上述と同様に，コイル①には電流 i_2 の時間的変化に比例した電圧が，電流の変化を妨げる方向に生じる．すなわち，

$$e_{M_1} = -M_{12}\frac{\mathrm{d}i_2}{\mathrm{d}t} \tag{1.8}$$

となり，比例定数 M_{12} はこの場合の相互インダクタンスである．回路が線形である場合，

$$M_{21} = M_{12} = M \tag{1.9}$$

となる．

1.2.3 コンデンサ

コンデンサは，2枚の導体板を空気または誘電体をはさんで向き合わせ，正負等量の電荷を多量に蓄える目的で作られたもので，誘電体の種類や使用目的により種々の形がある．コンデンサは，図 1.6 に示す記号で表す．

図 1.6 コンデンサの記号

2枚の導体板（極板ともいう）の一方の極板の電位を V_1, 電荷を $+Q$, 他方の極板の電位を V_2, 電荷を $-Q$, 極板の電位差を $V = V_1 - V_2$ とすれば，

$$Q = CV \tag{1.10}$$

となり，極板間に蓄えられる電荷量は，極板間の電位差に比例する．この比例定数 C を**静電容量** (electrostatic capacity) とよび，単位は**ファラッド** (farad, F) で表す．

もし，電荷 Q が時間的に変化すれば，

$$i = \frac{\mathrm{d}Q}{\mathrm{d}t} \tag{1.11}$$

なる電流が流れ，式 (1.10), (1.11) より，次のようになる．

$$V = \frac{1}{C}\int i\,\mathrm{d}t \tag{1.12}$$

次に，図 1.7 に示すようにコンデンサを直列に接続した場合，各コンデンサにかかる電位差を V_1, V_2, V_3 とし，端子 ab にかかる電位差を V とすると，電荷保存の法則から，

$$Q = C_1 V_1 = C_2 V_2 = C_3 V_3 \tag{1.13}$$

となる．また，$V = V_1 + V_2 + V_3$ であるので，端子 ab からみた合成静電容量 C は，

$$C = \frac{Q}{V} = \frac{1}{\dfrac{1}{C_1} + \dfrac{1}{C_2} + \dfrac{1}{C_3}} \tag{1.14}$$

となり，一般に n 個のコンデンサを直列に接続すると，次式となる．

$$\frac{1}{C} = \sum_{i=1}^{n} \frac{1}{C_i} \tag{1.15}$$

また，図 1.8 に示すようにコンデンサを並列にした場合，端子 ab 間の電位差を V とすると，

$$\left. \begin{array}{l} Q_1 = C_1 V, \quad Q_2 = C_2 V, \quad Q_3 = C_3 V \\ Q = Q_1 + Q_2 + Q_3 \end{array} \right\} \tag{1.16}$$

となる．したがって，合成静電容量 C は，

$$C = \frac{Q}{V} = C_1 + C_2 + C_3 \tag{1.17}$$

となり，一般に n 個のコンデンサを並列に接続すると，次式となる．

$$C = \sum_{i=1}^{n} C_i \tag{1.18}$$

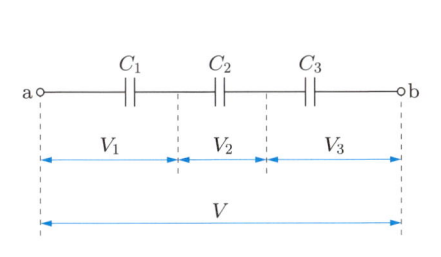

図 1.7　コンデンサの直列接続 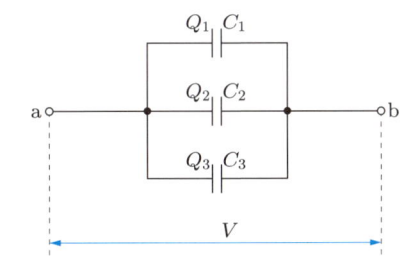　　　図 1.8　コンデンサの並列接続

第2章 直流回路解析の基礎

簡単な回路の解析は，オームの法則を適用して行えるが，複雑な回路を流れる電流や電圧を求めるには，キルヒホッフの法則 (Kirchhoff's law) を用いると便利である．この章では，キルヒホッフの法則とそれを用いた直流回路の計算法について述べる．

2.1 キルヒホッフの法則

キルヒホッフの法則には，第1法則と第2法則がある．

2.1.1 キルヒホッフの第1法則

図 2.1 に示すように，たとえば，5個の導線が点 P で接続されている場合，接続点 P に流入する電流を正，流出する電流を負とすると，

$$I_1 - I_2 + I_3 - I_4 + I_5 = 0 \tag{2.1}$$

となる．すなわち，**回路網中の任意の接続点に流入する電流の代数和は 0 である**．これをキルヒホッフの第1法則とよび，電流接続の関係を表す．

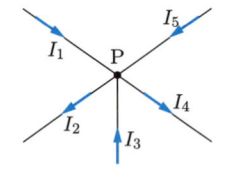

図 2.1 キルヒホッフの第1法則

2.1.2 キルヒホッフの第2法則

図 2.2 に示すように，電圧源 E に抵抗 R を接続した場合，抵抗 R に流れる電流を I とすると，式 (1.1) より，

$$E = IR \tag{2.2}$$

となる．式 (2.2) の右辺は，電流と抵抗との積で，これを**電圧降下** (voltage drop) と

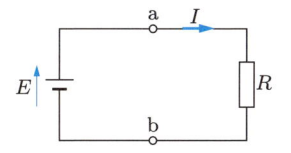

図 2.2 電圧源と抵抗の接続

よび，図 2.2 の点 b の電位が点 a の電位より IR だけ低くなると考える．

キルヒホッフの第 2 法則は，この電圧降下を用いて次のように表現される．

回路網中の任意の閉回路に含まれる各枝路の電圧降下の総和は，その閉路中の起電力の総和に等しい．ただし，閉回路の向きを定め，それと同じ方向の起電力および電流を正とし，ほかを負とする．

これは，**電圧平衡**の関係を表す．たとえば，図 2.3 に示す回路網を考える．同図において，A，B，C，D 各点を**接続点** (junction point)，A–B，B–C などを**枝路** (branch) という．また A → B → C → D → A のように，いくつかの枝路を通り一周して完結する回路を**閉回路** (closed circuit) という．ABCDA の閉回路において，同図に示した時計方向（矢印）を回路の方向と定めると，キルヒホッフの第 2 法則から，

$$I_1 R_1 + I_2 R_2 - I_3 R_3 + I_4 R_4 = E_1 + E_2 - E_3 \tag{2.3}$$

となる．

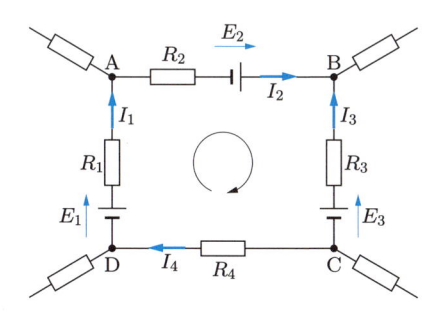

図 2.3 キルヒホッフの第 2 法則

例題 2.1 図 2.4 に示す回路において，抵抗 R_3 を流れる電流を求めよ．
解 各抵抗を流れる電流を図のようにする．点 P にキルヒホッフの第 1 法則を適用すると，

$$I_1 + I_2 = I_3 \tag{2.4}$$

となる．また，図に示すように回路の方向を定め，キルヒホッフの第 2 法則を適用すると，

$$I_1 R_1 + I_3 R_3 = E_1 \quad (2.5)$$
$$I_2 R_2 + I_3 R_3 = E_2 \quad (2.6)$$

となる．式 (2.4)〜(2.6) より I_3 を求めると，

$$I_3 = \frac{R_2 E_1 + R_1 E_2}{R_1 R_2 + R_2 R_3 + R_3 R_1} \quad (2.7)$$

となる．

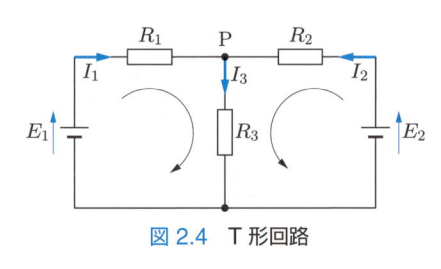

図 2.4 T 形回路

例題 2.2 図 2.5 に示す回路（**ホイートストンブリッジ** (Wheatstone bridge) という）において，抵抗 R_5 を流れる電流を求めよ．

解 各枝路を流れる電流を $I_1, I_2, \cdots, I_6$ とする．A, B, D 各点にキルヒホッフの第 1 法則を適用すると，

$$\left.\begin{array}{l} I_6 - I_1 - I_2 = 0 \\ I_1 - I_3 - I_5 = 0 \\ I_3 + I_4 - I_6 = 0 \end{array}\right\} \quad (2.8)$$

となる．図の閉回路 1, 2, 3 にキルヒホッフの第 2 法則を適用すると，

$$\left.\begin{array}{l} R_6 I_6 + R_2 I_2 + R_4 I_4 = E \\ R_1 I_1 + R_5 I_5 - R_2 I_2 = 0 \\ R_3 I_3 - R_4 I_4 - R_5 I_5 = 0 \end{array}\right\} \quad (2.9)$$

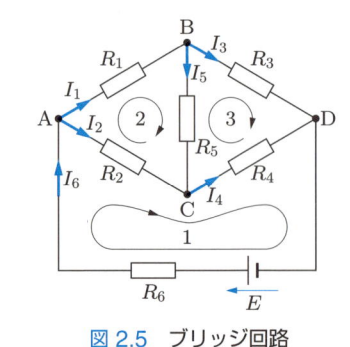

図 2.5 ブリッジ回路

となる．これら 6 個の方程式から各枝路の電流が求められる．たとえば，式 (2.8) より

$$\left.\begin{array}{l} I_2 = I_6 - I_1 \\ I_3 = I_1 - I_5 \\ I_4 = I_6 - I_3 = I_6 - I_1 + I_5 \end{array}\right\} \quad (2.10)$$

となり，式 (2.10) を式 (2.9) に代入して整理すると，

$$\left.\begin{array}{l} R_4 I_5 - (R_2 + R_4) I_1 + (R_2 + R_4 + R_6) I_6 = E \\ R_5 I_5 + (R_1 + R_2) I_1 - R_2 I_6 = 0 \\ (R_3 + R_4 + R_5) I_5 - (R_3 + R_4) I_1 + R_4 I_6 = 0 \end{array}\right\} \quad (2.11)$$

となり，クラーメルの公式を用いて I_5 を求めると，

$$I_5 = \frac{\begin{vmatrix} E & -(R_2 + R_4) & (R_2 + R_4 + R_6) \\ 0 & (R_1 + R_2) & -R_2 \\ 0 & -(R_3 + R_4) & R_4 \end{vmatrix}}{\Delta} = \frac{(R_1 R_4 - R_2 R_3) E}{\Delta} \quad (2.12)$$

ただし，

$$\Delta = \begin{vmatrix} R_4 & -(R_2+R_4) & (R_2+R_4+R_6) \\ R_5 & (R_1+R_2) & -R_2 \\ (R_3+R_4+R_5) & -(R_3+R_4) & R_4 \end{vmatrix}$$

となる．式 (2.12) より，抵抗 R_5 を流れる電流 I_5 は，

$$R_1 R_4 = R_2 R_3 \tag{2.13}$$

が成立するとき 0 となる．式 (2.13) を**ブリッジの平衡条件**という．

2.2 抵抗回路の接続法

2.2.1 直列回路

図 2.6 に示すように，抵抗 $R_1, R_2, \cdots, R_n$ を直列に接続した場合，各抵抗を流れる電流 I は一定で，キルヒホッフの第 2 法則より，

$$E = IR_1 + IR_2 + \cdots + IR_n = I(R_1 + R_2 + \cdots + R_n) \tag{2.14}$$

となる．したがって，合成抵抗 R は，

$$R = \frac{E}{I} = R_1 + R_2 + \cdots + R_n \tag{2.15}$$

となり，各抵抗の和に等しい．

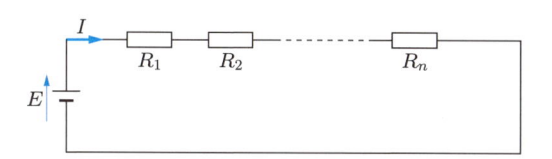

図 2.6　抵抗の直列接続

例題 2.3　図 2.7(a) に示すように，内部抵抗 r の電圧計Ⓥに抵抗 R を接続して，電圧 V を測定せよ．

解　電圧計の内部抵抗 r と抵抗 R の直列回路となる（図 (b)）．この回路を流れる電流を I とすると，

$$V = (R+r)I \tag{2.16}$$

となる．また，電圧計の読みを V' とすると，$V' = Ir$ であるので，

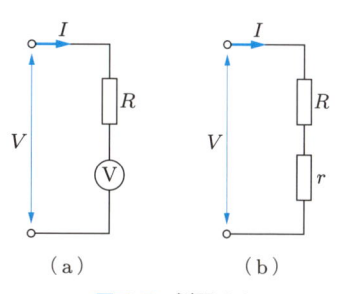

図 2.7　例題 2.3

$$V = \left(1 + \frac{R}{r}\right)V' \tag{2.17}$$

となり，電圧計の読みの $(1 + R/r)$ 倍の電圧が測定できる．このような直列抵抗 R を**倍率器** (multiplier) という．

2.2.2 並列回路

図 2.8 に示すように，抵抗 $R_1, R_2, \cdots, R_n$ を並列に接続した場合，各抵抗の両端にかかる電圧は E で一定で，各抵抗に流れる電流を $I_1, I_2, \cdots, I_n$ とし，全電流を I とすると，キルヒホッフの第 1 法則から，

$$I = I_1 + I_2 + \cdots + I_n = \frac{E}{R_1} + \frac{E}{R_2} + \cdots + \frac{E}{R_n} \tag{2.18}$$

となる．したがって，合成抵抗 R は，

$$\frac{1}{R} = \frac{1}{R_1} + \frac{1}{R_2} + \cdots + \frac{1}{R_n} \tag{2.19}$$

となり，合成抵抗の逆数は，各抵抗の逆数の和に等しい．

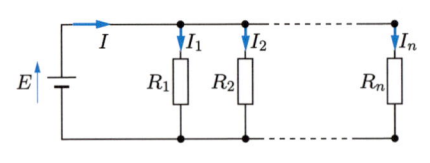

図 2.8 抵抗の並列接続

例題 2.4 図 2.9 に示すように，内部抵抗 r の電流計Ⓐに並列に抵抗を接続して，電流 I を求めよ．

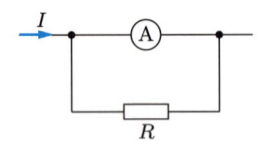

図 2.9 例題 2.4

解 図 2.10 に示すように，抵抗 R と r の並列回路となる．したがって，合成抵抗 R' は，

$$R' = \frac{rR}{R+r} \tag{2.20}$$

となる．また，抵抗 r および R に流れる電流をそれぞれ I_1, I_2 とすると，

$$\left.\begin{array}{l} I_1 r = I_2 R \\ I = I_1 + I_2 \end{array}\right\} \tag{2.21}$$

となる．したがって，
$$I = \left(1 + \frac{r}{R}\right) I_1 \tag{2.22}$$
となり，電流計の読み I_1 の $(1+r/R)$ 倍の電流を測定できる．この抵抗 R を**分流器** (shunt) という．なお，式 (2.21) より，

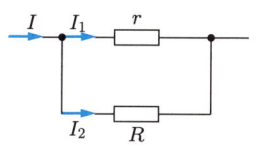

図 2.10　例題 2.4 [解]

$$I_1 = \frac{R}{R+r} I \tag{2.23}$$
$$I_2 = \frac{r}{R+r} I \tag{2.24}$$

が得られる．全電流 I から各枝路に分流する電流を求めるのに便利な式であるので，記憶しておくとよい．

2.2.3　直並列回路

図 2.11 に示すような抵抗の直並列回路を考える．この場合，まず，抵抗 r_2 と r_3 の並列回路の合成抵抗 R_1 を求める．すなわち，
$$R_1 = \frac{r_2 r_3}{r_2 + r_3} \tag{2.25}$$
となる．次に，R_1 と r_1 の直列回路の合成抵抗 R_2 は，
$$R_2 = R_1 + r_1 = \frac{r_1 r_2 + r_2 r_3 + r_3 r_1}{r_2 + r_3} \tag{2.26}$$
となる．最後に，R_2 と r_4 の並列回路の合成抵抗 R_3 は，
$$R_3 = \frac{r_4 R_2}{R_2 + r_4} = \frac{(r_1 r_2 + r_2 r_3 + r_3 r_1) r_4}{r_1 r_2 + r_2 r_3 + r_3 r_1 + r_2 r_4 + r_3 r_4} \tag{2.27}$$
となる．

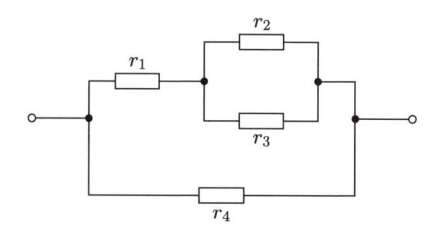

図 2.11　直並列回路

例題 2.5　図 2.12 に示す回路において，各抵抗を流れる電流を求めよ．
解　合成抵抗 R は，

$$R = R_1 + \frac{R_2 R_3}{R_2 + R_3} \tag{2.28}$$

である．したがって，抵抗 R_1 を流れる電流 I_1 は，

$$I_1 = \frac{E}{R} = \frac{(R_2 + R_3)E}{R_1 R_2 + R_2 R_3 + R_3 R_1} \tag{2.29}$$

となる．また，抵抗 R_2 および R_3 を流れる電流 I_2 および I_3 は，式 (2.23), (2.24) より，

$$I_2 = \frac{R_3}{R_2 + R_4} I_1 = \frac{R_3 E}{R_1 R_2 + R_2 R_3 + R_3 R_1} \tag{2.30}$$

$$I_3 = \frac{R_2}{R_2 + R_3} I_1 = \frac{R_2 E}{R_1 R_2 + R_2 R_3 + R_3 R_1} \tag{2.31}$$

となる．

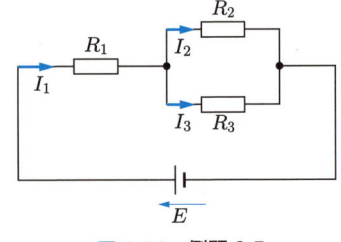

図 2.12　例題 2.5

2.3 直流電力

抵抗 $R\,[\Omega]$ が接続された導線の 2 点間に電位差 $V\,[\mathrm{V}]$ を加え，電流 $I\,[\mathrm{A}]$ を流すと，時間 $t\,[\mathrm{s}]$ 間に電荷 $Q = It\,[\mathrm{C}]$ が運ばれる．その際，電流の単位時間になす仕事の割合すなわち仕事率 P は，

$$P = \frac{VQ}{t} = VI \tag{2.32}$$

となる．この量を**電力** (electric power) といい，単位は**ワット** (watt, W) で表す．オームの法則すなわち $V = RI$ から，

$$P = I^2 R = \frac{V^2}{R} \tag{2.33}$$

となり，時間 $t\,[\mathrm{s}]$ 間になされる仕事すなわち消費される電力量は，

$$W = Pt = VIt = I^2 Rt = \frac{V^2 t}{R} \tag{2.34}$$

となる．この電力は，抵抗中で熱として消費される．これを**ジュール熱**という．

演習問題

2.1 問図 2.1 のように，内部抵抗 $r\,[\Omega]$，起電力 $E\,[\mathrm{V}]$ の電池に抵抗 $R\,[\Omega]$ の可変抵抗器を接続した回路がある．$R = 2.25\,\Omega$ にしたとき，回路を流れる電流は $I = 3\,\mathrm{A}$ であった．次に，$R = 3.45\,\Omega$ にしたとき，回路を流れる電流は $I = 2\,\mathrm{A}$ となった．この電池の起電力 $E\,[\mathrm{V}]$ の値として，正しいのは次のうちどれか．（平 18, III）

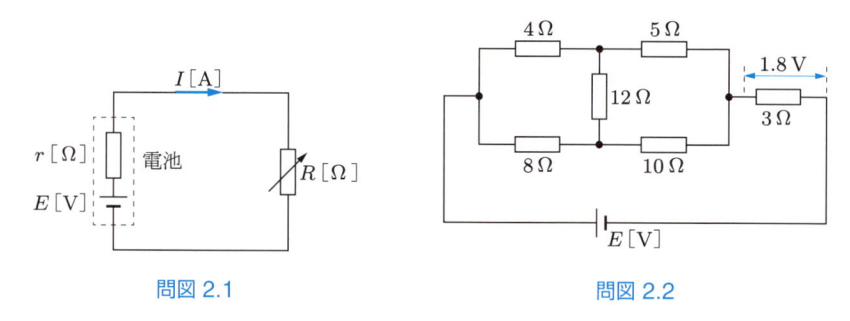

問図 2.1

問図 2.2

(1) 6.75　　(2) 6.90　　(3) 7.05　　(4) 7.20　　(5) 9.30

2.2 問図 2.2 のような直流回路において，抵抗 $3\,\Omega$ の端子間の電圧が $1.8\,\mathrm{V}$ であった．このとき，電源電圧 $E\,[\mathrm{V}]$ の値として，正しいのは次のうちどれか．（平 16, III）

(1) 1.8　　(2) 3.6　　(3) 5.4　　(4) 7.2　　(5) 10.4

2.3 問図 2.3 のような直流回路において，電源電圧が $E\,[\mathrm{V}]$ であったとき，末端の抵抗の端子間電圧の大きさが $1\,\mathrm{V}$ であった．このときの電源電圧 $E\,[\mathrm{V}]$ の値として，正しいのは次のうちどれか．（平 15, III）

(1) 34　　(2) 20　　(3) 14　　(4) 6　　(5) 4

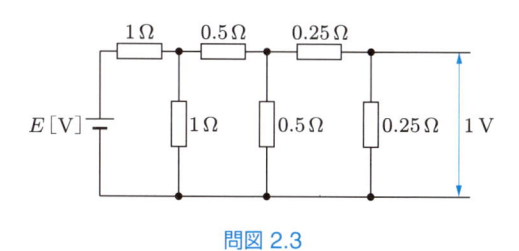

問図 2.3

2.4 抵抗値が異なる抵抗 $R_1\,[\Omega]$ と $R_2\,[\Omega]$ を問図 2.4(a) のように直列に接続し，$30\,\mathrm{V}$ の直流電圧を加えたところ，回路に流れる電流は $6\,\mathrm{A}$ であった．次に，この抵抗 $R_1\,[\Omega]$ と $R_2\,[\Omega]$ を問図 (b) のように並列に接続し，$30\,\mathrm{V}$ の直流電圧を加えたところ，回路に

(a)　　　　　　　　(b)

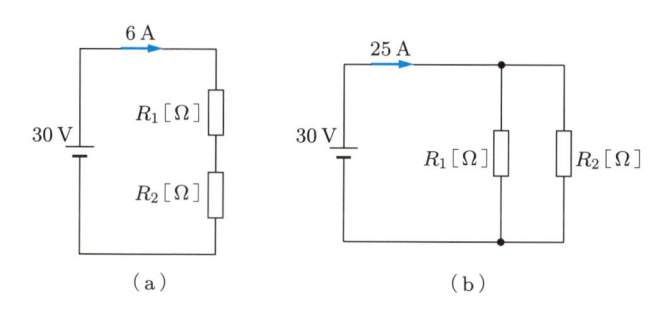

問図 2.4

流れる電流は 25 A であった．このとき，抵抗 R_1 [Ω]，抵抗 R_2 [Ω] のうち小さい方の抵抗 [Ω] の値として，正しいのは次のうちどれか．（平 21, Ⅲ）

(1) 1　　(2) 1.2　　(3) 1.5　　(4) 2　　(5) 3

2.5 問図 2.5 の直流回路において，12 Ω の抵抗の消費電力が 27 W である．このとき，抵抗 R [Ω] の値として，正しいのは次のうちどれか．（平 22, Ⅲ）

(1) 4.5　　(2) 7.5　　(3) 8.6　　(4) 12　　(5) 20

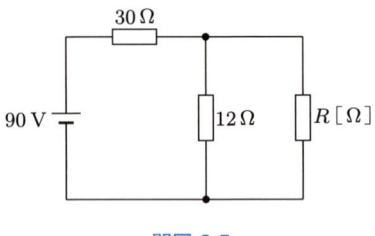

問図 2.5

2.6 問図 2.6 の直流回路において，200 V の直流電源から流れ出る電流が 25 A である．16 Ω と r [Ω] の抵抗の接続点 a の電位を V_a [V] とし，8 Ω と R [Ω] の抵抗の接続点 b の電位を V_b [V] とする．$V_a = V_b$ となる r [Ω] と R [Ω] の値の組合せとして，正しいものを次表の (1)～(5) のうちから一つ選べ．（平 23, Ⅲ）

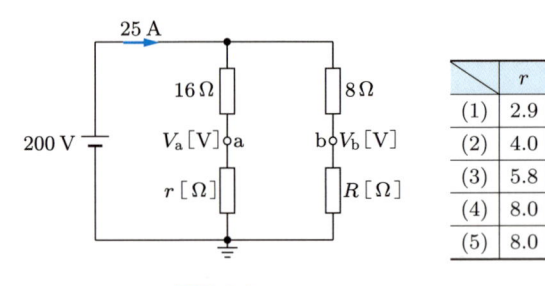

	r	R
(1)	2.9	5.8
(2)	4.0	8.0
(3)	5.8	2.9
(4)	8.0	4.0
(5)	8.0	16

問図 2.6

2.7 問図 2.7 のような，抵抗 $P = 1\,\text{k}\Omega$，抵抗 $Q = 10\,\Omega$ のホイートストンブリッジ回路がある．このブリッジ回路において，抵抗 R は 100 Ω～2 kΩ の範囲内にある．この R のすべての範囲でブリッジの平衡条件を満たす可変抵抗 S の値の範囲として，正しいのは次のうちどれか．（平 14, Ⅲ）

(1) 0.5 Ω～10 Ω　　(2) 10 Ω～200 Ω　　(3) 500 Ω～5 kΩ　　(4) 10 kΩ～200 kΩ

(5) 500 kΩ～1 MΩ

2.8 問図 2.8 のように，抵抗，切替スイッチ S および電流計を接続した回路がある．この回路に直流電圧 100 V を加えた状態で，図のようにスイッチ S を開いたとき，電流計の指示値は 2.0 A であった．また，スイッチ S を①側に閉じたとき電流計の指示値は

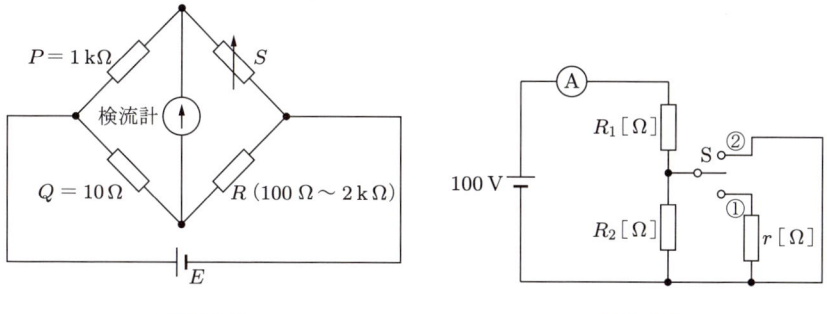

問図 2.7

問図 2.8

2.5 A,スイッチ S を②側に閉じたとき電流計の指示値は 5.0 A であった.このとき,抵抗 r [Ω] の値として正しいものは次のうちどれか.ただし,電流計の内部抵抗は無視できるものとし,測定誤差はないものとする.(平 20, Ⅲ)

(1) 20 (2) 30 (3) 40 (4) 50 (5) 60

2.9 問図 2.9 のような直流回路において,スイッチ S を閉じても,開いても,電流計の指示値は,$E/4$ [A] で一定である.このとき,抵抗 R_3 [Ω],R_4 [Ω] のうち,小さい方の抵抗 [Ω] の値として,正しいのは次のうちどれか.ただし,直流電圧源は E [V] とし,電流計の内部抵抗は無視できるものとする.(平 19, Ⅲ)

(1) 1 (2) 2 (3) 3 (4) 4 (5) 8

2.10 問図 2.10 のように,可変抵抗 R_1 [Ω],R_2 [Ω],抵抗 R_x [Ω],電源 E [V] からなる直流回路がある.次に示す条件 1 のときの R_x [Ω] に流れる電流 I [A] の値と,条件 2 のときの電流 I [A] の値は等しくなった.このとき,R_x [Ω] の値として,正しいものを次の (1)~(5) のうちから一つ選べ.(平 23, Ⅲ)

条件 1: $R_1 = 90\,\Omega$, $R_2 = 6\,\Omega$

条件 2: $R_1 = 70\,\Omega$, $R_2 = 4\,\Omega$

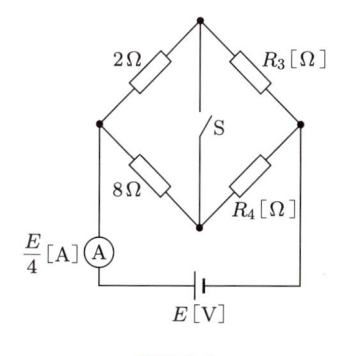

問図 2.9

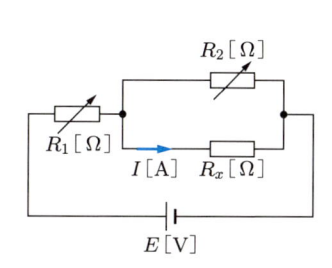

問図 2.10

(1) 1   (2) 2   (3) 4   (4) 8   (5) 12

2.11 問図 2.11(a) の直流回路において，端子 ac 間に直流電圧 100 V を加えたところ，端子 bc 間の電圧は 20 V であった．また，図 (b) のように端子 bc 間に 150 Ω の抵抗を並列に追加したとき，端子 bc 間の電圧は 15 V であった．いま，図 (c) のように端子 bc 間を短絡したとき，電流 I [A] の値として，正しいのは次のうちどれか．（平 22，Ⅲ）

(1) 0   (2) 0.10   (3) 0.32   (4) 0.40   (5) 0.67

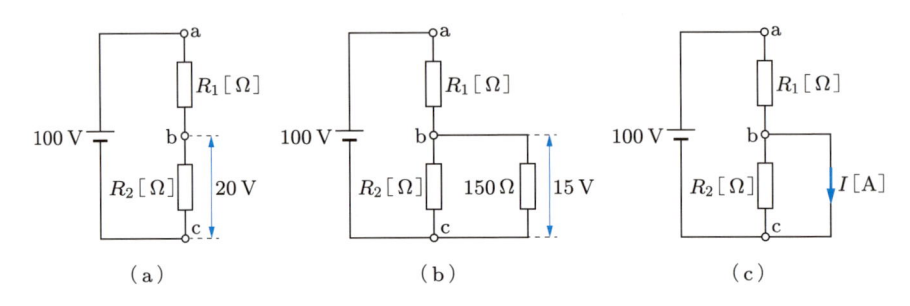

図 2.11

第3章 交流回路解析の基礎

この章では，周期的に変化する交流電圧・電流の表示法と，交流回路における回路素子の作用について述べる．

3.1 正弦波交流電圧・電流の発生

時間に対して大きさおよび方向が周期的に変化する電圧・電流は，第1章で述べたように，**交流電圧・電流** (alternating voltage, current) という．一般の周期波は，ひずみ波として取り扱うが（第7章），ここではもっとも基本的な正弦波交流電圧・電流について述べる．

図 3.1 に示すように，**磁束密度** $B\,[\mathrm{Wb/m^2}]$ の均一磁界中に，巻数 n のコイルをおき，一定の角速度 $\omega\,[\mathrm{rad/s}]$ で回転させる，コイルが磁界と直角な位置 aa′ にあるとき，コイルの面積を $S\,[\mathrm{m^2}]$ とすれば，コイルを貫く磁束 Φ_m は，

$$\Phi_m = BS \tag{3.1}$$

となる．コイルが aa′ にあるときを時間の原点にとると，コイルが ωt だけ回転したときのコイルを貫く磁束 Φ は，

$$\Phi = \Phi_m \cos \omega t \tag{3.2}$$

となる．コイルを貫く磁束が時間的に変化するので，電磁誘導作用によりコイルに誘

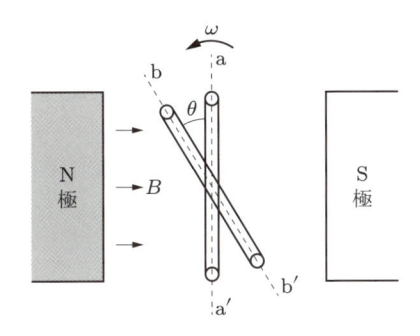

図 3.1 正弦波起電力の発生

起される起電力 e_L は，

$$e_L = -n\frac{d\Phi}{dt} = n\omega\Phi_m \sin\omega t = E_m \sin\omega t \tag{3.3}$$

ただし，$E_m = n\omega\Phi_m$

となり，正弦波起電力が発生する．さらに，コイルに外部回路を接続すると，正弦波電流が流れる．

また，図 3.1 に示すように，コイルが bb' にあるときを時間の原点とすると，

$$e_L = E_m \sin(\omega t + \theta) \tag{3.4}$$

となる．この場合の波形を図 3.2 に示す．式 (3.4) において，

e_L [V]　　　　　：瞬時値（instantaneous value）
E_m [V]　　　　：最大値 (maximum value) または振幅 (amplitude)
ω [rad/s]　　　：角速度 (anglar velocity) または角周波数 (anglar frequency)
θ [rad]　　　　：初期位相 (initial phase)
$\omega t + \theta$ [rad]：位相 (phase angle)

である．

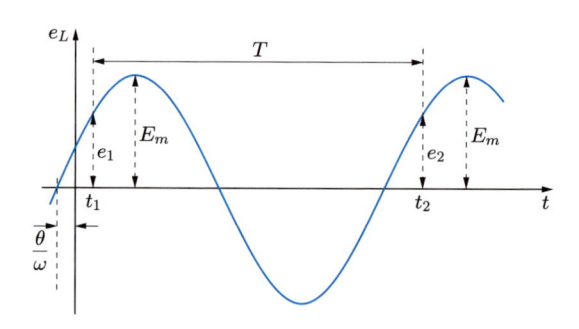

図 3.2　正弦波電圧波形

図 3.2 において，時間 t_1 における瞬時値を e_1，時刻 $t_2 = t_1 + T$ における瞬時値を e_2 とすると，$\omega T = 2\pi$ ならば $e_1 = e_2$ となる．この T [s] を**周期** (period) という．また，単位時間に同一波形を繰り返す数を**周波数** (frequency) という．周波数を f とすると，

$$f = \frac{1}{T} = \frac{\omega}{2\pi} \tag{3.5}$$

なる関係があり，周波数の単位は，ヘルツ (hertz, Hz) を用いる．式 (3.5) より，

$$\omega = 2\pi f \tag{3.6}$$

なる関係がある．

3.2 平均値および実効値

交流電圧・電流の大きさを表すには 3.1 節の最大値のほかに，**平均値** (mean value) および**実効値** (root mean square value) がある．

平均値は，瞬時値の絶対値を 1 周期間で平均したもので，交流電圧 v が

$$v = V_m \sin \omega t \tag{3.7}$$

で表された場合，その平均値 V_{av} は，

$$\begin{aligned} V_{av} &= \frac{1}{T} \int_0^T |V_m \sin \omega t| \, dt = \frac{2}{T} \int_0^{T/2} V_m \sin \omega t \, dt \\ &= \frac{2V_m}{\omega T} \Big[-\cos \omega t \Big]_0^{T/2} = \frac{2V_m}{\pi} \end{aligned} \tag{3.8}$$

となり，正弦波交流電圧の平均値は，最大値のほぼ 0.636 倍となる．一般には交流の平均値は，ほとんど使用しない．

次に，実効値は，瞬時値の 2 乗の平均値の平方根で表される．交流電圧が，式 (3.7) で表された場合，実効値は，

$$\begin{aligned} V &= \sqrt{\frac{1}{T} \int_0^T V_m{}^2 \sin^2 \omega t \, dt} = V_m \sqrt{\frac{1}{T} \int_0^T \frac{(1 - \cos 2\omega t)}{2} dt} \\ &= V_m \left[\sqrt{\frac{1}{2T} \left(t - \frac{\sin 2\omega t}{2\omega} \right)} \right]_0^T = \frac{V_m}{\sqrt{2}} \end{aligned} \tag{3.9}$$

となり，最大値のほぼ 0.707 倍となる．交流の大きさは，一般に実効値を用いて表す．3.4 節で述べるように，実効値を用いて電力を表すと，直流の場合の電力と同じ形で表現できるからである．なお，本書では，とくに断わらない限り，交流電圧・電流の大きさは，実効値を示すものとする．

3.3 位相差

角速度 ω の等しい正弦波電圧 v および電流 i をそれぞれ，

$$v = V_m \sin(\omega t + \theta_1) \tag{3.10}$$

$$i = I_m \sin(\omega t + \theta_2) \tag{3.11}$$

とするとき，$|\theta_1 - \theta_2|$ を電圧と電流との**位相差** (phase difference) という．$(\theta_1 - \theta_2)$

の正,負によって,電流は電圧より位相が遅れる (lag) あるいは進む (lead) という.$\theta_1 = \theta_2$ のときは,電流と電圧とは**同相** (in-phase) であるという.交流回路の解析では,直流回路の場合と異なり,この位相差が重要となる.

3.4 交流回路における抵抗

直流電圧源の記号は図 1.1(a) に示したが,交流の場合,1 周期間に正,負に変わるので,正の半サイクルを想定して電流電圧源に準じて表す.

図 3.3 に示すように,抵抗回路に交流電圧

$$v = V_m \sin \omega t \tag{3.12}$$

を加えたとき,回路を流れる電流を i とする.

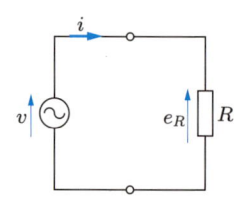

図 3.3 抵抗回路

第 2 章で述べたキルヒホッフの法則は,交流電圧・電流の瞬時値を用いればそのまま適用される.したがって,図 3.3 にキルヒホッフの法則を適用すると,

$$v = Ri \tag{3.13}$$

となる.ここで右辺は,抵抗 R による電圧降下である.式 (3.13) より,

$$v - Ri = 0 \tag{3.14}$$

となり,ここで,$e_R = -Ri$ とおくと,e_R は電流 i と逆方向に生じる一種の起電力となり,これを抵抗 R による**逆起電力** (counter electromotive force) という.式 (3.14) は,印加電圧 v と,抵抗 R による逆起電力との平衡状態を表し,これを**電圧平衡式**という.この電圧平衡式は,回路解析の基礎方程式となる.式 (3.13) より,

$$i = \frac{v}{R} = \frac{V_m}{R} \sin \omega t = I_m \sin \omega t \tag{3.15}$$

となる.ただし,$I_m = V_m/R$ で,これを実効値を用いて表すと,

$$I = \frac{V}{R} \tag{3.16}$$

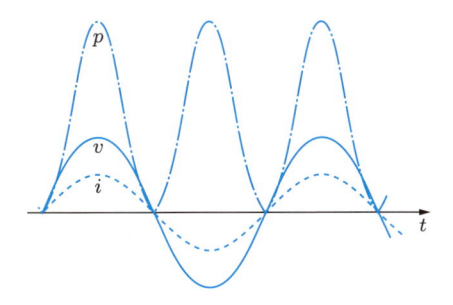

図 3.4 抵抗回路の電圧 v, 電流 i, 瞬時電力 p

となり，直流回路の場合と同形となる．また，式 (3.12) と式 (3.15) より，抵抗回路の場合，電流と電圧とは同位相となり，図 3.4 に示すようになる．

この際の瞬時電力 p は，

$$p = vi = I_m V_m \sin^2 \omega t = \frac{I_m V_m}{2}(1 - \cos 2\omega t) \tag{3.17}$$

となり，図 3.4 に示すように変化する．平均電力 P は，

$$P = \frac{1}{T}\int_0^T p\,dt = \frac{I_m V_m}{2T}\int_0^T (1 - \cos 2\omega t)dt = \frac{I_m V_m}{2} = IV = I^2 R = \frac{V^2}{R} \tag{3.18}$$

となる．このように，交流電圧・電流に実効値を用いると，平均電力は直流の場合と同形となる．したがって，交流の実効値は，抵抗 R に交流を加えたときに生じる電力と等しい電力を与える直流の値となる．

3.5 交流回路における自己インダクタンス

図 3.5 に示すように，コイル L のみの回路に，交流電圧

$$v = V_m \sin \omega t \tag{3.19}$$

を加えたとき，回路を流れる電流を i とする．

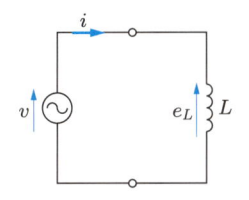

図 3.5 インダクタンス回路

コイル L には，式 (1.4) より，

$$e_L = -L \frac{di}{dt} \tag{3.20}$$

なる逆起電力が生じる．この逆起電力と印加電圧との平衡状態を考えると，

$$v + e_L = 0 \tag{3.21}$$

が得られ，

$$v = -e_L = L \frac{di}{dt} \tag{3.22}$$

となる．式 (3.22) の右辺は，L による電圧降下と考える．式 (3.22) より，

$$\begin{aligned} i &= \frac{1}{L} \int v\,dt = \frac{1}{L} \int V_m \sin\omega t\,dt = -\frac{V_m}{\omega L} \cos\omega t \\ &= I_m \sin\left(\omega t - \frac{\pi}{2}\right) \end{aligned} \tag{3.23}$$

となる．ただし，$I_m = V_m/\omega L$ で，実効値を求めると，

$$I = \frac{V}{\omega L} \tag{3.24}$$

となる．ここで，

$$X_L = \omega L = 2\pi f L \tag{3.25}$$

とおき，X_L を**誘導リアクタンス** (inductive reactance) という．式 (3.16) と式 (3.24) を比較すると，X_L は R と対応づけられ，f に [Hz]，L に [H] を用いると，X_L の単位はオーム (ohm, Ω) で表される．しかし，X_L と R とは物理的性質が異なり，印加する電源の周波数によって X_L の値は変化する．また，式 (3.19) と式 (3.23) より，L のみの回路を流れる電流は，印加電圧の位相より $\pi/2$ 遅れ，図 3.6 に示すようになる．

次に，**瞬時電力** p は，

$$p = vi = V_m I_m \sin\omega t \sin\left(\omega t - \frac{\pi}{2}\right) = -\frac{V_m I_m}{2} \sin 2\omega t \tag{3.26}$$

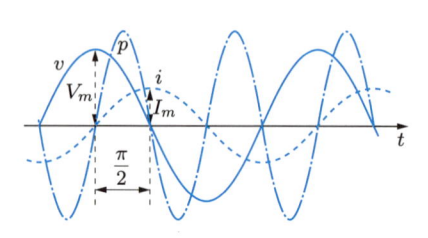

図 3.6　インダクタンス回路の電圧 v，電流 i，瞬時電力 p

3.5 交流回路における自己インダクタンス

となり、図 3.6 に示すように、コイルに供給される電力は半周期ごとに、正、負を繰り返す。瞬時電力が正となるのは、電源のエネルギーが磁界エネルギーとしてコイルに蓄えられ、瞬時電力が負となるのは、蓄えられた磁界エネルギーが電源に戻されることを意味する。したがって、**平均電力** P は、

$$P = \frac{1}{T}\int_0^T p\,\mathrm{d}t = 0 \tag{3.27}$$

となり、コイルはエネルギーを消費しない素子であることがわかる。なお、コイルに蓄えられる磁界エネルギーは、次式で与えられる。

$$W_L = \frac{LI^2}{2} \tag{3.28}$$

> **例題 3.1** 図 3.7 に示す抵抗 R とインダクタンス L の並列回路に、$100\,\mathrm{V}$, $50\,\mathrm{Hz}$ の交流電圧を加えたとき、次を求めよ。ただし、$R = 10\,\Omega$, $\omega L = 10\,\Omega$ とする。
> (1) 抵抗 R を流れる電流 I_1
> (2) インダクタンス L を流れる電流 I_2 とインダクタンス L の値
> (3) 全回路電流 I
>
> **解** (1) 抵抗 R を流れる電流 I_1 は、式 (3.16) より、次のようになる。
>
> $$I_1 = \frac{100}{10} = 10\,\mathrm{A}$$
>
> (2) L を流れる電流は、式 (3.24) より、
>
> $$I_2 = \frac{100}{10} = 10\,\mathrm{A}$$
>
> となる。また、$\omega L = 10$ であるから、次のようになる。
>
> $$L = \frac{10}{2 \times 3.14 \times 50} = 0.0318\,\mathrm{H}$$
>
> (3) 抵抗 R を流れる電流 I_1 は、印加電圧と同相であり、インダクタンス L を流れる電流は、印加電圧の位相より $\pi/2$ 遅れるから、図 3.8 のベクトル図が得られる。したがって、全回路電流 I は、次のようになる。
>
> $$I = \sqrt{I_1^2 + I_2^2} = \sqrt{200} \fallingdotseq 14.14\,\mathrm{A}$$
>
> 実効値は大きさのみを表し、位相の要素を含んでいないので、このように位相差がある場合、I が $I_1 + I_2$ に等しくならないことに注意せよ。

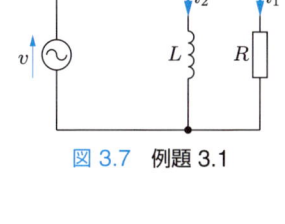

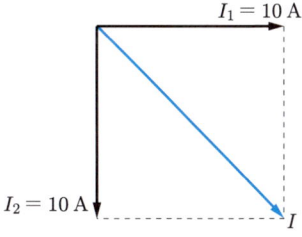

図 3.7 例題 3.1

図 3.8 例題 3.1 [解]

3.6 交流回路における静電容量

コンデンサに直流電圧を印加した場合，電圧印加瞬時には電流が流れるが，定常状態では流れない．一方，交流電圧を印加すると，印加電圧の変化に応じてコンデンサに蓄積される電荷が増減し，電流が流れることになる．

図 3.9 に示すような静電容量 C のコンデンサに，交流電圧

$$v = V_m \sin \omega t \tag{3.29}$$

を加えると，コンデンサに蓄積される電荷 q は，

$$q = Cv \tag{3.30}$$

となり，コンデンサを流れる電流は，次のようになる．

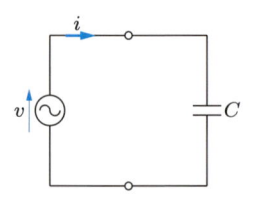

$$i = \frac{dq}{dt} = C\frac{dv}{dt} \tag{3.31}$$

図 3.9　容量回路

式 (3.31) より，

$$v = \frac{1}{C} \int i \, dt \tag{3.32}$$

なる電圧平衡式が得られる．式 (3.31) に式 (3.29) を代入すると，

$$i = \omega C V_m \cos \omega t = I_m \sin\left(\omega t + \frac{\pi}{2}\right) \tag{3.33}$$

となる．ここで，$I_m = \omega C V_m$ で，実効値を用いると，

$$I = \omega C V = \frac{V}{1/\omega C} \tag{3.34}$$

となる．ここで，

$$X_C = \frac{1}{\omega C} = \frac{1}{2\pi f C} \tag{3.35}$$

とおき，X_C を **容量リアクタンス** (capacitive reactance) という．式 (3.16) と式 (3.35) より，X_C は R に対応づけられ，f に [Hz]，C に [F] を用いると，X_L と同様オー

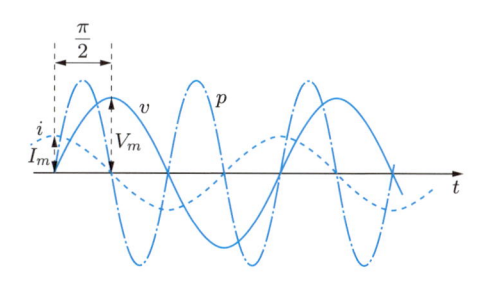

図 3.10 容量回路の電圧 v, 電流 i, 瞬時電力 p

ム [Ω] の単位で表される．しかし，X_C は X_L と同様，電源の周波数によりその値が変化する．また，式 (3.29) と式 (3.33) より，C のみの回路を流れる電流は，印加電圧の位相より $\pi/2$ 進み，図 3.10 に示すようになる．

次に，瞬時電力 p は，

$$p = vi = V_m I_m \sin \omega t \sin\left(\omega t + \frac{\pi}{2}\right) = \frac{V_m I_m}{2} \sin 2\omega t \tag{3.36}$$

となり，図 3.10 に示すように，コンデンサに供給される電力は半周期ごとに正，負を繰り返す．正となるのはコンデンサに電界エネルギーとして蓄えられ，負となるのは蓄えられた電界エネルギーが電源に戻されることを意味する．したがって，平均電力 P は，

$$P = \frac{1}{T} \int_0^T p \, dt = 0 \tag{3.37}$$

となり，コンデンサはエネルギーを消費しない素子であることがわかる．なお，コンデンサに蓄えられる電界エネルギーは，次式で与えられる．

$$W_C = \frac{CV^2}{2} \tag{3.38}$$

例題 3.2 図 3.11 のような抵抗 R と静電容量 C の並列回路に，100 V，50 Hz の交流電圧を加えたとき，全回路電流を求めよ．ただし，$R = 5\,\Omega$, $X_C = 10\,\Omega$ とする．

解 抵抗 R に流れる電流 I_1 は，印加電圧と同相であり，静電容量 C を流れる電流 I_2 は，印加電圧の位相より $\pi/2$ 進むので，図 3.12 のベクトル図が得られる．したがって，全回路電流 I は次のようになる．

$$I = \sqrt{{I_1}^2 + {I_2}^2}$$

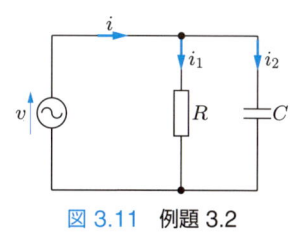

図 3.11　例題 3.2

$$= \sqrt{(100/5)^2 + (100/10)^2} = \sqrt{500}$$

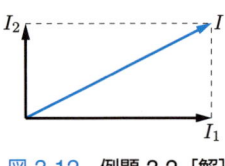

$$\fallingdotseq 22.36\,\text{A}$$

図 3.12　例題 3.2［解］

3.7　R–L–C 直列回路

図 3.13 に示すように，抵抗 R，インダクタンス L および静電容量 C の直列回路に，交流電圧 v を加えたとき，回路を流れる電流を i とする．

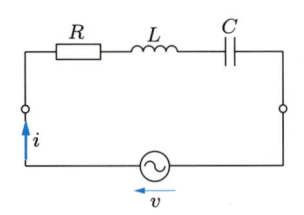

図 3.13　R–L–C 直列回路

この場合の電圧平衡式は，式 (3.13)，式 (3.22)，式 (3.32) より，キルヒホッフの第 2 法則を適用して，

$$L\frac{di}{dt} + Ri + \frac{1}{C}\int i\,dt = v \tag{3.39}$$

となる．回路を流れる電流 i は，式 (3.39) の解を求めればよいが，ここでは定常解のみを求めるので，電流も正弦波と仮定し，

$$i = I_m \sin(\omega t - \theta) \tag{3.40}$$

とする．式 (3.40) を式 (3.39) に代入すると，

$$v = \omega L I_m \cos(\omega t - \theta) + R I_m \sin(\omega t - \theta) - \frac{I_m}{\omega C}\cos(\omega t - \theta)$$

$$= R I_m \sin(\omega t - \theta) + \left(\omega L - \frac{1}{\omega C}\right) I_m \cos(\omega t - \theta)$$

$$= \sqrt{R^2 + \left(\omega L - \frac{1}{\omega C}\right)^2}\, I_m \sin(\omega t - \theta + \phi)$$

$$= V_m \sin(\omega t - \theta + \phi)$$

$$\text{ただし，} \phi = \tan^{-1} \frac{\omega L - 1/\omega C}{R} \tag{3.41}$$

となる．ここで，$V_m = \sqrt{R^2 + (\omega L - 1/\omega C)^2} I_m$ で，実効値を用いると，

$$I = \frac{V}{\sqrt{R^2 + (\omega L - 1/\omega C)^2}} \tag{3.42}$$

となる．式 (3.42) で

$$\begin{aligned} Z &= \sqrt{R^2 + \left(\omega L - \frac{1}{\omega C}\right)^2} = \sqrt{R^2 + (X_L - X_C)^2} \\ &= \sqrt{R^2 + X^2} \end{aligned} \tag{3.43}$$

とおくと，

$$I = \frac{V}{Z} \tag{3.44}$$

となる．式 (3.16) と式 (3.44) より，Z は R と対応づけられ，Z を R–L–C 直列回路の**インピーダンス** (impedance) という．R, X_L, X_C に $[\Omega]$ を用いると，Z の単位も $[\Omega]$ で表され，また，式 (3.43) の $X = X_L - X_C$ を**リアクタンス** (reactance) という．一方，式 (3.40)，(3.41) より，ϕ は，電流と電圧の位相差で，ωL と $1/\omega C$ の値により，次のように変化する．

(1) $\omega L > 1/\omega C$ のとき $\phi > 0$ で，電流は電圧の位相より遅れる（誘導性）．
(2) $\omega L < 1/\omega C$ のとき $\phi < 0$ で，電流は電圧の位相より進む（容量性）．
(3) $\omega L = 1/\omega C$ のとき $\phi = 0$ で，電流は電圧と同位相である．

次に，瞬時電力 p は，

$$\begin{aligned} p &= vi = V_m I_m \sin(\omega t - \theta + \phi) \sin(\omega t - \theta) \\ &= \frac{V_m I_m}{2} \{\cos\phi - \cos(2\omega t - 2\theta + \phi)\} \end{aligned} \tag{3.45}$$

となり，平均電力 P は，

$$P = \frac{1}{T} \int_0^T p \, dt = \frac{V_m I_m}{2} \cos\phi = VI \cos\phi \tag{3.46}$$

となる．抵抗のみの回路の場合の平均電力は，式 (3.18) より VI であり，抵抗 R とリアクタンス X の直列回路の平均電力は，式 (3.46) のように $\cos\phi$ だけ減少する．この $\cos\phi$ を回路の**力率** (power factor) という．R, X_L, X_C を用いて，式 (3.41) を満足する ϕ を図示すると，図 3.14 のようになる．

図において，辺 AB の長さがインピーダンス Z となり，力率は，次のようになる．

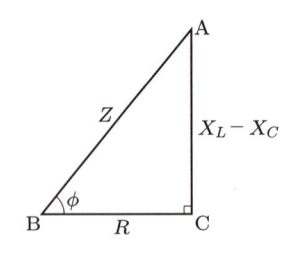

図 3.14 R, X_L, X_C と ϕ の関係

$$\cos\phi = \frac{R}{\sqrt{R^2+(X_L-X_C)^2}} = \frac{R}{Z} \tag{3.47}$$

なお，式 (3.46) で表される平均電力を**有効電力** (active power) または単に電力とよび，単位は**ワット** (watt, W) で表す．この有効電力は，

$$P = VI\cos\phi = ZI \cdot I \cdot \frac{R}{Z} = I^2 \cdot R \tag{3.48}$$

となり，R–L–C 直列回路で電力を消費するのは抵抗素子のみとなる．また，$S = VI$ を**皮相電力** (apparent power) とよび，単位はボルトアンペア [VA] で表す．$Q = VI\sin\phi$ を**無効電力** (reactive power) とよび，単位は**バール** (volt ampere reactive, var) で表す．P, S, Q の間には

$$S = \sqrt{P^2 + Q^2} \tag{3.49}$$

の関係があり，また，力率は次のようになる．

$$\cos\phi = \frac{P}{S} \tag{3.50}$$

例題 3.3 図 3.15 に示す抵抗 $R = 10\,\Omega$，誘導リアクタンス $X_L = 5\,\Omega$，容量リアクタンス $X_C = 10\,\Omega$ の直列回路に，100 V，50 Hz の交流電圧を加えたとき，回路を流れる電流の大きさと位相および消費電力を求めよ．

解 この回路のインピーダンス Z は，式 (3.43) から，

図 3.15 例題 3.3

$$Z = \sqrt{10^2 + (5-10)^2} = \sqrt{125} \fallingdotseq 11.18\,\Omega$$

となる．したがって，回路を流れる電流 I は，式 (3.44) から，

$$I = \frac{100}{11.18} \fallingdotseq 8.94\,\text{A}$$

となる．また，電流と電圧の位相差 ϕ は，式 (3.41) から，

$$\phi = \tan^{-1}\frac{5-10}{10} = \tan^{-1}\left(-\frac{1}{2}\right) = -0.464\,\mathrm{rad}$$

となり，電流は電圧より $0.464\,\mathrm{rad}$ 位相が進む．また，消費電力は，式 (3.46) より，

$$P = 100 \times 8.94 \times \cos 0.464 \fallingdotseq 799.2\,\mathrm{W}$$

となる．または，電力を消費するのは，抵抗素子のみであるから次のようになる．

$$P = I^2 \cdot R = (8.94)^2 \times 10 = 799.2\,\mathrm{W}$$

例題 3.4 図 3.16 に示す抵抗 R とインダクタンス L の直列回路に，正弦波電流 $i = I_m \sin \omega t$ を流すために必要な起電力を求めよ．

解 式 (3.13) および式 (3.22) より，この場合の電圧平衡式は，

$$v = L\frac{\mathrm{d}i}{\mathrm{d}t} + Ri \tag{3.51}$$

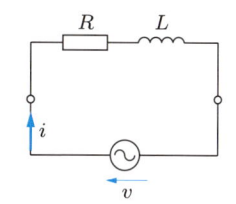

図 3.16　R–L 直列回路

となる．式 (3.51) に，$i = I_m \sin \omega t$ を代入すると，

$$\begin{aligned}v &= \omega L I_m \cos \omega t + R I_m \sin \omega t = \sqrt{R^2 + (\omega L)^2}\,I_m \sin(\omega t + \phi) \\ &= V_m \sin(\omega t + \phi)\end{aligned} \tag{3.52}$$

ただし，$\phi = \tan^{-1}\dfrac{\omega L}{R}$

$$V_m = \sqrt{R^2 + (\omega L)^2}\,I_m$$

となる．なお，$Z = \sqrt{R^2 + (\omega L)^2}$ を R–L 直列回路のインピーダンスという．電圧，電流を実効値で表すと

$$I = \frac{V}{\sqrt{R^2 + (\omega L)^2}} = \frac{V}{Z} \tag{3.53}$$

となり，電圧と電流の位相差は次のようになる．

$$\phi = \tan^{-1}\frac{\omega L}{R} \tag{3.54}$$

例題 3.5 図 3.17 に示す抵抗 R と静電容量 C の直列回路に，$i = I_m \sin \omega t$ なる正弦波電流を流すために必要な起電力を求めよ．

解 式 (3.13) および式 (3.32) より，この場合の電圧平衡式は，

$$v = Ri + \frac{1}{C}\int i\,\mathrm{d}t \tag{3.55}$$

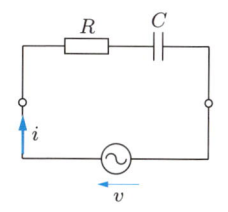

図 3.17　R–C 直列回路

となる．式 (3.55) に $i = I_m \sin \omega t$ を代入すると，

$$v = RI_m \sin\omega t - \frac{I_m}{\omega C}\cos\omega t = \sqrt{R^2 + \left(\frac{1}{\omega C}\right)^2} I_m \sin(\omega t - \phi)$$
$$= V_m \sin(\omega t - \phi)$$

ただし，$\phi = \tan^{-1}\dfrac{1/\omega C}{R}$

$$V_m = \sqrt{R^2 + \left(\frac{1}{\omega C}\right)^2} I_m$$

となる．なお，$Z = \sqrt{R^2 + (1/\omega C)^2}$ を R–C 直列回路のインピーダンスという．電圧，電流を実効値で表すと，

$$I = \frac{V}{\sqrt{R^2 + (1/\omega C)^2}} = \frac{V}{Z} \tag{3.56}$$

となり，電圧と電流の位相差 ϕ は次のようになる．

$$\phi = \tan^{-1}\frac{1/\omega C}{R} \tag{3.57}$$

演習問題

3.1 問図 3.1 に示す波形（**半波整流波**）の実効値を求めよ．

3.2 問図 3.2 に示す抵抗 R，インダクタンス L，静電容量 C の並列回路に，50 V, 50 Hz の交流電圧を加えたとき，全回路電流 I を求めよ．ただし，$R = 10\,\Omega$, $L = 5\,\text{mH}$, $C = 300\,\mu\text{F}$ とする．

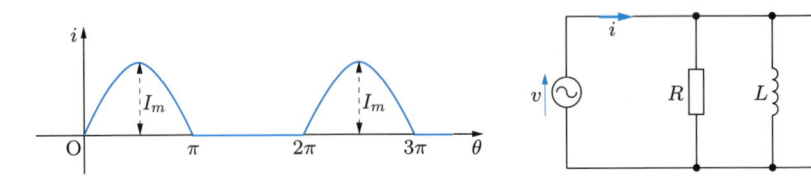

問図 3.1　半波整流波形　　　　　問図 3.2

3.3 あるコイルに，100 V, 50 Hz の交流電圧を加えると 10 A の電流が流れ，100 V の直流電圧を加えると 20 A の電流が流れた．コイルの抵抗成分 r とインダクタンス L を求めよ．

3.4 抵抗 $R = 5\,\Omega$ とインダクタンス $L = 10\,\text{mH}$ の直列回路に，交流電圧 $v = 100\sin 314t$ [V] を加えたとき，この回路を流れる電流の大きさを求めよ．

3.5 抵抗 $R = 10\,\Omega$, インダクタンス 5 mH, 静電容量 5 μF が直列に接続された回路に，交流電圧を加えたとき，この回路を流れる電流を最大とする電源の周波数を求めよ．

3.6 問図 3.3 のように，正弦波交流電圧 $V = 200\,\text{V}$ の電源がインダクタンス L [H] のコイルと R [Ω] の抵抗との直列回路に電力を供給している．回路を流れる電流が $I = 10\,\text{A}$,

問図 3.3

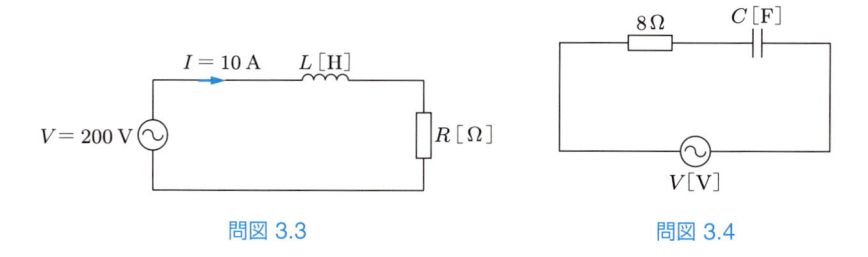

問図 3.4

回路の無効電力が $Q = 1200$ var のとき，抵抗 R の値として，正しいものを次の (1)〜(5) のうちから一つ選べ．（平 24, Ⅲ）

(1) 4　　(2) 8　　(3) 12　　(4) 16　　(5) 20

3.7 問図 3.4 のように，$8\,\Omega$ の抵抗と静電容量 C [F] のコンデンサを直列に接続した交流回路がある．この回路において，電源 V [V] の周波数を 50 Hz にしたときの回路の力率は，80 % になる．電源 V [V] の周波数を 25 Hz にしたときの回路の力率 [%] の値として，もっとも近いものは次のうちどれか．（平 19, Ⅲ）

(1) 40　　(2) 42　　(3) 56　　(4) 60　　(5) 83

3.8 問図 3.5 のように，静電容量 C_x [F] および C [F] のコンデンサと，インダクタンス L [H] のコイルを直列に接続した交流回路がある．この回路において，スイッチ S を開いたときの共振周波数は f_1 [Hz]，閉じたときの共振周波数は f_2 [Hz] である．f_1 [Hz] が f_2 [Hz] の 2 倍であるとき，静電容量の比 C/C_x の値として，正しいのは次のうちどれか．（平 17, Ⅲ）

(1) $\dfrac{1}{3}$　　(2) $\dfrac{1}{2}$　　(3) 1　　(4) 2　　(5) 3

3.9 問図 3.6 のように，周波数 f [Hz] の交流電圧 V [V] の電源に，R [Ω] の抵抗，インダクタンス L [H] のコイルとスイッチ S を接続した回路がある．スイッチ S が開いているときに回路が消費する電力 [W] は，スイッチ S が閉じているときに回路が消費する電力 [W] の 1/2 になった．このとき，L [H] の値を表す式として，正しいのは次のうちどれか．（平 20, Ⅲ）

(1) $2\pi f R$　　(2) $\dfrac{R}{2\pi f}$　　(3) $\dfrac{2\pi f}{R}$　　(4) $\dfrac{(2\pi f)^2}{R}$　　(5) $(2\pi f)^2 R$

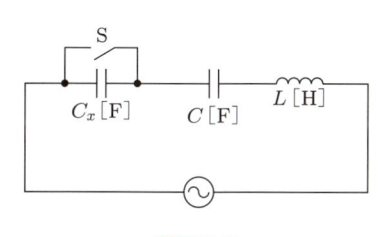

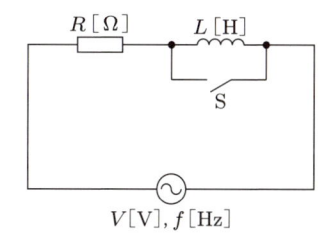

問図 3.5

問図 3.6

第4章　複素数表示による交流回路解析

第3章では，電圧・電流の瞬時値を用いて電圧平衡式を作り，その解を求めた．しかし，回路が複雑になると，このような方法では計算が繁雑となる．このため，複素数を用いて記号的に代数方程式を作り，その解を求めると計算が簡素化される．この章では，このような複素数表示を用いた解析法について述べる．

4.1　複素数のベクトル表示

2個の変数 x, y を用いて，

$$\dot{Z} = x + jy \tag{4.1}$$

ただし，j：虚数単位 $j^2 = -1$

で表される $\dot{Z}$ を**複素数** (complex number) という．x を $\dot{Z}$ の**実数部** (real part)，y を**虚数部** (imaginary part) という．図 4.1 に示すように，x を横軸，y を縦軸にとって表すと（このような複素量を表示する平面を**複素平面**，横軸を実軸，縦軸を虚軸という），複素数 $\dot{Z}$ は，ベクトル $\overrightarrow{\text{OP}}$ で表示できる．

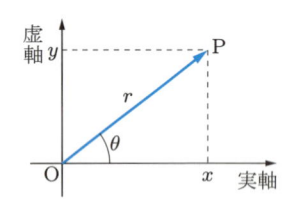

図 4.1　複素平面

ベクトル $\overrightarrow{\text{OP}}$ の長さを r，$\overrightarrow{\text{OP}}$ が実軸となす角 θ とすると，

$$\left. \begin{array}{l} r = \sqrt{x^2 + y^2} \\ \theta = \tan^{-1} \dfrac{y}{x} \end{array} \right\} \tag{4.2}$$

となる．式 (4.2) の r を複素数 $\dot{Z}$ の**絶対値**，θ を**偏角**という．複素数 $\dot{Z}$ を r と θ を用いて表示すると，

$$\dot{Z} = r\angle\theta \tag{4.3}$$

となる．**直角座標表示** (4.1) と**極座標表示** (4.3) の間には，

$$\dot{Z} = x + jy = r(\cos\theta + j\sin\theta) \tag{4.4}$$

なる関係があり，**オイラー** (Euler) **の式**，すなわち

$$e^{j\theta} = \cos\theta + j\sin\theta \tag{4.5}$$

を用いると，複素数 $\dot{Z}$ は，

$$\dot{Z} = re^{j\theta} \tag{4.6}$$

なる指数関数で表示される．

4.2 複素数の四則演算

2 個の複素数 $\dot{Z}_1, \dot{Z}_2$ を

$$\dot{Z}_1 = a + jb = r_1 e^{j\theta_1} \tag{4.7}$$

$$\dot{Z}_2 = c + jd = r_2 e^{j\theta_2} \tag{4.8}$$

として，以下複素数の四則演算を行う．

4.2.1 複素数の加減

2 個の複素数の和または差は

$$\dot{Z} = \dot{Z}_1 \pm \dot{Z}_2 = (a \pm c) + j(b \pm d) \tag{4.9}$$

で与えられる．複素平面上では，図 4.2 に示すようになる．

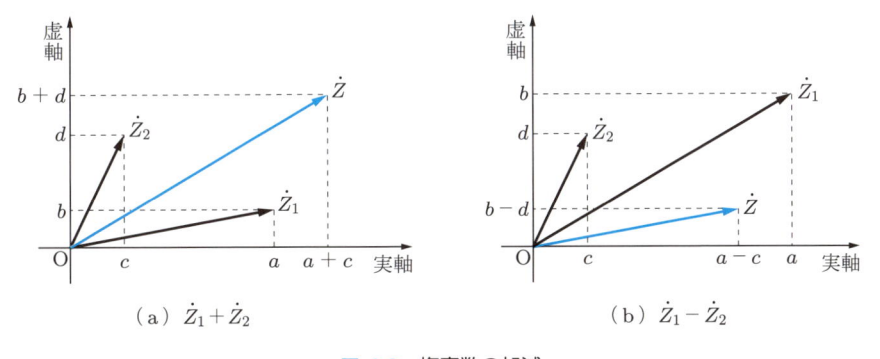

(a) $\dot{Z}_1 + \dot{Z}_2$ (b) $\dot{Z}_1 - \dot{Z}_2$

図 4.2 複素数の加減

4.2.2 複素数の乗法

$\dot{Z}_1$ と $\dot{Z}_2$ の積を直角座標表示すると，

$$\dot{Z} = \dot{Z}_1 \cdot \dot{Z}_2 = (a+jb)(c+jd) = (ac-bd) + j(ad+bc) \tag{4.10}$$

となる．指数関数表示すると，

$$\dot{Z} = \dot{Z}_1 \cdot \dot{Z}_2 = r_1 e^{j\theta_1} \cdot r_2 e^{j\theta_2} = r_1 r_2 e^{j(\theta_1+\theta_2)} \tag{4.11}$$

となり，この関係を図示すると図 4.3 のようになる．

式 (4.11) より，2 個の複素数の積は，絶対値が各複素数の絶対値の積に等しく，偏角が各複素数の偏角の和に等しくなる．

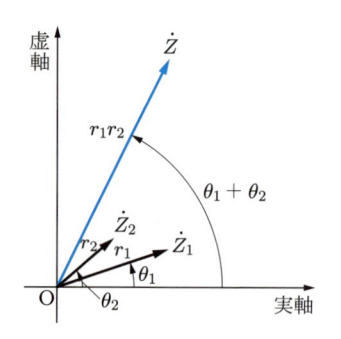

図 4.3　複素数の乗法

4.2.3 複素数の除法

$\dot{Z}_1$ と $\dot{Z}_2$ の商を直角座標表示すると，

$$\dot{Z} = \frac{\dot{Z}_1}{\dot{Z}_2} = \frac{(a+jb)}{(c+jd)} = \frac{(a+jb)(c-jd)}{(c+jd)(c-jd)} = \frac{ac+bd}{c^2+d^2} + j\frac{bc-ad}{c^2+d^2} \tag{4.12}$$

となる．$\dot{Z}$ の絶対値は

$$|\dot{Z}| = \sqrt{\frac{a^2+b^2}{c^2+d^2}} \tag{4.13}$$

となる．指数関数表示すると，

$$\dot{Z} = \frac{\dot{Z}_1}{\dot{Z}_2} = \frac{r_1 e^{j\theta_1}}{r_2 e^{j\theta_2}} = \frac{r_1}{r_2} e^{j(\theta_1-\theta_2)} \tag{4.14}$$

となり，この関係を図示すると図 4.4 のようになる．

式 (4.14) より，2 個の複素数の商は，絶対値が各複素数の絶対値の商に等しく，偏角が各複素数の偏角の差に等しくなる．

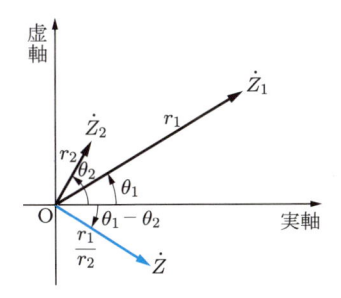

図 4.4　複素数の除法

4.3　正弦波電圧・電流のベクトル表示

3.7 節で述べたように，R–L–C の直列回路に**正弦波電流**

$$i = I_m \sin(\omega t - \theta) \tag{4.15}$$

を流すために必要な電圧は，

$$v = V_m \sin(\omega t - \theta + \phi) \tag{4.16}$$

となる．式 (4.15) と式 (4.16) を比較すると，角周波数 ω は同一で，振幅と位相が異なる．一般に，線形回路では，正弦波電圧と回路を流れる電流とは，角周波数は同一で振幅と位相が異なるので，正弦波電圧・電流の振幅を絶対値に，位相を偏角に対応づけてベクトル表示できる．たとえば，R–L–C の直列回路で（誘導性回路とする）電圧を**基準ベクトル**にとると，電流は電圧の位相より ϕ だけ遅れるので，図 4.5 のようにベクトル表示できる．

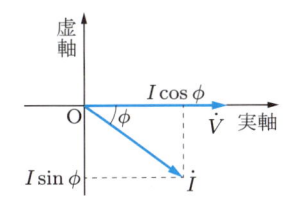

図 4.5　ベクトル表示

図 4.5 は，電圧・電流の実効値を用いて表示した場合で，この際の対応関係は，次のようになる．

$$\left.\begin{array}{l} v \to V e^{j0} = \dot{V}\,(\text{基準ベクトル}) = V \\ i \to I e^{-j\phi} = \dot{I} = I \cos\phi - jI \sin\phi \end{array}\right\} \tag{4.17}$$

また，正弦波電流 $i = I_m \sin(\omega t - \theta)$ を時間 t で微分すると，

$$\frac{\mathrm{d}i}{\mathrm{d}t} = \omega I_m \cos(\omega t - \theta) = \omega I_m \sin\left(\omega t - \theta + \frac{\pi}{2}\right) \tag{4.18}$$

となり，大きさが ω 倍，位相が $\pi/2$ 進む．いま，ある複素数 $\dot{A} = Ae^{j\theta}$ に $e^{j(\pi/2)} = \cos(\pi/2) + j\sin(\pi/2) = j$ を乗じると，$Ae^{j(\theta + \pi/2)}$ となり，大きさはそのままで，偏角のみが $\pi/2$ 進む．すなわち $e^{j(\pi/2)} = j$ は，偏角のみ $\pi/2$ 進める**ベクトルオペレータ**である．電流 i を複素数表示によりベクトル $\dot{I}$ で表すと，その微分は，ベクトルオペレータ j を用いて，次のように表現できる．

$$\frac{\mathrm{d}i}{\mathrm{d}t} \to j\omega \dot{I} \tag{4.19}$$

一方，正弦波電流 $i = I_m \sin(\omega t - \theta)$ を時間 t で積分すると，

$$\int i\,\mathrm{d}t = -\frac{I_m}{\omega}\cos(\omega t - \theta) = \frac{I_m}{\omega}\sin\left(\omega t - \theta - \frac{\pi}{2}\right) \tag{4.20}$$

となり，大きさが $1/\omega$ 倍，偏角が $\pi/2$ 遅れる．いま，ある複素数 $\dot{A} = Ae^{j\theta}$ に $e^{-j(\pi/2)} = \cos(-\pi/2) + j\sin(-\pi/2) = -j = 1/j$ を乗じると，$Ae^{j(\theta - \pi/2)}$ となり，大きさはそのままで偏角のみが $\pi/2$ 遅れる．すなわち $e^{-j(\pi/2)} = 1/j$ は，偏角のみ $\pi/2$ 遅らせるベクトルオペレータである．電流 i をベクトル $\dot{I}$ で表すと，電流の積分は，ベクトルオペレータ $1/j$ を用いて，次のように表現できる．

$$\int i\,\mathrm{d}t \to \frac{1}{j\omega}\dot{I} \tag{4.21}$$

4.4 複素数表示による解析法

4.4.1 抵抗回路

抵抗 R のみの回路に電圧 $v = V_m \sin\omega t$ を加えたとき，回路を流れる電流を i とすると，式 (3.13) より，

$$v = Ri \tag{4.22}$$

となる．ここで，電圧 v，電流 i を

$$\left.\begin{array}{l} v \to Ve^{j0} = \dot{V}\,(\text{基準ベクトル}) \\ i \to \dot{I} \end{array}\right\} \tag{4.23}$$

のように対応させると，式 (4.22) は

$$\dot{V} = R\dot{I} \tag{4.24}$$

となる．したがって，

$$\dot{I} = \frac{\dot{V}}{R} = \frac{V}{R}e^{j0} \tag{4.25}$$

となる．電流の絶対値は V/R，位相差は 0 となる．このように，複素数表示を用いて解析すると，絶対値と位相が同時に表現できる．この場合の電圧・電流のベクトル図は，図 4.6 に示す．

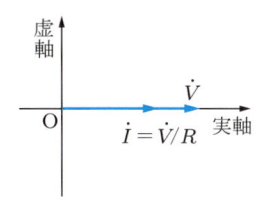

図 4.6 抵抗回路

4.4.2 インダクタンス回路

インダクタンス L のみの回路に，正弦波電圧 $v = V_m \sin\omega t$ を加えたとき，回路を流れる電流を i とすると，式 (3.22) より，

$$v = L\frac{\mathrm{d}i}{\mathrm{d}t} \tag{4.26}$$

となる．ここで，

$$\left.\begin{array}{l} v \to Ve^{j0} = \dot{V}\,(\text{基準ベクトル}) \\ i \to \dot{I} \\ \dfrac{\mathrm{d}}{\mathrm{d}t} \to j\omega \end{array}\right\} \tag{4.27}$$

のように対応させると，式 (4.26) は

$$\dot{V} = j\omega L \dot{I} \tag{4.28}$$

となる．したがって，

$$\dot{I} = \frac{\dot{V}}{j\omega L} = \frac{Ve^{j0}}{e^{j(\pi/2)} \cdot \omega L} = \frac{V}{\omega L}e^{-j(\pi/2)} \tag{4.29}$$

となり，電流の絶対値は，$V/\omega L$，位相は電圧より $\pi/2$ 遅れる．この関係は，図 4.7 のベクトル図で示される．

4.4.3 容量回路

静電容量 C のコンデンサに，正弦波電圧 $v = V_m \sin\omega t$ を加えたとき，回路を流れ

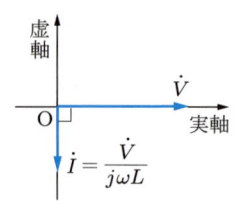

図 4.7　インダクタンス回路

る電流を i とすると，式 (3.32) より，

$$v = \frac{1}{C} \int i \, dt \tag{4.30}$$

となる．ここで，

$$\left. \begin{array}{l} v \to V e^{j0} = \dot{V} \text{(基準ベクトル)} \\ i \to \dot{I} \\ \int dt \to \dfrac{1}{j\omega} \end{array} \right\} \tag{4.31}$$

のように対応させると，式 (4.30) は

$$\dot{V} = \frac{1}{j\omega C} \dot{I} \tag{4.32}$$

となる．したがって，

$$\dot{I} = j\omega C \dot{V} = \omega C V e^{j(\pi/2)} \tag{4.33}$$

となり，電流の絶対値は $\omega C V$，位相は電圧より $\pi/2$ 進む．この関係は図 4.8 のベクトル図で示される．

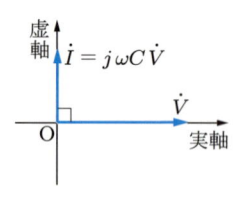

図 4.8　容量回路

4.4.4　R–L 直列回路

抵抗 R とインダクタンス L の直列回路に，正弦波電圧 $v = V_m \sin \omega t$ を加えた場合，回路を流れる電流を i とすると，式 (3.51) より，

$$L \frac{di}{dt} + Ri = v \tag{4.34}$$

となる．ここで，複素数表示すると，式 (4.34) は

$$j\omega L \dot{I} + R\dot{I} = \dot{V} \tag{4.35}$$

となる．したがって，

$$\dot{I} = \frac{\dot{V}}{R + j\omega L} = \frac{\dot{V}}{\dot{Z}} = \frac{Ve^{j0}}{Ze^{j\phi}} = \frac{V}{Z}e^{-j\phi} \tag{4.36}$$

$$\text{ただし，} \dot{Z} = R + j\omega L = \sqrt{R^2 + (\omega L)^2} \cdot e^{j\phi}$$

$$\phi = \tan^{-1}\frac{\omega L}{R}$$

となる．電流の絶対値は V/Z，位相は電圧より遅れる ($\phi > 0$)．この関係は，図 4.9 のベクトル図で示される．

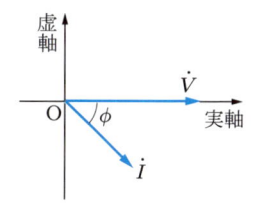

図 4.9　R–L 回路

例題 4.1　抵抗 $R = 5\,\Omega$，誘導リアクタンス $X_L = 5\,\Omega$ の直列回路に，100 V の交流電圧を加えたとき，流れる電流の大きさと位相を求めよ．

解　この場合のインピーダンス $\dot{Z}$ は，式 (4.36) より，

$$\dot{Z} = 5 + j5 = \sqrt{50}e^{j\phi}$$

$$\text{ただし，} \phi = \tan^{-1}\frac{5}{5} = \frac{\pi}{4}$$

となる．したがって，電圧 100 V を基準ベクトルにとると，式 (4.36) より，

$$\dot{I} = \frac{\dot{V}}{\dot{Z}} = \frac{100}{\sqrt{50}e^{j(\pi/4)}} = 14.14e^{-j(\pi/4)}$$

となり，電流の大きさは，14.14 A，位相は電圧より $\pi/4$ 遅れる．

例題 4.2　図 4.10 に示す抵抗 $R = 10\,\Omega$ と誘導リアクタンス $X_L = 10\,\Omega$ の並列回路に 100 V の交流電圧を加えたとき，各素子を流れる電流ならびに全回路電流を求めよ．

解　電圧を基準ベクトルにとると，次のようになる．

$$\dot{I}_1 = \frac{\dot{V}}{R} = \frac{100}{10} = 10\,\text{A},$$

$$\dot{I}_2 = \frac{\dot{V}}{j\omega L} = \frac{100}{10e^{j(\pi/2)}} = 10e^{-j(\pi/2)}$$

$$\dot{I} = \dot{I}_1 + \dot{I}_2 = \dot{V}\left(\frac{1}{R} + \frac{1}{j\omega L}\right)$$

$$= \dot{V}\left(\frac{1}{R} - j\frac{1}{\omega L}\right)$$

$$= V\sqrt{\left(\frac{1}{R}\right)^2 + \left(\frac{1}{\omega L}\right)^2}\, e^{-j\tan^{-1}(R/\omega L)}$$

$$\fallingdotseq 14.14 e^{-j(\pi/4)} \quad (第3章例題3.1参照)$$

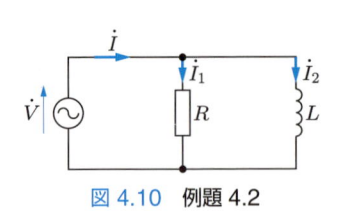

図 4.10　例題 4.2

4.4.5　R–C 直列回路

抵抗 R と静電容量 C の直列回路に，正弦波電圧 $v = V_m \sin\omega t$ を加えたとき，回路を流れる電流を i とすると，式 (3.55) より，

$$Ri + \frac{1}{C}\int i\,\mathrm{d}t = v \tag{4.37}$$

となる．ここで，複素数表示すると，式 (4.37) は

$$R\dot{I} + \frac{1}{j\omega C}\dot{I} = \dot{V} \tag{4.38}$$

となる．したがって，

$$\dot{I} = \frac{\dot{V}}{R + 1/j\omega C} = \frac{\dot{V}}{\dot{Z}} = \frac{\dot{V}}{Ze^{j\phi}} = \frac{\dot{V}}{Z}e^{-j\phi} \tag{4.39}$$

ただし，$\dot{Z} = R + \dfrac{1}{j\omega C} = R - j\dfrac{1}{\omega C} = \sqrt{R^2 + \left(\dfrac{1}{\omega C}\right)^2}\, e^{j\phi}$

$$\phi = \tan^{-1}\frac{-1}{\omega RC}$$

となり，電流の絶対値は V/Z，位相は電圧より進む（$\phi < 0$）．この関係は，図 4.11 のベクトル図で示される．

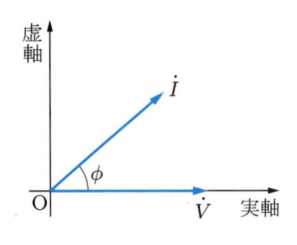

図 4.11　R–C 直列回路

例題 4.3 抵抗 $R = 4\,\Omega$ と容量リアクタンス $X_C = 3\,\Omega$ の直列回路に，$50\,\mathrm{V}$ の交流電圧を加えたとき，回路を流れる電流を求めよ．

解 この場合のインピーダンス $\dot{Z}$ は，式 (4.39) より，

$$\dot{Z} = 4 - j3 = 5e^{j\phi}$$

ただし，$\phi = \tan^{-1}\dfrac{-3}{4} = -0.644\,\mathrm{rad}$

となる．したがって，回路を流れる電流は，式 (4.39) より，

$$\dot{I} = \frac{\dot{V}}{\dot{Z}} = \frac{50}{5e^{-j0.644}} = 10e^{j0.644}$$

となり，電流の大きさは $10\,\mathrm{A}$，位相は電圧より $0.644\,\mathrm{rad}$ 進む．

例題 4.4 抵抗 $R = 5\,\Omega$ と容量リアクタンス $10\,\Omega$ の並列回路に，$100\,\mathrm{V}$ の交流電圧を加えたとき，回路を流れる全電流を求めよ．

解 全電流 $\dot{I}$ は，印加電圧を $\dot{V}$ とすると各素子に流れる電流の和となる．

$$\dot{I} = \dot{V}\left(\frac{1}{R} + j\frac{1}{X_C}\right) = V\sqrt{\left(\frac{1}{R}\right)^2 + \left(\frac{1}{X_C}\right)^2}e^{j\tan^{-1}(R/X_C)}$$

$$= 100\sqrt{\frac{1}{25} + \frac{1}{100}}e^{j\tan^{-1}(5/10)} \fallingdotseq 22.36e^{j0.464}$$

となり，大きさは $22.36\,\mathrm{A}$，位相は電圧より $0.464\,\mathrm{rad}$ 進む（第 3 章例題 3.2 参照）．

4.4.6 R–L–C 直列回路

抵抗 R，インダクタンス L および静電容量 C の直列回路に，正弦波電圧 $v = V_m \sin \omega t$ を加えたとき，回路を流れる電流を i とすると，式 (3.39) より，

$$L\frac{\mathrm{d}i}{\mathrm{d}t} + Ri + \frac{1}{C}\int i\,\mathrm{d}t = v \tag{4.40}$$

となる．ここで，複素数表示すると，式 (4.40) は

$$j\omega L\dot{I} + R\dot{I} + \frac{1}{j\omega C}\dot{I} = \dot{V} \tag{4.41}$$

となる．したがって，次のようになる．

$$\dot{I} = \frac{\dot{V}}{R + j(\omega L - 1/\omega C)} = \frac{\dot{V}}{\dot{Z}} = \frac{V}{Z}e^{-j\phi} \tag{4.42}$$

ただし，$\dot{Z} = R + j\left(\omega L - \dfrac{1}{\omega C}\right) = \sqrt{R^2 + \left(\omega L - \dfrac{1}{\omega C}\right)^2}e^{j\phi}$

$$\phi = \tan^{-1}\frac{\omega L - 1/\omega C}{R}$$

電流の絶対値は V/Z，位相は ωL と $1/\omega C$ との大小により電圧より遅れまたは進む．

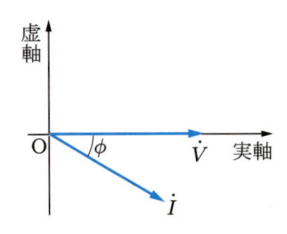

図 4.12　R–L–C 直列回路 ($\omega L > 1/\omega C$)

電圧と電流の関係は，$\omega L > 1/\omega C$ の場合，図 4.12 のベクトル図で示される．

例題 4.5　抵抗 $R = 10\,\Omega$，インダクタンス $L = 5\,\text{H}$，静電容量 $C = 2\,\mu\text{F}$ が直列に接続された回路に，$100\,\text{V}$, $50\,\text{Hz}$ の交流電圧を加えたとき，回路を流れる電流を求めよ．

解　$\omega L, 1/\omega C$ は，次のようになる．

$$\omega L = 2\pi f L = 2 \times 3.14 \times 50 \times 5 = 1570\,\Omega$$
$$1/\omega C = 1/2\pi f C = 1/(2 \times 3.14 \times 50 \times 2 \times 10^{-6}) = 1592.4\,\Omega$$

したがって，この回路のインピーダンス $\dot{Z}$ は，式 (4.42) から，

$$\dot{Z} = 10 + j(1570 - 1592.4) = 10 - j22.4 = 24.5 e^{-j1.15}$$

となる．したがって，回路を流れる電流 $\dot{I}$ は

$$\dot{I} = \frac{100}{24.5 e^{-j1.15}} = 4.28 e^{j1.15}$$

となり，大きさは $4.28\,\text{A}$，位相は電圧より $1.15\,\text{rad}$ 進む．

4.5　複素インピーダンスと複素アドミタンス

4.4 節で，電圧・電流を複素記号で表した場合，

$$\dot{I} = \frac{\dot{V}}{\dot{Z}} \tag{4.43}$$

なる関係が得られた．ここで，$\dot{Z}$ は一般に

$$\dot{Z} = R + jX = Z e^{-j\phi} \tag{4.44}$$

なる形で表され，

$$\left. \begin{array}{l} Z = \sqrt{R^2 + X^2} \\ \phi = \tan^{-1} \dfrac{X}{R} \end{array} \right\} \tag{4.45}$$

となる．このような $\dot{Z}$ を**複素インピーダンス** (complex impedance) とよび，$\dot{Z}$ の実

4.5 複素インピーダンスと複素アドミタンス

数部 R は**抵抗成分** (resistance)，虚数部 X は**リアクタンス** (reactance) という．ϕ は**インピーダンス角**とよばれ，電圧と電流の位相差を与える．式 (4.43)，(4.44) より，$\dot{Z}$ の虚数部が 0 であれば，電圧と電流は同相となり，$\dot{Z}$ の実数部が 0 であれば，電圧と電流の位相差は $\pi/2$ となる．

また，複素インピーダンス $\dot{Z}$ の逆数，すなわち

$$\dot{Y} = \frac{1}{\dot{Z}} = \frac{1}{R+jX} = \frac{R}{R^2+X^2} - j\frac{X}{R^2+X^2} = G - jB \tag{4.46}$$

を**複素アドミタンス** (complex admittance) とよび，$\dot{Y}$ の実数部 G を**コンダクタンス** (conductance)，虚数部 B を**サセプタンス** (susceptance) という．

次に，電圧・電流をベクトルで表示した場合の**キルヒホッフの法則**について述べる．電圧・電流の瞬時値を用いると，第 2 章のキルヒホッフの法則は，そのまま適用できるが，瞬時値の代わりに実効値や最大値を用いると，キルヒホッフの法則は適用できない（第 3 章例題 3.1 参照）．その理由は，実効値や最大値は，大きさだけを表し位相を含んでいないためである．しかし，電圧・電流をベクトルで表示すると，大きさと位相を表すことができるので，キルヒホッフの法則が適用でき，次のようになる．

第 1 法則：回路網中の任意の接続点に流入する電流のベクトル和は 0 である．

$$\sum_{i=1}^{n} \dot{I}_i = 0$$

第 2 法則：図 4.13 に示す閉回路 ABCDA において，図に示す方向を回路の方向と定めると，次式のようになる．

$$\dot{I}_1\dot{Z}_1 - \dot{I}_2\dot{Z}_2 + \dot{I}_3\dot{Z}_3 + \dot{I}_4\dot{Z}_4 = \dot{V}_1 - \dot{V}_2 + \dot{V}_3$$

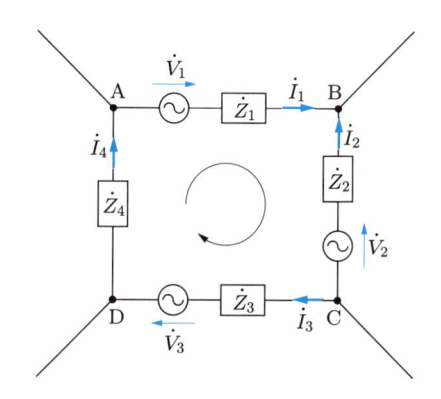

図 4.13　キルヒホッフの第 2 法則

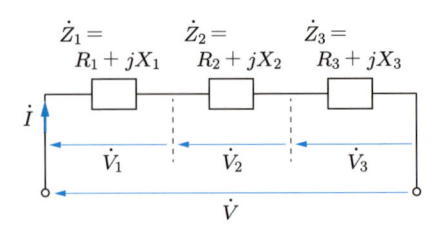

図 4.14 直列回路のインピーダンス

図 4.14 のように 3 個のインピーダンス $\dot{Z}_1, \dot{Z}_2, \dot{Z}_3$ を直列に接続した場合，

$$\dot{V} = \dot{V}_1 + \dot{V}_2 + \dot{V}_3 = \dot{I}\dot{Z}_1 + \dot{I}\dot{Z}_2 + \dot{I}\dot{Z}_3 = \dot{I}(\dot{Z}_1 + \dot{Z}_2 + \dot{Z}_3)$$
$$= \dot{I}\dot{Z} \tag{4.47}$$

となり，直列回路の合成インピーダンス $\dot{Z}$ は

$$\dot{Z} = \dot{Z}_1 + \dot{Z}_2 + \dot{Z}_3 = (R_1 + R_2 + R_3) + j(X_1 + X_2 + X_3) \tag{4.48}$$

となる．一般に，n 個のインピーダンスを直列に接続した場合の合成インピーダンスはそれぞれのインピーダンスの和となり，抵抗成分はそれぞれの抵抗成分の和であり，リアクタンスはそれぞれのリアクタンスの和となる．

また，図 4.15 のように 3 個のアドミタンス，$\dot{Y}_1, \dot{Y}_2, \dot{Y}_3$ を並列に接続すると，

$$\dot{I} = \dot{I}_1 + \dot{I}_2 + \dot{I}_3 = \dot{Y}_1\dot{V} + \dot{Y}_2\dot{V} + \dot{Y}_3\dot{V} = \dot{V}(\dot{Y}_1 + \dot{Y}_2 + \dot{Y}_3)$$
$$= \dot{V}\dot{Y} \tag{4.49}$$

となり，並列回路の合成アドミタンス $\dot{Y}$ は

$$\dot{Y} = \dot{Y}_1 + \dot{Y}_2 + \dot{Y}_3 = (G_1 + G_2 + G_3) - j(B_1 + B_2 + B_3) \tag{4.50}$$

となる．一般に，n 個のアドミタンスを並列に接続した場合の合成アドミタンスはそれぞれのアドミタンスの和であり，コンダクタンスはそれぞれのコンダクタンスの和

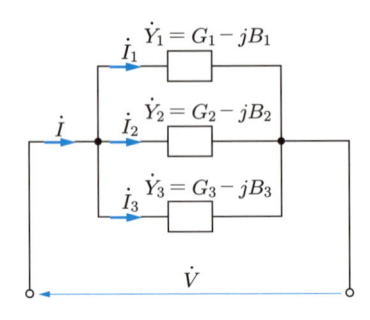

図 4.15 並列回路のアドミタンス

であり，サセプタンスもそれぞれのサセプタンスの和となる．

表 4.1 に簡単な回路の複素インピーダンス，表 4.2 に複素アドミタンスを示す．

表 4.1　複素インピーダンス

回路素子	複素インピーダンス
抵抗	R
インダクタ	$j\omega L$
キャパシタ	$\dfrac{1}{j\omega C}$
R-L直列	$R + j\omega L$
R-C直列	$R - j\dfrac{1}{\omega C}$
R-L-C直列	$R + j\left(\omega L - \dfrac{1}{\omega C}\right)$

表 4.2　複素アドミタンス

回路素子	複素アドミタンス
抵抗	$\dfrac{1}{R}$
インダクタ	$\dfrac{1}{j\omega L}$
キャパシタ	$j\omega C$
R-L並列	$\dfrac{1}{R} - j\dfrac{1}{\omega L}$
R-C並列	$\dfrac{1}{R} + j\omega C$
R-L-C並列	$\dfrac{1}{R} + j\left(\omega C - \dfrac{1}{\omega L}\right)$

例題 4.6　抵抗 $R = 5\,\Omega$ とインピーダンス $\dot{Z}_0 = 5 + j4$ とが直列に接続された回路に，100 V の交流電圧を加えたとき，回路を流れる電流を求めよ．また，インピーダンス $\dot{Z}_0$ の両端の電圧はいくらか．

解　この回路の合成インピーダンス $\dot{Z}$ は，

$$\dot{Z} = R + \dot{Z}_0 = 10 + j4$$

である．したがって，回路を流れる電流は，電圧を基準ベクトルにとると，

$$\dot{I} = \frac{100}{10+j4} = \frac{100}{10.77e^{j0.381}} = 9.28e^{-j0.381}$$

となる．電流の大きさは 9.28 A，位相は電圧より 0.381 rad 遅れる．

また，$\dot{Z}_0$ の両端の電圧 $\dot{V}_0$ は，

$$\dot{V}_0 = \dot{I} \cdot \dot{Z}_0 = 9.28e^{-j0.381} \cdot 6.4e^{j0.675} = 59.4e^{j0.294}$$

となる．電圧の大きさは 59.4 V，位相は電流 $\dot{I}$ より 0.294 rad 進む．

例題 4.7 抵抗 $R = 5\,\Omega$ とインダクタンス $L = 5\,\mathrm{mH}$ とが並列に接続された回路に，100 V，50 Hz の交流電圧を加えたとき，回路を流れる全電流を求めよ．

解 ωL は，次のようになる．

$$\omega L = 2\pi f L = 2 \times 3.14 \times 50 \times 5 \times 10^{-3} = 1.57$$

この回路の合成アドミタンスは，

$$\dot{Y} = \frac{1}{R} + \frac{1}{j\omega L} = \frac{1}{R} - j\frac{1}{\omega L} = \sqrt{\left(\frac{1}{R}\right)^2 + \left(\frac{1}{\omega L}\right)^2}\, e^{j\tan^{-1}(-R/\omega L)}$$
$$= 0.67e^{-j1.27}$$

である．したがって，全電流 $\dot{I}$ は，電圧 $\dot{V}$ を基準ベクトルにとると，

$$\dot{I} = \dot{Y}\dot{V} = 67e^{-j1.27}$$

となる．電流の大きさは 67 A，位相は電圧より 1.27 rad 遅れる．

4.6 ベクトル軌跡

正弦波電圧・電流やインピーダンスおよびアドミタンスなどをベクトル表示した場合，回路定数の変化でこれらのベクトルが変化する．その際，ベクトルの先端が描く軌跡を**ベクトル軌跡** (vector locus) という．

図 4.16 に示す抵抗 R と誘導リアクタンス X_L の直列回路のインピーダンスは，

$$\dot{Z} = R + jX_L \tag{4.51}$$

で表される．

抵抗 R のみが 0 から ∞ まで変化した場合の $\dot{Z}$ の軌跡は図 4.17(a) となり，リアクタンス X_L が 0 から ∞ まで変化した場合の $\dot{Z}$ の軌跡は図 (b) となる．いずれもベクトル軌跡は直線となる．

図 4.16 R–L 直列回路

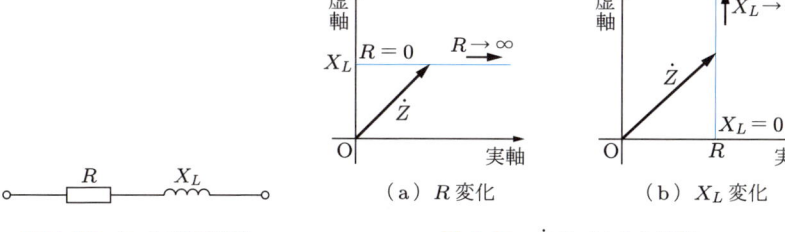

図 4.17 $\dot{Z}$ のベクトル軌跡

一方，図 4.16 の回路のアドミタンスは，

$$\dot{Y} = \frac{1}{\dot{Z}} = \frac{1}{R + jX_L} = \frac{R}{R^2 + X_L{}^2} - j\frac{X_L}{R^2 + X_L{}^2} \tag{4.52}$$

となり，実数部および虚数部をそれぞれ次のようにおく．

$$x = \frac{R}{R^2 + X_L{}^2}, \quad y = \frac{-X_L}{R^2 + X_L{}^2} \tag{4.53}$$

抵抗 R のみが 0 から ∞ まで変化した場合，式 (4.53) より R を消去すると，

$$x^2 + \left(y + \frac{1}{2X_L}\right)^2 = \left(\frac{1}{2X_L}\right)^2 \tag{4.54}$$

となり，$\dot{Y}$ の軌跡は中心 $(0, -1/2X_L)$，半径 $1/2X_L$ の円となる．R が 0 から ∞ まで変化するので，図 4.18 に示す半円（実線）となる．

X_L のみが 0 から ∞ まで変化した場合，式 (4.53) より X_L を消去すると，

$$\left(x - \frac{1}{2R}\right)^2 + y^2 = \left(\frac{1}{2R}\right)^2 \tag{4.55}$$

となり，$\dot{Y}$ の軌跡は，中心 $(1/2R, 0)$，半径 $1/2R$ の円となる．X_L は 0 から ∞ まで変化するので，図 4.19 に示す半円（実線）となる．

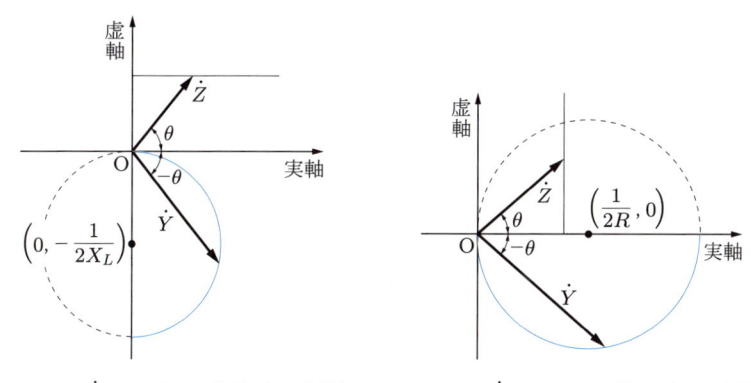

図 4.18 $\dot{Y}$ のベクトル軌跡（R 変化）

図 4.19 $\dot{Y}$ のベクトル軌跡（X_L 変化）

例題 4.8 図 4.20 に示す抵抗 R と静電容量 C の直列回路に正弦波電圧 $\dot{V}$ を加えた場合，回路を流れる電流は抵抗 R の変化でどのようになるか．

解 この回路の全電流 $\dot{I}$ は，電圧を基準ベクトルにとると，

$$\dot{I} = \frac{V}{R - j/\omega C} = \frac{VR}{R^2 + (1/\omega C)^2} + j\frac{V/\omega C}{R^2 + (1/\omega C)^2}$$
$$= x + jy \tag{4.56}$$

ただし，$x = \dfrac{VR}{R^2 + (1/\omega C)^2}$

$y = \dfrac{V/\omega C}{R^2 + (1/\omega C)^2}$

図 4.20　例題 4.8

式 (4.56) より，可変抵抗 R を消去すると，

$$x^2 + y^2 - \omega CVy = 0$$

となり，

$$x^2 + \left(y - \frac{\omega CV}{2}\right)^2 = \left(\frac{\omega CV}{2}\right)^2 \tag{4.57}$$

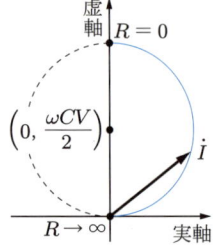

図 4.21　例題 4.8 [解]

となる．これは，図 4.21 に示すように，中心 $(0, \omega CV/2)$，半径 $\omega CV/2$ の円（実線）を表す．

4.7 共振回路

4.7.1 共振現象

図 4.22 に示すインダクタンス L と静電容量 C の直列回路のインピーダンスは

$$\dot{Z} = j\left(\omega L - \frac{1}{\omega C}\right) \tag{4.58}$$

であり，角周波数 ω が

$$\omega = \omega_r = \frac{1}{\sqrt{LC}} \tag{4.59}$$

のとき，すなわち，

$$f = f_r = \frac{1}{2\pi\sqrt{LC}} \tag{4.60}$$

のとき，$|\dot{Z}|$ は極小値 0 をとる．

一方，図 4.23 に示す L および C の並列回路のアドミタンスは

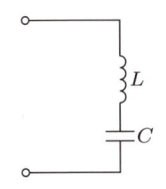

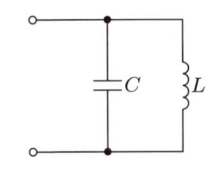

図 4.22　L–C 直列回路　　図 4.23　L–C 並列回路

$$\dot{Y} = j\left(\omega C - \frac{1}{\omega L}\right) \tag{4.61}$$

であり，角周波数 ω_r において，$|\dot{Y}|$ は極小値 0 をとる．

このように，回路のインピーダンスあるいはアドミタンスがある角周波数において極限をとる現象を**共振** (resonance) という．図 4.22 の場合を**直列共振** (series resonance)，図 4.23 の場合を**並列共振** (parallel resonance) または，**反共振** (antiresonance) という．また，ω_r を**共振角周波数** (resonance angular frequency) という．以上の例は，損失のない理想的なコイルやコンデンサの場合であるが，実際には，コイルやコンデンサに抵抗成分があるので，後で述べるように現象がいくぶん異なってくる．

4.7.2 直列共振

理想的なコイルとコンデンサのほかに，それらの抵抗成分を考慮した図 4.24 に示す直列回路に，正弦波電圧 $\dot{V}$ を加えたとき，回路を流れる電流 $\dot{I}$ は

$$\dot{I} = \frac{\dot{V}}{R + j\left(\omega L - \dfrac{1}{\omega C}\right)} \tag{4.62}$$

となり，その絶対値は

$$|\dot{I}| = \frac{V}{\sqrt{R^2 + \left(\omega L - \dfrac{1}{\omega C}\right)^2}} \tag{4.63}$$

となる．角周波数 ω が

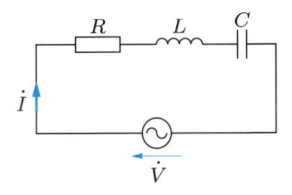

図 4.24　R–L–C 直列回路

$$\omega = \omega_r = \frac{1}{\sqrt{LC}} \tag{4.64}$$

のとき，$|\dot{I}|$ は最大となり，

$$|\dot{I}_r| = \frac{V}{R} \tag{4.65}$$

となる．このように，電圧と電流が同相となる状態を**直列共振**といい，ω_r を**共振角周波数**という．また，電流 $|\dot{I}|$ と角周波数 ω との関係は，図 4.25 に示すようになり，この図を**共振曲線**という．

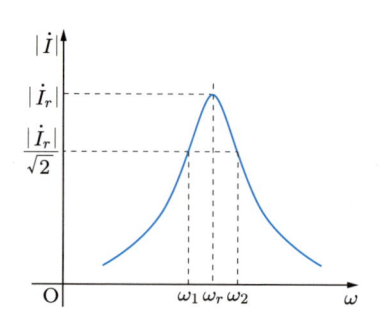

図 4.25 共振曲線

いま，任意の角周波数 ω における電流 $|\dot{I}|$ と共振電流 $|\dot{I}_r|$ との比は，

$$\frac{|\dot{I}|}{|\dot{I}_r|} = \frac{R}{\sqrt{R^2 + \left(\omega L - \frac{1}{\omega C}\right)^2}} = \frac{1}{\sqrt{1 + \left(\frac{\omega_r L}{R}\right)^2 \left(\frac{\omega}{\omega_r} - \frac{\omega_r}{\omega}\right)^2}} \tag{4.66}$$

となる．そこで，図 4.25 に示すように，$|\dot{I}| = |\dot{I}_r|/\sqrt{2}$ となる ω を ω_1, ω_2 とすれば，ω_1 および ω_2 は，式 (4.66) より，

$$\frac{\omega_r L}{R}\left(\frac{\omega}{\omega_r} - \frac{\omega_r}{\omega}\right) = \pm 1 \tag{4.67}$$

なる方程式の正の解となる．したがって，

$$\omega_1, \omega_2 = \frac{1}{2}\left\{\mp\frac{R}{L} + \sqrt{\left(\frac{R}{L}\right)^2 + 4\omega_r^2}\right\} \tag{4.68}$$

となり，2 解の積は

$$\omega_1 \cdot \omega_2 = \omega_r^2 \tag{4.69}$$

となり，共振角周波数 ω_r は，回路を流れる電流が，共振電流の $1/\sqrt{2}$ となるときの

角周波数 ω_1, ω_2 の幾何平均で与えられる．また，2 解の差は

$$\omega_2 - \omega_1 = \frac{R}{L} \tag{4.70}$$

となり，

$$\frac{\omega_r}{\omega_2 - \omega_1} = \frac{\omega_r L}{R} = Q \tag{4.71}$$

と表現できる．図 4.25 に示した曲線が鋭いほど $\omega_2 - \omega_1$ は小すなわち Q は大となる．したがって，式 (4.71) で与えられる Q は，共振の尖鋭さを表し，これを Q 値 (Q factor) という．抵抗成分 R が小さいほど Q は大となる．

また，共振時のインダクタンス L および静電容量 C の両端の電圧 $\dot{V}_L, \dot{V}_C$ は，

$$\dot{V}_L = j\omega_r L \cdot \frac{\dot{V}}{R} = jQ\dot{V} \tag{4.72}$$

$$\dot{V}_C = \frac{1}{j\omega_r C} \cdot \frac{\dot{V}}{R} = \frac{1}{j\frac{1}{\omega_r L}} \cdot \frac{\dot{V}}{R} = -jQ\dot{V} \tag{4.73}$$

となる．すなわち，$|\dot{V}_L|$ あるいは $|\dot{V}_C|$ は，電源電圧 $|\dot{V}|$ の Q 倍となる．Q の大きな回路では，共振時の $|\dot{V}_L|$ あるいは $|\dot{V}_C|$ は非常に大きな値となるので，直列共振のことを**電圧共振**とよぶことがある．

例題 4.9 抵抗 $R = 10\,\Omega$，インダクタンス $L = 5\,\text{mH}$，静電容量 $C = 2\,\mu\text{F}$ の直列回路の共振角周波数を求めよ．また，共振時の L の両端の電圧を求めよ．ただし，電源電圧は $100\,\text{V}$ とする．

解 式 (4.64) より，

$$\omega_r = \frac{1}{\sqrt{LC}} = \frac{1}{\sqrt{5 \times 10^{-3} \cdot 2 \times 10^{-6}}} = 10^4$$

である．また，式 (4.71) より，

$$Q = \frac{\omega_r L}{R} = \frac{10^4 \cdot 5 \times 10^{-3}}{10} = 5$$

となる．したがって，L の両端の電圧は，式 (4.72) より，次のようになる．

$$|\dot{V}_L| = Q|\dot{V}| = 500\,\text{V}$$

4.7.3 並列共振

4.7.1 項で，理想的なコイルとコンデンサの並列回路では，

$$\omega_r = \frac{1}{\sqrt{LC}} \tag{4.74}$$

のとき，共振状態になることを述べた．ここでは，簡単のためコンデンサ C は理想的なものとして，コイルだけ抵抗成分がある場合を考える．

図 4.26 において，合成アドミタンスは次のようになる．

$$\dot{Y} = j\omega C + \frac{1}{R + j\omega L} = \frac{1 - \omega^2 LC + j\omega RC}{R + j\omega L}$$
$$= \frac{R}{R^2 + \omega^2 L^2} + j\left(\omega C - \frac{\omega L}{R^2 + \omega^2 L^2}\right) \tag{4.75}$$

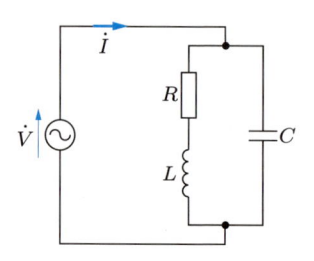

図 4.26 並列回路

ここで，電圧 $\dot{V}$ と電流 $\dot{I}$ が同相となる条件すなわち合成アドミタンスが純抵抗となる条件を求めると，式 (4.75) の虚数部を 0 とおいて，

$$\omega = \sqrt{\frac{1}{LC}\left(1 - \frac{R^2 C}{L}\right)} = \frac{1}{\sqrt{LC}}\sqrt{1 - \frac{R^2 C}{L}} \tag{4.76}$$

となる．この状態を並列共振または反共振という．式 (4.76) は，式 (4.74) と異なるが，コイルの抵抗成分 R が小さいときは，実用上ほぼ一致する．

次に，図 4.26 の合成インピーダンスは

$$\dot{Z} = \frac{1}{\dot{Y}} = \frac{R + j\omega L}{1 - \omega^2 LC + j\omega RC} \tag{4.77}$$

となる．ここで，電流が極小となる条件を求める．式 (4.77) で与えられる $\dot{Z}$ の絶対値は，式 (4.13) より，

$$|\dot{Z}| = \sqrt{\frac{R^2 + \omega^2 L^2}{(1 - \omega^2 LC)^2 + \omega^2 R^2 C^2}} = \sqrt{Z_1}$$

となる．ここで，Z_1 が最大となる ω を求める．

$\partial Z_1/\partial \omega = 0$ とおいて Z_1 が最大となる角周波数を求めると，

$$L^4 C^2 \omega^4 + 2R^2 L^2 C^2 \omega^2 - L^2 - 2R^2 LC + R^4 C^2 = 0$$

が得られ，$\omega^2 = \omega'$ とおくと，$\omega' \geq 0$ より，

$$\omega' = \frac{1}{LC}\left(\frac{-R^2C}{L} + \sqrt{\frac{2R^2C}{L} + 1}\right)$$

$$\therefore \omega = \frac{1}{\sqrt{LC}}\sqrt{\frac{-R^2C}{L} + \sqrt{\frac{2R^2C}{L} + 1}} \tag{4.78}$$

が得られる．式 (4.78) も式 (4.74) と異なる．

このように，並列共振角周波数は定義により異なるが，コイルの抵抗成分が小さいときは，式 (4.76), (4.78) は，式 (4.74) と実用上ほぼ一致する．

4.8 電力のベクトル表示

3.7 節で述べたように，電圧および電流の実効値をそれぞれ V および I，力率を $\cos\phi$ とすると，有効電力は $VI\cos\phi$，無効電力は $VI\sin\phi$ で表される．ここでは，電圧および電流がそれぞれ $\dot{V} = Ve^{j\theta_1}$, $\dot{I} = Ie^{j\theta_2}$ で表された場合の電力のベクトル表示について考える．

いま，$\theta_1 > \theta_2$ とすると，電圧と電流の位相差 ϕ は $\theta_1 - \theta_2$ となる．したがって，$\dot{V}$ と $\dot{I}$ を用いて電力をベクトル的に表すには，$\dot{V}$ か $\dot{I}$ のいずれかの共役値を用いる必要がある．すなわち，$\dot{V}$ の共役値 $\overline{V}$ を用いると，

$$\dot{W} = \overline{V} \cdot \dot{I} = VIe^{j(-\theta_1+\theta_2)} = VIe^{-j\phi}$$
$$= VI\cos\phi - jVI\sin\phi \tag{4.79}$$

となり，電流の共役値 $\overline{I}$ を用いると，

$$\dot{W} = \dot{V} \cdot \overline{I} = VIe^{j(\theta_1-\theta_2)} = VIe^{j\phi}$$
$$= VI\cos\phi + jVI\sin\phi \tag{4.80}$$

となる．式 (4.79) または式 (4.80) で表された $\dot{W}$ を**電力ベクトル**とよび，$\dot{W}$ の実数部が有効電力，虚数部が無効電力を示す．なお，一般には誘導性負荷が多いので，遅れ無効電力を正とした式 (4.80) を用いる．

例題 4.10 抵抗 $R = 4\,\Omega$，誘導リアクタンス $X_L = 3\,\Omega$ の直列回路に $100\,\mathrm{V}$ の交流電圧を加えたとき，この回路の消費電力を求めよ．

解 この回路を流れる電流は，電圧を基準ベクトルにとると，

$$\dot{I} = \frac{100}{4 + j3} = 16 - j12$$

となる．したがって，電力ベクトルは，式 (4.80) より，

$$\dot{W} = \dot{V} \cdot \bar{I} = 100(16 + j12) = 1600 + j1200$$

となり，有効電力は 1600 W となる．あるいは，次のようになる．

$$P = I^2 \cdot R = 20^2 \times 4 = 1600 \,\text{W}$$

4.9 相互誘導回路

図 4.27 に示すように，コイル①およびコイル②にそれぞれ電流 i_1 および i_2 が流れている場合を考える．

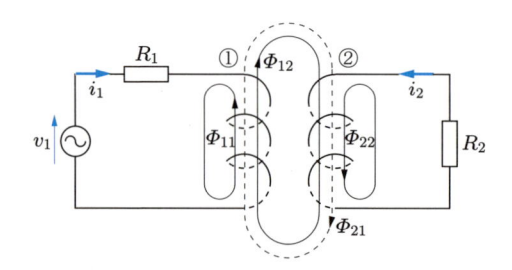

図 4.27 相互誘導回路

電流 i_1 により，コイル①にはコイル①自身と鎖交する磁束 $\varPhi_{11}$ と，コイル②と鎖交する磁束 $\varPhi_{12}$ が生じる．磁束 $\varPhi_{11}$ および $\varPhi_{12}$ の変化により，コイル①には式 (1.4) より，

$$e'_{L_1} = -L_1 \frac{di_1}{dt} \tag{4.81}$$

なる逆起電力が生じ，磁束 $\varPhi_{12}$ の変化により，コイル②には式 (1.7) より，

$$e'_{M_2} = -M \frac{di_1}{dt} \tag{4.82}$$

なる逆起電力を生じる．

また，電流 i_2 により，コイル②には，コイル②自身と鎖交する磁束 $\varPhi_{22}$ とコイル①と鎖交する磁束 $\varPhi_{21}$ が生じる．磁束 $\varPhi_{22}$ および $\varPhi_{21}$ の変化により，コイル②には式 (1.4) より，

$$e'_{L_2} = -L_2 \frac{di_2}{dt} \tag{4.83}$$

なる逆起電力が生じ，磁束 $\varPhi_{21}$ の変化により，コイル①には式 (1.8) より，

$$e'_{M_1} = -M \frac{di_2}{dt} \tag{4.84}$$

なる逆起電力を生じる．

結局，抵抗 R_1 および R_2 の逆起電力も考慮すると，コイル①および②を含む相互誘導回路では，次の電圧平衡式が成立する．

$$\left.\begin{aligned} R_1 i_1 + L_1 \frac{\mathrm{d}i_1}{\mathrm{d}t} + M \frac{\mathrm{d}i_2}{\mathrm{d}t} &= v_1 \\ R_2 i_2 + L_2 \frac{\mathrm{d}i_2}{\mathrm{d}t} + M \frac{\mathrm{d}i_1}{\mathrm{d}t} &= 0 \end{aligned}\right\} \qquad (4.85)$$

式 (4.85) は，Φ_{11} と Φ_{21}，Φ_{22} と Φ_{12} が同方向で，L による逆起電力と M による逆起電力が同方向の場合である．しかし，コイルの巻き方や電流の方向によっては，L による逆起電力と M による逆起電力が逆方向になる場合がある．そのときの電圧平衡式は次のようになる．

$$\left.\begin{aligned} R_1 i_1 + L_1 \frac{\mathrm{d}i_1}{\mathrm{d}t} - M \frac{\mathrm{d}i_2}{\mathrm{d}t} &= v_1 \\ R_2 i_2 + L_2 \frac{\mathrm{d}i_2}{\mathrm{d}t} - M \frac{\mathrm{d}i_1}{\mathrm{d}t} &= 0 \end{aligned}\right\} \qquad (4.86)$$

しかし，M に正負の符号を含めると，この場合も式 (4.85) が成立する．また，

$$k = \frac{M}{\sqrt{L_1 L_2}} \qquad (4.87)$$

で定義される k を**結合係数**とよび，コイル①，②の位置により k の値が異なる．一般には $-1 \leq k \leq 1$ である．

次に，式 (4.85) を複素数表示すると，

$$\left.\begin{aligned} (R_1 + j\omega L_1)\dot{I}_1 + j\omega M \dot{I}_2 &= \dot{V}_1 \\ (R_2 + j\omega L_2)\dot{I}_2 + j\omega M \dot{I}_1 &= 0 \end{aligned}\right\} \qquad (4.88)$$

となる．いま，

$$\dot{Z}_1 = R_1 + j\omega L_1, \quad \dot{Z}_2 = R_2 + j\omega L_2, \quad \dot{Z}_M = j\omega M \qquad (4.89)$$

とおくと，式 (4.88) は

$$\left.\begin{aligned} \dot{Z}_1 \dot{I}_1 + \dot{Z}_M \dot{I}_2 &= \dot{V}_1 \\ \dot{Z}_M \dot{I}_1 + \dot{Z}_2 \dot{I}_2 &= 0 \end{aligned}\right\} \qquad (4.90)$$

となる．したがって，$\dot{I}_1$ および $\dot{I}_2$ は

$$\dot{I}_1 = \frac{\dot{Z}_2 \dot{V}_1}{\dot{Z}_1 \dot{Z}_2 - \dot{Z}_M{}^2}, \quad \dot{I}_2 = \frac{-\dot{Z}_M \dot{V}_1}{\dot{Z}_1 \dot{Z}_2 - \dot{Z}_M{}^2} \qquad (4.91)$$

となる．なお，1次側からみた合成インピーダンス $\dot{Z}$ は，

$$\dot{Z} = \frac{\dot{V}_1}{\dot{I}_1} = \dot{Z}_1 - \frac{\dot{Z}_M{}^2}{\dot{Z}_2} \tag{4.92}$$

$$= \left(R_1 + \frac{\omega^2 M^2}{R_2{}^2 + \omega^2 L_2{}^2}R_2\right) + j\omega\left(L_1 - \frac{\omega^2 M^2}{R_2{}^2 + \omega^2 L_2{}^2}L_2\right)$$

となり，1 次回路のインピーダンス $\dot{Z}_1 = R_1 + j\omega L_1$ と比較すると，1 次側からみたインピーダンスは，抵抗成分は増加し，インダクタンスは減少する．

次に，図 4.28 のような相互インダクタンス M を含む回路と等価な回路を考える．式 (4.88) を変形すると，

$$\left.\begin{array}{l}\{R_1 + j\omega(L_1 - M)\}\dot{I}_1 + j\omega M(\dot{I}_1 + \dot{I}_2) = \dot{V}_1 \\ j\omega M(\dot{I}_1 + \dot{I}_2) + \{R_2 + j\omega(L_2 - M)\}\dot{I}_2 = 0\end{array}\right\} \tag{4.93}$$

となる．一方，図 4.28 に示す回路において，図示した閉路電流（5.2 節参照）をとり，キルヒホッフの法則を適用すると，式 (4.93) が得られる．したがって，図 4.27 のような M を含む回路は，図 4.28 に示した T 形回路と等価となる．

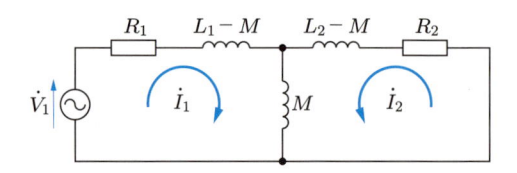

図 4.28 M を含む回路の等価回路

例題 4.11 図 4.29 に示す回路の電流 $\dot{I}$ を求めよ．ただし，L_1, L_2 は自己インダクタンス，M はその相互インダクタンスとし，●印はコイルの巻き始めを示す．

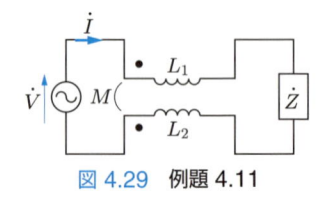

解 この例題は，コイルの巻き始めが示されているので，M の符号に注意しなければならない．一般に，コイル①の巻き終わりをコイル②の一端に接続した場合，コイル②の巻き方がコイル①と同一であれば，その一端をコイル②の巻き始めとする．コイル①，②の巻き始めに，ともに電流が流入あるいは流出すれば，両コイルに生じる磁束は同方向となるので，M は正とする．それ以外は M は負とする．この例題の場合，L_1 の●印に電流が流入し，L_2 の●印から電流が流出するので M は負とする．したがって，この場合の電圧平衡式は

図 4.29 例題 4.11

$$\dot{V} = \underbrace{j\omega L_1 \dot{I} - j\omega M \dot{I}}_{L_1\text{側の電圧降下}} + \dot{Z}\dot{I} + \underbrace{j\omega L_2 \dot{I} - j\omega M \dot{I}}_{L_2\text{側の電圧降下}}$$

$$= \{j\omega(L_1 + L_2 - 2M) + \dot{Z}\}\dot{I}$$

となり，したがって，次のようになる．

$$\dot{I} = \frac{\dot{V}}{j\omega(L_1 + L_2 - 2M) + \dot{Z}} \tag{4.94}$$

等価回路を用いて解くと次のようになる．図 4.30(a) のように $\dot{Z}$ を移動しても電流 $\dot{I}$ は変化しない．したがって，等価回路は図 (b) のようになる．図より電流 $\dot{I}$ を求めると，式 (4.94) と一致する．

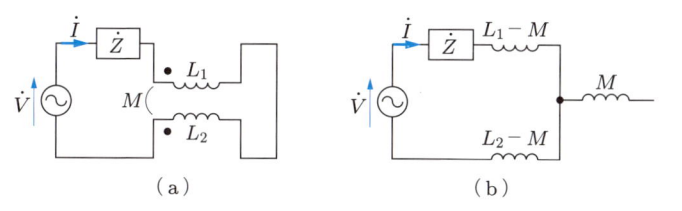

図 4.30　例題 4.11 ［解］

4.10　逆回路

図 4.31(a) および (b) に示すインダクタンス L および静電容量 C のインピーダンスを，それぞれ $\dot{Z}_1$ および $\dot{Z}_2$ とすると，

$$\dot{Z}_1 \cdot \dot{Z}_2 = j\omega L \cdot \frac{1}{j\omega C} = \frac{L}{C} = K^2 \tag{4.95}$$

となる．この場合，$\dot{Z}_1$ と $\dot{Z}_2$ は K^2 に関して互いに**逆回路** (inverse circuit) であるという．

図より，L の逆回路は C であり，C の逆回路は L である．また，$\dot{Z}_1$ が抵抗であれば，その逆回路も抵抗である．さらに，

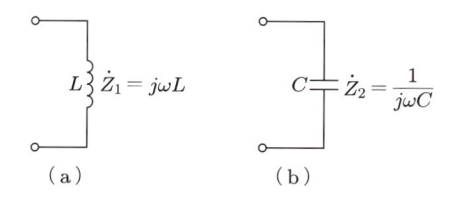

図 4.31　逆回路

とすると，$\dot{Z}_{11}, \dot{Z}_{12}, \dot{Z}_{13}$ の直列接続において

$$\dot{Z}_1 = \dot{Z}_{11} + \dot{Z}_{12} + \dot{Z}_{13} \tag{4.97}$$

であり，$\dot{Z}_{21}, \dot{Z}_{22}, \dot{Z}_{23}$ の並列接続において

$$\dot{Z}_2 = \cfrac{1}{\cfrac{1}{\dot{Z}_{21}} + \cfrac{1}{\dot{Z}_{22}} + \cfrac{1}{\dot{Z}_{23}}} = \frac{K^2}{\dot{Z}_{11} + \dot{Z}_{12} + \dot{Z}_{13}} = \frac{K^2}{\dot{Z}_1} \tag{4.98}$$

$$\dot{Z}_{11} \cdot \dot{Z}_{21} = K^2 \\ \dot{Z}_{12} \cdot \dot{Z}_{22} = K^2 \\ \dot{Z}_{13} \cdot \dot{Z}_{23} = K^2 \tag{4.96}$$

となり，$\dot{Z}_1 \cdot \dot{Z}_2 = K^2$ が得られる．すなわち，直列接続の逆回路は並列接続となり，その逆も成立する．

図 4.32 において，

$$\frac{L_0}{C_0} = \frac{L_1}{C_1} = \frac{L_2}{C_2} = K^2 \tag{4.99}$$

の関係が成立すれば，$\dot{Z}_2$ は K^2 に関して $\dot{Z}_1$ の逆回路となる．

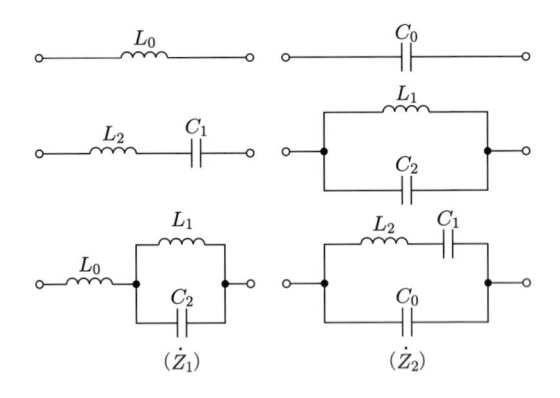

図 4.32 逆回路の例

4.11 定抵抗回路

図 4.33 において，合成インピーダンス $\dot{Z}$ は

$$\dot{Z} = \frac{R\dot{Z}_1}{R + \dot{Z}_1} + \frac{R\dot{Z}_2}{R + \dot{Z}_2} = \frac{R^2\dot{Z}_1 + R\dot{Z}_1\dot{Z}_2 + R^2\dot{Z}_2 + R\dot{Z}_1\dot{Z}_2}{(R + \dot{Z}_1)(R + \dot{Z}_2)}$$

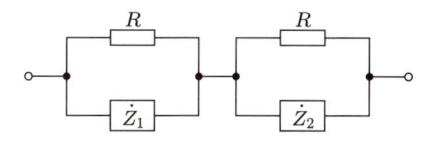

図 4.33 定抵抗回路

$$= R \cdot \frac{R(\dot{Z}_1 + \dot{Z}_2) + 2\dot{Z}_1\dot{Z}_2}{R^2 + R(\dot{Z}_1 + \dot{Z}_2) + \dot{Z}_1\dot{Z}_2} \tag{4.100}$$

となり，$\dot{Z}_1 \cdot \dot{Z}_2 = R^2$ ならば $\dot{Z} = R$ となる．このように，周波数に無関係に一定値のインピーダンスをもつ回路を**定抵抗回路** (constant resistance circuit) という．

例題 4.12 図 4.34 に示す回路が，定抵抗回路なるための条件を求めよ．

解 この回路の合成インピーダンス $\dot{Z}$ は

$$\dot{Z} = \frac{(R + \dot{Z}_1)(R + \dot{Z}_2)}{(R + \dot{Z}_1) + (R + \dot{Z}_2)}$$

$$= \frac{R(R + \dot{Z}_1 + \dot{Z}_2 + \dot{Z}_1\dot{Z}_2/R)}{2R + \dot{Z}_1 + \dot{Z}_2}$$

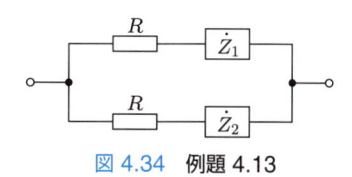

図 4.34 例題 4.13

となる．したがって，$\dot{Z}_1 \cdot \dot{Z}_2 = R^2$ すなわち $\dot{Z}_1$ と $\dot{Z}_2$ が R^2 に関し逆回路であればよい．

演習問題

4.1 問図 4.1 の交流回路において，抵抗 R_2 で消費される電力 [W] の値として，正しいのは次のうちどれか．（平 13，III）

(1) 80 (2) 200 (3) 400 (4) 600 (5) 1000

4.2 問図 4.2 のように，R [Ω] の抵抗とインダクタンス L [H] のコイルを直列に接続した回路がある．この回路に，角周波数 ω [rad/s] の正弦波交流電圧 $\dot{V}$ [V] を加えたとき，この電圧の位相 [rad] に対して回路を流れる電流 $\dot{I}$ [A] の位相 [rad] として，正しいものは次のうちどれか．（平 18，III）

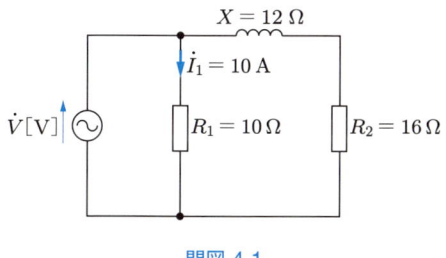

問図 4.1

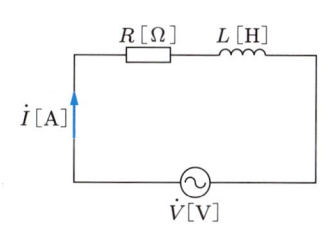

問図 4.2

(1) $\sin^{-1}(R/\omega L)$ [rad] 進む (2) $\cos^{-1}(R/\omega L)$ [rad] 遅れる
(3) $\cos^{-1}(\omega L/R)$ [rad] 進む (4) $\tan^{-1}(R/\omega L)$ [rad] 遅れる
(5) $\tan^{-1}(\omega L/R)$ [rad] 遅れる

4.3 問図 4.3 のように，抵抗 R [Ω] と誘導性リアクタンス X_L [Ω] が直列に接続された交流回路がある．$R/X_L = 1/\sqrt{2}$ の関係があるとき，この回路の力率 $\cos\phi$ の値として，もっとも近いものは次のどれか．(平 14, III)

(1) 0.43　　(2) 0.50　　(3) 0.58　　(4) 0.71　　(5) 0.87

4.4 問図 4.4 のように，$R = \sqrt{3}\omega L$ [Ω]，インダクタンス L [H] のコイル，スイッチ S が，角周波数 ω [rad] の交流電圧 $\dot{V}$ [V] に接続されている．スイッチ S を開いているとき，コイルを流れる電流の大きさを $\dot{I}_1$ [A]，電源電圧に対する電流の位相差を ϕ_1 [°] とする．また，スイッチ S を閉じているとき，コイルを流れる電流の大きさを $\dot{I}_2$ [A]，電源電圧に対する電流の位相差を ϕ_2 [°] とする．このとき，I_1/I_2 および $|\phi_1 - \phi_2|$ [°] の値として，正しいものを組み合わせたのは次表のどれか．(平 21, III)

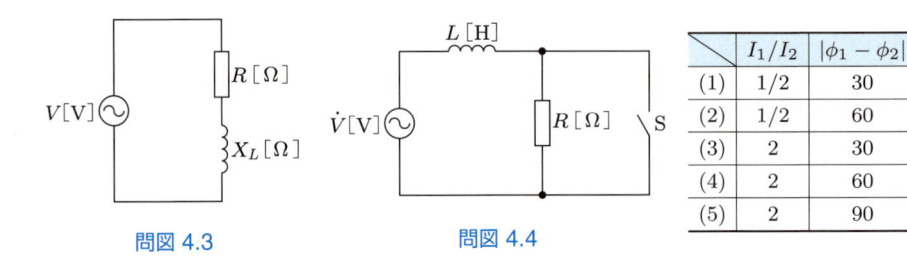

	I_1/I_2	$|\phi_1 - \phi_2|$
(1)	1/2	30
(2)	1/2	60
(3)	2	30
(4)	2	60
(5)	2	90

問図 4.3

問図 4.4

4.5 問図 4.5(a) のような抵抗 R [Ω] と誘導性リアクタンス X [Ω] との直列回路がある．この回路に正弦波交流電圧 $V = 100$ V を加えたとき，回路を流れる電流は 10 A であった．この回路に図 (b) のように，さらに抵抗 11 Ω を直列接続したところ，回路に流れる電流は 5 A になった．抵抗 R [Ω] の値として，もっとも近いのは次のどれか．(平 16, III)

(1) 5.5　　(2) 8.1　　(3) 8.6　　(4) 11.4　　(5) 16.7

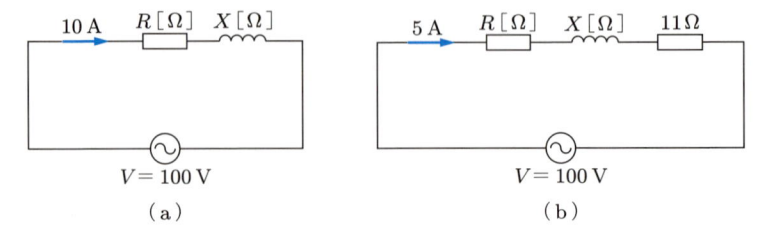

問図 4.5

4.6 問図 4.6(a) に示す R [Ω] の抵抗，インダクタンス L [H] のコイル，静電容量 C [F] の

コンデンサからなる並列回路がある．この回路に角周波数 ω [rad/s] の交流電圧 $\dot{V}$ [V] を加えたところ，この回路に流れる電流 $\dot{I}$ [A], $\dot{I}_R$ [A], $\dot{I}_L$ [A], $\dot{I}_C$ [A] のベクトル図が図 (b) に示すようになった．このときの L と C の関係を示す式として，正しいのは次のうちどれか．（平 19, III）

(1) $\omega L < \dfrac{1}{\omega C}$　　(2) $\omega L > \dfrac{1}{\omega C}$　　(3) $\omega^2 = \dfrac{1}{\sqrt{LC}}$　　(4) $\omega L = \dfrac{1}{\omega C}$

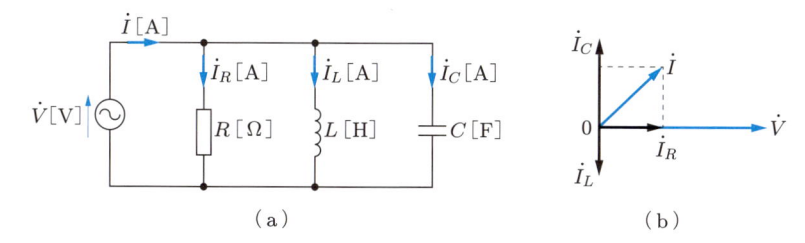

(5) $R = \sqrt{\dfrac{L}{C}}$

問図 4.6

4.7 問図 4.7 のように抵抗，コイル，コンデンサからなる負荷がある．この負荷に線間電圧 $\dot{V}_{ab} = 100\angle 0\,\text{V}$, $\dot{V}_{bc} = 100\angle 0\,\text{V}$, $\dot{V}_{ac} = 200\angle 0\,\text{V}$ の単相 3 線式交流電源を接続したところ，端子 a，端子 b，端子 c を流れる電流はそれぞれ $\dot{I}_a$ [A], $\dot{I}_b$ [A], $\dot{I}_c$ [A] であった．$\dot{I}_a$ [A], $\dot{I}_b$ [A], $\dot{I}_c$ [A] の大きさをそれぞれ I_a [A], I_b [A], I_c [A] としたとき，これらの大小関係を表す式として，正しいのは次のうちどれか．（平 21, III）

(1) $I_a = I_c > I_b$　　(2) $I_a > I_c > I_b$　　(3) $I_b > I_c > I_a$　　(4) $I_b > I_a > I_c$

(5) $I_c > I_a > I_b$

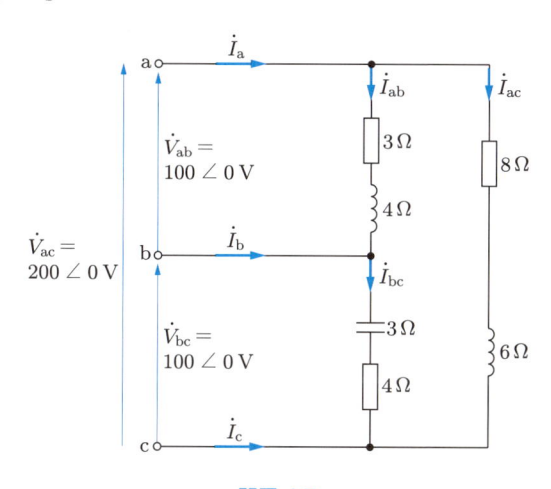

問図 4.7

4.8 問図 4.8(a) は，静電容量 C [F] のコンデンサとコイルからなる共振回路の等価回路である．このように，コイルに内部抵抗 r [Ω] が存在する場合は，インダクタンス L [H] と抵抗 r [Ω] の直列回路として表すことができる．この直列回路は，コイルの抵抗 r [Ω] が，誘導性リアクタンス ωL [Ω] に比べて十分小さいものとすると，図 (b) のように，等価抵抗 R_p [Ω] とインダクタンス L [H] の並列回路に変換することができる．このときの等価抵抗 R_p [Ω] の値を表す式として，正しいのは次のうちどれか．ただし，I_c [A] は電流源の電流を表す．（平22，III）

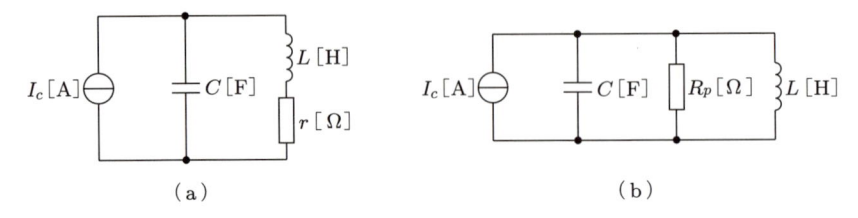

(1) $\dfrac{\omega L}{r}$　(2) $\dfrac{r}{(\omega L)^2}$　(3) $\dfrac{r^2}{\omega L}$　(4) $\dfrac{(\omega L)^2}{r}$　(5) $r(\omega L)^2$

問図 4.8

4.9 問図 4.9 のような R–L–C 交流回路がある．この回路に正弦波交流電圧 $V = 100\,\mathrm{V}$ を加えたとき，可変抵抗 R [Ω] に流れる電流 I [A] は 0 であった．また，可変抵抗 R [Ω] の値を変えても I [A] の値に変化はなかった．このとき，容量性リアクタンス X_C [Ω] の端子電圧 V_C [V] とこれに流れる電流 I_C [A] の値として，正しいものを組み合わせたのは次表のうちどれか．ただし，誘導性リアクタンス $X_L = 20\,\Omega$ とする．（平14，III）

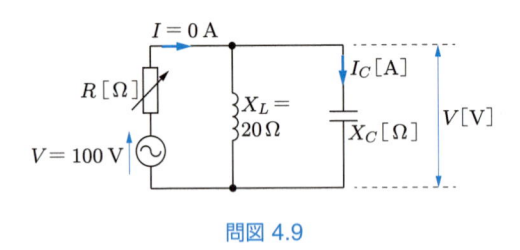

	電圧 V_C [V]	電流 I_C [A]
(1)	100	0
(2)	50	5
(3)	100	5
(4)	50	20
(5)	100	20

問図 4.9

4.10 問図 4.10 のように，正弦波交流電圧 $V = 200\,\mathrm{V}$ の電源がインダクタンス L [H] のコイルと R [Ω] の抵抗との直列回路に電力を供給している．回路を流れる電流が $I = 10\,\mathrm{A}$，回路の無効電力が $Q = 1200\,\mathrm{var}$ のとき，抵抗 R [Ω] の値として，正しいものを次の (1)〜(5) のうちから一つ選べ．（平24，III）

(1) 4　(2) 8　(3) 12　(4) 16　(5) 20

4.11 問図 4.11 のように，$R = 200\,\Omega$ の抵抗，インダクタンス $L = 2\,\mathrm{mH}$ のコイル，静電容量 $C = 0.8\,\mu\mathrm{F}$ のコンデンサを直列に接続した交流回路がある．この回路において，電源電圧 $\dot{V}$ [V] と電流 $\dot{I}$ [A] とが同相であるとき，この電源電圧の角周波数 ω [rad/s]

問図 4.10　　　　　　　　　　　問図 4.11

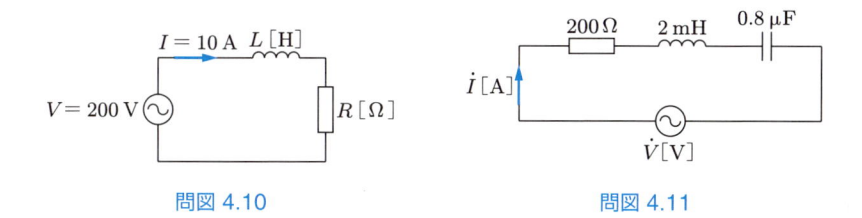

の値として，正しいのは次のどれか．（平 18，Ⅲ）

(1) 1.0×10^2　　(2) 3.0×10^2　　(3) 2.0×10^4　　(4) 2.5×10^4
(5) 3.5×10^4

4.12　問図 4.12 のように，二つの正弦波交流電圧源 v_1 [V]，v_2 [V] が直列に接続されている回路において，合成電圧 v [V] の最大値は，v_1 の最大値の [（ア）] 倍となり，その位相は v_1 を基準として [（イ）] rad の [（ウ）] となる．

　　上記の記述中の空白場所（ア），（イ）および（ウ）に当てはまる語句，式または数値として，正しいものを組み合わせたものは次表のうちどれか．（平 18，Ⅲ）

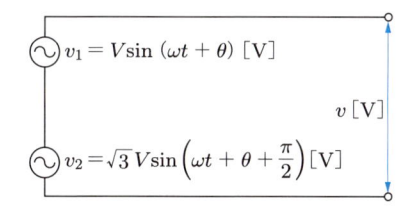

$v_1 = V\sin(\omega t + \theta)$ [V]

$v_2 = \sqrt{3}\,V\sin\left(\omega t + \theta + \dfrac{\pi}{2}\right)$ [V]

問図 4.12

	（ア）	（イ）	（ウ）
(1)	1/2	$\pi/3$	進み
(2)	$1+\sqrt{3}$	$\pi/6$	遅れ
(3)	2	$2\pi/3$	進み
(4)	$\sqrt{3}$	$\pi/6$	遅れ
(5)	2	$\pi/3$	進み

4.13　問図 4.13 のように，正弦波交流電圧 $v = E_m \sin \omega t$ [V] の電源，静電容量 C [F] のコンデンサおよびインダクタンス L [H] のコイルからなる交流回路がある．この回路に流れる電流 i [A] がつねに 0 となるための角周波数 ω [rad/s] の値を表す式として，正しいのは次のうちどれか．（平 20，Ⅲ）

(1) $\dfrac{1}{\sqrt{LC}}$　　(2) $\sqrt{LC}$　　(3) $\dfrac{1}{LC}$　　(4) $\sqrt{\dfrac{L}{C}}$　　(5) $\sqrt{\dfrac{C}{L}}$

問図 4.13

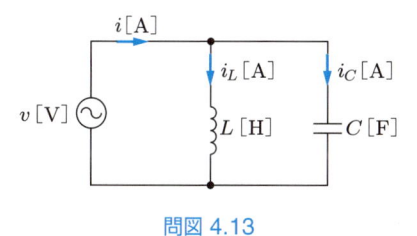

4.14 問図 4.14 の回路の端子 ab 間に一定交流電圧 $\dot{V}$ を加え，コンデンサの容量 C を加減した場合，端子 cd 間に生じる電圧 $\dot{V}_0$ の大きさおよび電圧 $\dot{V}$ に対する位相の変化を求めよ．

4.15 問図 4.15 のように，$1000\,\Omega$ の抵抗と静電容量 $C\,[\mu\mathrm{F}]$ のコンデンサを直列に接続した交流回路がある．いま，電源の周波数が $1000\,\mathrm{Hz}$ のとき，電源電圧 $\dot{V}\,[\mathrm{V}]$ と電流 $\dot{I}\,[\mathrm{A}]$ の位相差は $\pi/3\,\mathrm{rad}$ であった．このとき，コンデンサの静電容量 $C\,[\mu\mathrm{F}]$ の値として，もっとも近いものを次の (1)〜(5) のうちから一つ選べ．（平 23, III）

(1) 0.053 (2) 0.092 (3) 0.107 (4) 0.159 (5) 0.258

問図 4.14

問図 4.15

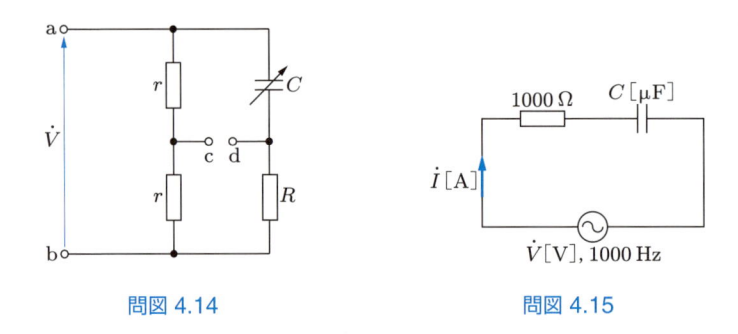

4.16 インダクタンス L のコイルの等価分布容量 C_0 を共振法で測定した（問図 4.16）．可変コンデンサの静電容量 C を C_1 および C_2 としたとき，共振周波数はそれぞれ f_1 および f_2 であった．C_0 の値を求めよ．

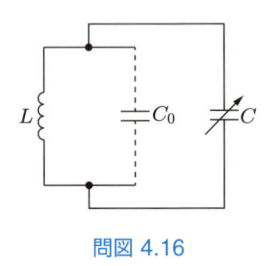

問図 4.16

4.17 次の文章は，R–L–C 直列共振回路に関する記述である．

$R\,[\Omega]$ の抵抗，インダクタンス $L\,[\mathrm{H}]$ のコイル，静電容量 $C\,[\mathrm{F}]$ のコンデンサを直列に接続した回路がある．

この回路に交流電圧を加え，その周波数を変化させると，特定の周波数 $f_r\,[\mathrm{Hz}]$ のときに誘導性リアクタンス $2\pi f_r L\,[\Omega]$ と容量性リアクタンス $1/2\pi f_r C\,[\Omega]$ の大きさが等しくなり，その作用が互いに打ち消し合って回路のインピーダンスが [（ア）] な

り，[（イ）] 電流が流れるようになる．この現象を直列共振といい，このときの周波数 f_r [Hz] をその回路の共振周波数という．

回路のリアクタンスは共振周波数 f_r [Hz] より低い周波数では [（ウ）] となり，電圧より位相が [（エ）] 電流が流れる．また，共振周波数 f_r [Hz] より高い周波数では [（オ）] となり，電圧より位相が [（カ）] 電流が流れる．

上記の記述中の空白箇所（ア）〜（カ）に当てはまる組合せとして，正しいものを次表の (1)〜(5) のうちから一つ選べ．（平 24, III）

	（ア）	（イ）	（ウ）	（エ）	（オ）	（カ）
(1)	大きく	小さな	容量性	進んだ	誘導性	遅れた
(2)	小さく	大きな	誘導性	遅れた	容量性	進んだ
(3)	小さく	大きな	容量性	進んだ	誘導性	遅れた
(4)	大きく	小さな	誘導性	遅れた	容量性	進んだ
(5)	小さく	大きな	容量性	遅れた	誘導性	進んだ

4.18 問図 4.17 に示す回路（Campbell の電橋）で，$\dot{I}_2$ が 0 となる条件を求めよ．

4.19 次の文章は，交流回路の電流計算の方法に関する記述である．文中の [　] に当てはまる式または数値を解答群（イ）〜（ヨ）の中から選べ．（平 20, II）

問図 4.18 の回路において電流 $i(t)$ を求めたい．ただし，交流電圧源 $v(t) = V_m \cos \omega t$，$V_m = 100\,\mathrm{V}$, $\omega = 10^5\,\mathrm{rad/s}$ とし，コンデンサ $C = 1\,\mathrm{F}$, 抵抗 $R = 10\,\Omega$ とする．

まず，電源側からみた回路の複素インピーダンスは $\dot{Z} = [\,(1)\,]$ となる．$\dot{Z} = |Z|e^{j\phi}$ とおき，ω, C, R に上記の数値を代入すると $|\dot{Z}| = [\,(2)\,]\,\Omega$ および $\phi = [\,(3)\,]\,\mathrm{rad}$ となる．したがって，電流を $i(t) = I_m \cos(10^5 t + \theta)$ とおくと，$I_m = [\,(4)\,]\,\mathrm{A}$ および $\theta = [\,(5)\,]\,\mathrm{rad}$ となる．

[解答群]

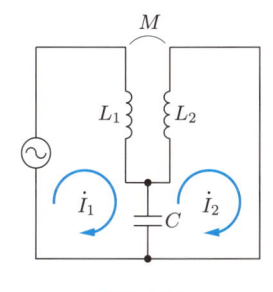

(イ) $R + j\omega C + \dfrac{1}{R + j\omega C}$　　(ロ) 7.1　　(ハ) $-\dfrac{\pi}{3}$　　(ニ) 21.2　　(ホ) 3.33

(ヘ) $\dfrac{\pi}{4}$　　(ト) $-\dfrac{\pi}{2}$　　(チ) 5.77　　(リ) $-\dfrac{\pi}{4}$　　(ヌ) 4.71　　(ル) $\dfrac{\pi}{2}$

問図 4.17

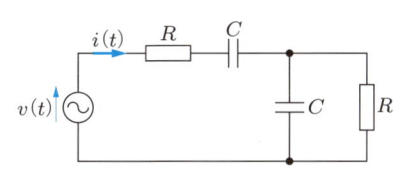

問図 4.18

(ヲ) $\dfrac{1+j\omega RC}{j\omega C} + \dfrac{R}{1+j\omega RC}$ (ワ) 30 (カ) $\dfrac{R+j\omega C}{j\omega RC} + \dfrac{R}{1+j\omega RC}$

(ヨ) $\dfrac{\pi}{3}$

4.20 次の文章は，回路の電力に関する記述である．文中の [　] に当てはまる式または数値を解答群 (イ)～(ヨ) の中から選べ．(平 21, II)

問図 4.19 に示す回路において，抵抗 R に流れる電流と回路で消費する平均電力を次のようにして求める．

まず，端子 ab から右をみた回路の複素アドミタンス $\dot{Y}$ は [(1)] となる．次に，電流値の実効値を I とし，$\dot{I} = I\angle 0$ を基準とすれば端子 ab 間の複素電圧 $\dot{V}$ は [(2)] となる．したがって，抵抗 R に流れる複素電流 $\dot{I}_R$ は [(3)] となる．

以上の結果をもとに，電流源の最大値 $I_m = 10\sqrt{2}\,\mathrm{A}$，角周波数 $\omega = 100\,\mathrm{rad/s}$，抵抗 $R = 100\,\Omega$，静電容量 $C = 10^{-4}\,\mathrm{F}$ の場合，抵抗 R の瞬時電流は，$i(t) = [\ (4)\ ]\,\mathrm{A}$ となる．一方，回路の消費電力は [(5)] W となる．

[解答群]
(イ) $\dfrac{1+j\omega RC}{j\omega C}$ (ロ) $\dfrac{j\omega CI}{1+j\omega RC}$ (ハ) $\dfrac{I}{1+j\omega RC}$ (ニ) $10\cos 100t$

(ホ) 5000 (ヘ) $R + j\omega C$ (ト) $\dfrac{I}{R+j\omega C}$ (チ) $\dfrac{1+j\omega RC}{R}$

(リ) $\dfrac{jI}{1+j\omega C}$ (ヌ) $10\cos\left(100t + \dfrac{\pi}{4}\right)$ (ル) $\dfrac{RI}{1+j\omega RC}$ (ヲ) $\dfrac{RI}{R+j\omega RC}$

(ワ) $10\cos\left(100t - \dfrac{\pi}{4}\right)$ (カ) 4000 (ヨ) 3000

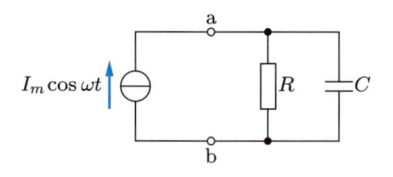

問図 4.19

4.21 次の文章は，R–L–C 正弦波交流回路に関する記述である．文中の [　] に当てはまるものを解答群 (イ)～(ヨ) の中から選べ．(平 24, II)

問図 4.20 に示す R–L–C 回路を考える．正弦波交流電圧 $\dot{V}$ の角周波数を $\omega\,(>0)$ とする．いま，電源電圧 $\dot{V}$ と電流 $\dot{I}$ が同相であるとする．このとき，電圧源 $\dot{V}$ からみた回路のインピーダンスを $\dot{Z}$ とおくと，$\dot{Z}$ は純抵抗となり，$\dot{Z} = [\ (1)\ ]$ となる．また，インダクタンス L は $L = [\ (2)\ ]$ となる．

電流の分流比に着目すると，$\dot{I}_1$ と $\dot{I}_2$ について，$|\dot{I}_2/\dot{I}_1|^2 = [\ (3)\ ]$ となる．$\dot{I}_1$ が流れる抵抗 R の消費電力を P_1，$\dot{I}_2$ が流れる抵抗 R の消費電力を P_2 とする．電圧源が

R–L–C 回路に供給する電力を P とおくと，$P = P_1 + P_2$ となり，$P_2/P = [\ (4)\ ]$ となる．

　この回路では，電源電圧 V と電流 I が同相であることから，R と $\sqrt{L/C}$ の大小関係はつねに $[\ (5)\ ]$ となる．

[解答群]

(イ) $R\dfrac{1}{1+\omega^2 R^2 C^2}$　　(ロ) $\dfrac{R^2 C}{2+\omega^2 R^2 C^2}$　　(ハ) $\sqrt{\dfrac{L}{C}} > R$　　(ニ) $\dfrac{1}{1+\omega^2 R^2 C^2}$

(ホ) $\sqrt{\dfrac{L}{C}} = R$　　(ヘ) $R\dfrac{\omega^2 R^2 C^2}{1+\omega^2 R^2 C^2}$　　(ト) $\dfrac{2+\omega^2 R^2 C^2}{1+\omega^2 R^2 C^2}$　　(チ) $\dfrac{\omega^2 R^2 C^2}{1+\omega^2 R^2 C^2}$

(リ) $R\dfrac{2+\omega^2 R^2 C^2}{1+\omega^2 R^2 C^2}$　　(ヌ) $\dfrac{RC}{1+\omega^2 R^2 C^2}$　　(ル) $\dfrac{1}{2+\omega^2 R^2 C^2}$　　(ヲ) $\sqrt{\dfrac{L}{C}} < R$

(ワ) $\dfrac{\omega RC}{1+\omega^2 R^2 C^2}$　　(カ) $\dfrac{\omega^2 R^2 C^2}{2+\omega^2 R^2 C^2}$　　(ヨ) $\dfrac{R^2 C}{1+\omega^2 R^2 C^2}$

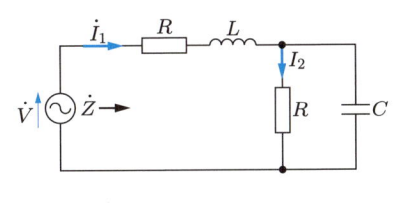

問図 4.20

第5章 一般線形回路解析の諸法則

この章では，線形回路素子からなる一般線形回路の解析に用いられる種々の定理や法則について述べる．

5.1 回路網のグラフの概念

図 5.1 に示す回路において，点 1, 2, 3, 4 を**節点** (node)，節点間 1–2, 2–3 などを**枝** (branch) という．また，図の回路素子の種類を区別せず，節点と枝のみで作られた図 5.2 を**グラフ** (graph) とよび，任意の節点からいくつかの枝を通り，ほかの任意の節点に行けるようなグラフを**連結グラフ** (connected graph) という．

図 5.3 で，実線は，図 5.2 のグラフのすべての節点を含み，かつ**閉路** (loop) を作らない連結グラフで，これを**木** (tree) という．また，図 5.3 の破線は，木に属しない枝で構成されるグラフで，これを**補木** (co-tree) とよび，補木を構成する枝を**リンク** (link) という．

一般に，回路網の節点の数を k とすると，木は $(k-1)$ 個の枝で構成され，枝の総数を b とすると，補木は $\{b-(k-1)\} = (b-k+1)$ 個のリンクで構成される．木にリンク 1 個を加えれば 1 個の閉路が構成されるので，$(b-k+1)$ 個の閉路が構成される．この $(b-k+1)$ を独立な閉路の数とよび，すべての枝を含む最小数の閉路の数

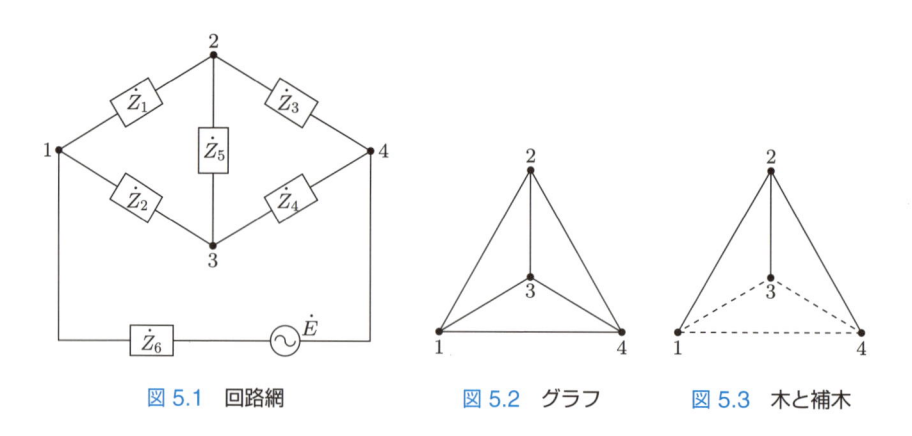

図 5.1 回路網　　図 5.2 グラフ　　図 5.3 木と補木

を与える．たとえば，図 5.2 の場合，$k=4, b=6$ でリンク数は $b-k+1=3$ となり，**独立な閉路の数**は 3 個となる．このような独立な閉路の数は，5.2 節で述べる閉路電流法による回路方程式の独立変数の数を与える．

5.2 閉路方程式

第 2 章の例題 2.2 に示したように，各枝路を流れる電流を未知数とすると，6 個の方程式が必要となる．しかし，図 5.4 に示すように，すべての枝路電流を閉路電流で表示すると，キルヒホッフの第 1 法則は不要となり，方程式の数は減少する．

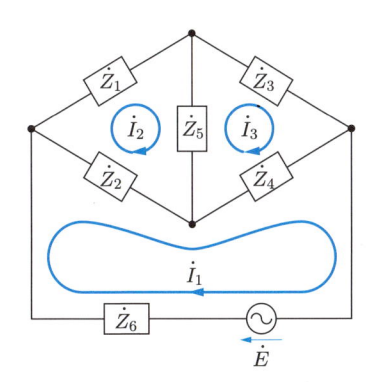

図 5.4　閉路電流

図 5.4 に示すブリッジ回路の独立な閉路の数は，5.1 節で述べたように 3 個である．そこで，図に示すように $\dot{I}_1, \dot{I}_2, \dot{I}_3$ の 3 個の閉路電流を考える．各閉路について，キルヒホッフの第 2 法則を適用すると，

$$\left.\begin{array}{l} \dot{Z}_6\dot{I}_1 + \dot{Z}_2(\dot{I}_1 - \dot{I}_2) + \dot{Z}_4(\dot{I}_1 - \dot{I}_3) = \dot{E} \\ \dot{Z}_1\dot{I}_2 + \dot{Z}_5(\dot{I}_2 - \dot{I}_3) + \dot{Z}_2(\dot{I}_2 - \dot{I}_1) = 0 \\ \dot{Z}_3\dot{I}_3 + \dot{Z}_4(\dot{I}_3 - \dot{I}_1) + \dot{Z}_5(\dot{I}_3 - \dot{I}_2) = 0 \end{array}\right\} \quad (5.1)$$

が得られる．式 (5.1) に示したように，各閉路の境界のインピーダンスに流れる電流は，たとえば閉路①を考えるときは，$\dot{I}_1$ を正方向とし，$\dot{I}_1$ と逆向きの $\dot{I}_2, \dot{I}_3$ は負とする．いま，

$$\left.\begin{array}{l} \dot{Z}_{11} = \dot{Z}_6 + \dot{Z}_2 + \dot{Z}_4 \\ \dot{Z}_{22} = \dot{Z}_1 + \dot{Z}_2 + \dot{Z}_5 \\ \dot{Z}_{33} = \dot{Z}_3 + \dot{Z}_4 + \dot{Z}_5 \end{array}\right\} \quad (5.2)$$

$$\left.\begin{aligned}\dot{Z}_{12}=\dot{Z}_{21}=-\dot{Z}_2\\ \dot{Z}_{13}=\dot{Z}_{31}=-\dot{Z}_4\\ \dot{Z}_{23}=\dot{Z}_{32}=-\dot{Z}_5\end{aligned}\right\} \tag{5.3}$$

とおくと，

$$\left.\begin{aligned}\dot{Z}_{11}\dot{I}_1+\dot{Z}_{12}\dot{I}_2+\dot{Z}_{13}\dot{I}_3=\dot{E}\\ \dot{Z}_{21}\dot{I}_1+\dot{Z}_{22}\dot{I}_2+\dot{Z}_{23}\dot{I}_3=0\\ \dot{Z}_{31}\dot{I}_1+\dot{Z}_{32}\dot{I}_2+\dot{Z}_{33}\dot{I}_3=0\end{aligned}\right\} \tag{5.4}$$

となる．式 (5.2) の $\dot{Z}_{11},\dot{Z}_{22},\dot{Z}_{33}$ は，それぞれの閉路に含まれる枝のインピーダンスの総和で，**自己インピーダンス** (self impedance) という．また，式 (5.3) の $\dot{Z}_{12},\dot{Z}_{13}$ などは，自己の閉路とほかの閉路との境界となっている枝のインピーダンスで，**相互インピーダンス** (mutual impedance) という．

式 (5.4) より，たとえば $\dot{I}_2,\dot{I}_3$ を求めると，次のようになる．

$$\dot{I}_2=\left.\begin{vmatrix}\dot{Z}_{11}&\dot{E}&\dot{Z}_{13}\\ \dot{Z}_{21}&0&\dot{Z}_{23}\\ \dot{Z}_{31}&0&\dot{Z}_{33}\end{vmatrix}\right/\begin{vmatrix}\dot{Z}_{11}&\dot{Z}_{12}&\dot{Z}_{13}\\ \dot{Z}_{21}&\dot{Z}_{22}&\dot{Z}_{23}\\ \dot{Z}_{31}&\dot{Z}_{32}&\dot{Z}_{33}\end{vmatrix}=\frac{(\dot{Z}_{23}\dot{Z}_{31}-\dot{Z}_{21}\dot{Z}_{33})}{\dot{\Delta}}\dot{E}$$

$$\dot{I}_3=\frac{1}{\dot{\Delta}}\begin{vmatrix}\dot{Z}_{11}&\dot{Z}_{12}&\dot{E}\\ \dot{Z}_{21}&\dot{Z}_{22}&0\\ \dot{Z}_{31}&\dot{Z}_{32}&0\end{vmatrix}=\frac{(\dot{Z}_{21}\dot{Z}_{32}-\dot{Z}_{22}\dot{Z}_{31})}{\dot{\Delta}}\dot{E} \tag{5.5}$$

$$\text{ただし}, \dot{\Delta}=\begin{vmatrix}\dot{Z}_{11}&\dot{Z}_{12}&\dot{Z}_{13}\\ \dot{Z}_{21}&\dot{Z}_{22}&\dot{Z}_{23}\\ \dot{Z}_{31}&\dot{Z}_{32}&\dot{Z}_{33}\end{vmatrix}$$

したがって，$\dot{Z}_5$ を流れる電流を $\dot{I}_g$ とすると，

$$\begin{aligned}\dot{I}_g=\dot{I}_2-\dot{I}_3&=\frac{\dot{Z}_{31}(\dot{Z}_{23}+\dot{Z}_{22})-\dot{Z}_{21}(\dot{Z}_{32}+\dot{Z}_{33})}{\dot{\Delta}}\dot{E}\\ &=\frac{\dot{Z}_2\dot{Z}_3-\dot{Z}_4\dot{Z}_1}{\dot{\Delta}}\dot{E}\end{aligned} \tag{5.6}$$

となり，$\dot{I}_g=0$ となるためには，

$$\dot{Z}_1\dot{Z}_4=\dot{Z}_2\dot{Z}_3 \tag{5.7}$$

が成立しなければならない．式 (5.7) をブリッジの平衡条件という．

次に，n 個の独立した閉路からなる回路網について考える．それぞれの閉路電流を $\dot{I}_1, \dot{I}_2, \cdots, \dot{I}_n$ とし，閉路に含まれる全起電力を $\dot{E}_1, \dot{E}_2, \cdots, \dot{E}_n$ としてキルヒホッフの法則を適用すると，式 (5.1) と同様に，

$$\left.\begin{array}{l}\dot{Z}_{11}\dot{I}_1 + \dot{Z}_{12}\dot{I}_2 + \cdots + \dot{Z}_{1n}\dot{I}_n = \dot{E}_1 \\ \dot{Z}_{21}\dot{I}_1 + \dot{Z}_{22}\dot{I}_2 + \cdots + \dot{Z}_{2n}\dot{I}_n = \dot{E}_2 \\ \qquad\qquad\qquad\vdots \\ \dot{Z}_{n1}\dot{I}_n + \dot{Z}_{n2}\dot{I}_2 + \cdots + \dot{Z}_{nn}\dot{I}_n = \dot{E}_n\end{array}\right\} \tag{5.8}$$

が得られる．ただし，$\dot{Z}_{jj}$ を閉路 j の自己インピーダンス，$\dot{Z}_{jk} = \dot{Z}_{kj}$ を閉路 j と k の間の相互インピーダンスとする．

式 (5.8) により，閉路 n の電流 $\dot{I}_n$ は

$$\dot{I}_n = \frac{1}{\dot{\Delta}}\begin{vmatrix} \dot{Z}_{11} & \cdots & \dot{Z}_{1(n-1)} & \dot{E}_1 \\ \dot{Z}_{21} & \cdots & \dot{Z}_{2(n-1)} & \dot{E}_2 \\ \vdots & & \vdots & \vdots \\ \dot{Z}_{n1} & \cdots & \dot{Z}_{n(n-1)} & \dot{E}_n \end{vmatrix} \tag{5.9}$$

$$= \frac{1}{\dot{\Delta}}(\dot{\Delta}_{1n}\dot{E}_1 + \dot{\Delta}_{2n}\dot{E}_2 + \cdots + \dot{\Delta}_{nn}\dot{E}_n)$$

$$\text{ただし, } \dot{\Delta} = \begin{vmatrix} \dot{Z}_{11} & \dot{Z}_{12} & \cdots & \dot{Z}_{1n} \\ \dot{Z}_{21} & \dot{Z}_{22} & \cdots & \dot{Z}_{2n} \\ \vdots & \vdots & & \vdots \\ \dot{Z}_{n1} & \dot{Z}_{n2} & \cdots & \dot{Z}_{nn} \end{vmatrix}$$

$\dot{\Delta}_{ij}$ は $\dot{\Delta}$ の i 行 j 列の余因数

となる．

$$\dot{Y}_{ji} = \frac{\dot{\Delta}_{ji}}{\dot{\Delta}} \tag{5.10}$$

とおけば，式 (5.9) は

$$\dot{I}_n = \dot{Y}_{n1}\dot{E}_1 + \dot{Y}_{n2}\dot{E}_2 + \cdots + \dot{Y}_{nn}\dot{E}_n \tag{5.11}$$

となる．

いま，閉路 i にのみ起電力 $\dot{E}_i$ があり，ほかの閉路の起電力はすべて 0 とすると，

$$\dot{I}_i = \dot{Y}_{ii}\dot{E}_i \tag{5.12}$$

$$\dot{I}_j = \dot{Y}_{ji}\dot{E}_i \tag{5.13}$$

となる．式 (5.12) は，閉路 i の電圧・電流の関係を表し，$\dot{Y}_{ii}$ を**駆動点アドミタンス** (driving point admittance) という．また，式 (5.13) は，閉路 i の起電力 $\dot{E}_i$ による閉路 j の電流を表したもので，$\dot{Y}_{ji}$ を**伝達アドミタンス** (transfer admittance) という．

5.3 回路網に関する定理

5.3.1 重ねの理

多数の起電力をもつ線形回路網中の電流分布は，各起電力が単独にある場合の電流分布の総和に等しい．これを**重ねの理** (law of superposition) という．これは，次のように証明される．

式 (5.8) を行列を用いて表示すると，

$$\begin{bmatrix} \dot{Z}_{11} & \dot{Z}_{12} & \cdots & \dot{Z}_{1n} \\ \dot{Z}_{21} & \dot{Z}_{22} & \cdots & \dot{Z}_{2n} \\ \vdots & \vdots & \ddots & \vdots \\ \dot{Z}_{n1} & \dot{Z}_{n2} & \cdots & \dot{Z}_{nn} \end{bmatrix} \begin{bmatrix} \dot{I}_1 \\ \dot{I}_2 \\ \vdots \\ \dot{I}_n \end{bmatrix} = \begin{bmatrix} \dot{E}_1 \\ \dot{E}_2 \\ \vdots \\ \dot{E}_n \end{bmatrix} \tag{5.14}$$

となる．したがって，閉路電流は

$$\begin{bmatrix} \dot{I}_1 \\ \dot{I}_2 \\ \vdots \\ \dot{I}_n \end{bmatrix} = \begin{bmatrix} \dot{Z}_{11} & \dot{Z}_{12} & \cdots & \dot{Z}_{1n} \\ \dot{Z}_{21} & \dot{Z}_{22} & \cdots & \dot{Z}_{2n} \\ \vdots & \vdots & \ddots & \vdots \\ \dot{Z}_{n1} & \dot{Z}_{n2} & \cdots & \dot{Z}_{nn} \end{bmatrix}^{-1} \begin{bmatrix} \dot{E}_1 \\ \dot{E}_2 \\ \vdots \\ \dot{E}_n \end{bmatrix} \tag{5.15}$$

となる．次に，$\dot{E}_1$ が単独に存在する場合の各閉路電流を $\dot{I}_{11}, \dot{I}_{12}, \cdots, \dot{I}_{1n}$ とすると，

$$\begin{bmatrix} \dot{I}_{11} \\ \dot{I}_{12} \\ \vdots \\ \dot{I}_{1n} \end{bmatrix} = \begin{bmatrix} \dot{Z}_{11} & \dot{Z}_{12} & \cdots & \dot{Z}_{1n} \\ \dot{Z}_{21} & \dot{Z}_{22} & \cdots & \dot{Z}_{2n} \\ \vdots & \vdots & \ddots & \vdots \\ \dot{Z}_{n1} & \dot{Z}_{n2} & \cdots & \dot{Z}_{nn} \end{bmatrix}^{-1} \begin{bmatrix} \dot{E}_1 \\ 0 \\ \vdots \\ 0 \end{bmatrix}$$

となる．また，$\dot{E}_2$ が単独に存在する場合の各閉路の電流を $\dot{I}_{21}, \dot{I}_{22}, \cdots, \dot{I}_{2n}$ とし，以下これに準じるものとすれば，

$$\begin{bmatrix} \dot{I}_{21} \\ \dot{I}_{22} \\ \vdots \\ \dot{I}_{2n} \end{bmatrix} = \begin{bmatrix} \dot{Z}_{11} & \dot{Z}_{12} & \cdots & \dot{Z}_{1n} \\ \dot{Z}_{21} & \dot{Z}_{22} & \cdots & \dot{Z}_{2n} \\ \vdots & \vdots & \ddots & \vdots \\ \dot{Z}_{n1} & \dot{Z}_{n2} & \cdots & \dot{Z}_{nn} \end{bmatrix}^{-1} \begin{bmatrix} 0 \\ \dot{E}_2 \\ \vdots \\ 0 \end{bmatrix}$$

$$\vdots$$

$$\begin{bmatrix} \dot{I}_{n1} \\ \dot{I}_{n2} \\ \vdots \\ \dot{I}_{nn} \end{bmatrix} = \begin{bmatrix} \dot{Z}_{11} & \dot{Z}_{12} & \cdots & \dot{Z}_{1n} \\ \dot{Z}_{21} & \dot{Z}_{22} & \cdots & \dot{Z}_{2n} \\ \vdots & \vdots & \ddots & \vdots \\ \dot{Z}_{n1} & \dot{Z}_{n2} & \cdots & \dot{Z}_{nn} \end{bmatrix}^{-1} \begin{bmatrix} 0 \\ 0 \\ \vdots \\ \dot{E}_n \end{bmatrix}$$

となる．これらを辺々加えると，

$$\begin{bmatrix} \dot{I}_{11} + \dot{I}_{21} + \cdots + \dot{I}_{n1} \\ \vdots \\ \dot{I}_{1n} + \dot{I}_{2n} + \cdots + \dot{I}_{nn} \end{bmatrix} = \begin{bmatrix} \dot{Z}_{11} & \cdots & \dot{Z}_{1n} \\ \vdots & \ddots & \vdots \\ \dot{Z}_{n1} & \cdots & \dot{Z}_{nn} \end{bmatrix}^{-1} \begin{bmatrix} \dot{E}_1 \\ \vdots \\ \dot{E}_n \end{bmatrix} \tag{5.16}$$

となり，式 (5.15) と式 (5.16) を比較すると，

$$\begin{bmatrix} \dot{I}_1 \\ \vdots \\ \dot{I}_n \end{bmatrix} = \begin{bmatrix} \dot{I}_{11} + \dot{I}_{21} + \cdots + \dot{I}_{n1} \\ \vdots \\ \dot{I}_{1n} + \dot{I}_{2n} + \cdots + \dot{I}_{nn} \end{bmatrix}$$

が得られ，重ねの理が成立する．

例題 5.1 図 5.5 の回路において，インピーダンス $\dot{Z}_3$ に流れる電流を重ねの理を用いて求めよ．

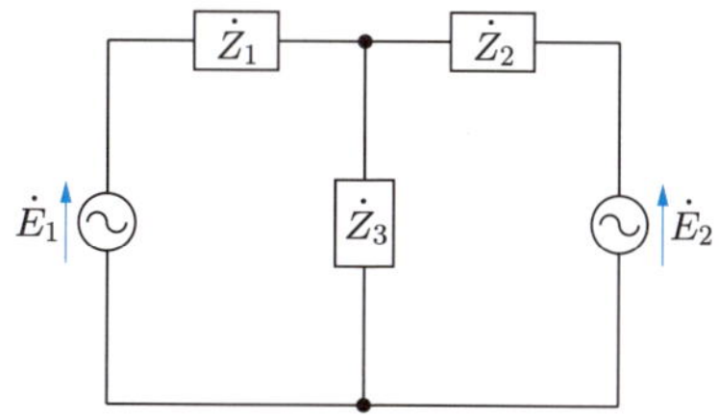

解 $\dot{E}_1$ および $\dot{E}_2$ がそれぞれ単独に存在する場合，図 5.6(a) および (b) に示すようになる．

図 (a) より，$\dot{Z}_3$ を流れる電流 $\dot{I}_3'$ は

$$\dot{I}_3' = \dot{I}_1' \times \frac{\dot{Z}_2}{\dot{Z}_2 + \dot{Z}_3} = \frac{\dot{E}_1}{\dot{Z}_1 + \dot{Z}_2\dot{Z}_3/(\dot{Z}_2 + \dot{Z}_3)} \times \frac{\dot{Z}_2}{\dot{Z}_2 + \dot{Z}_3}$$
$$= \frac{\dot{Z}_2 \dot{E}_1}{\dot{Z}_1\dot{Z}_2 + \dot{Z}_2\dot{Z}_3 + \dot{Z}_3\dot{Z}_1}$$

である．また，図 (b) より，$\dot{Z}_3$ を流れる電流 $\dot{I}_3''$ は

図 5.5 例題 5.1

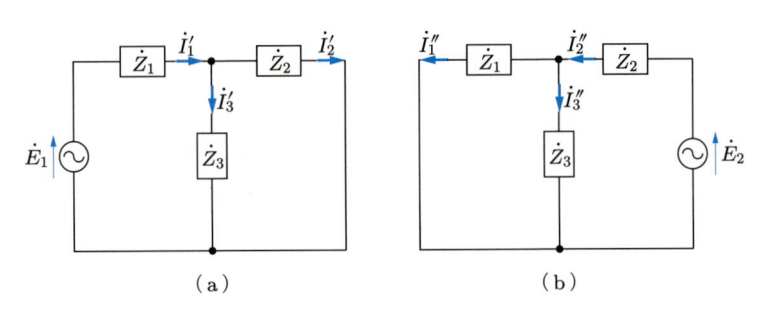

図 5.6 例題 5.1 [解]

$$\dot{I}_3'' = \dot{I}_2'' \times \frac{\dot{Z}_1}{\dot{Z}_1 + \dot{Z}_3} = \frac{\dot{Z}_1 \dot{E}_2}{\dot{Z}_1 \dot{Z}_2 + \dot{Z}_3 \dot{Z}_3 + \dot{Z}_3 \dot{Z}_1}$$

である．したがって，図 5.5 の $\dot{Z}_3$ を流れる電流 $\dot{I}_3$ は

$$\dot{I}_3 = \dot{I}_3' + \dot{I}_3'' = \frac{\dot{Z}_2 \dot{E}_1 + \dot{Z}_1 \dot{E}_2}{\dot{Z}_1 \dot{Z}_2 + \dot{Z}_2 \dot{Z}_3 + \dot{Z}_3 \dot{Z}_1}$$

となる．なお，図 5.5 に閉路電流法を用いて確かめよ．

5.3.2 相反定理

回路網中の任意の閉路 i にのみ起電力 $\dot{E}$ が存在するとき，ほかの任意の閉路 j に流れる電流 $\dot{I}_j$ は，閉路 j にのみ起電力 $\dot{E}$ が存在するとき閉路 i に流れる電流 $\dot{I}_i$ に等しい．これを**相反定理** (reciprocity theorem) という．これは，次のように証明される．回路 i にのみ起電力 $\dot{E}$ が存在するとき，閉路 j を流れる電流 $\dot{I}_j$ は，式 (5.10) および式 (5.13) より，

$$\dot{I}_j = \dot{Y}_{ji} \dot{E} = \frac{\dot{\Delta}_{ij}}{\dot{\Delta}} \dot{E} \tag{5.17}$$

となる．また，閉路 j にのみ起電力 $\dot{E}$ が存在するとき，閉路 i を流れる電流 $\dot{I}_i$ は，同様に

$$\dot{I}_i = \dot{Y}_{ij} \dot{E} = \frac{\dot{\Delta}_{ji}}{\dot{\Delta}} \dot{E} \tag{5.18}$$

となる．しかるに，回路が線形であるため，$\dot{Z}_{ij} = \dot{Z}_{ji}$ の関係が成立し，したがって $\dot{\Delta}_{ij} = \dot{\Delta}_{ji}$ となり，式 (5.17) および式 (5.18) より，$\dot{I}_i = \dot{I}_j$ となる．

例題 5.2 図 5.7 に示す T 形回路において，端子 1–1′ に起電力 $\dot{E}$ を接続して端子 2–2′ を短絡したときの電流 $\dot{I}_2$，端子 2–2′ に起電力 $\dot{E}$ を接続して端子 1–1′ を短絡したときの電流 $\dot{I}_1$ を求めよ．

解 $\dot{I}_2$ は図 5.8(a) より，次のようになる．

$$\dot{I}_2 = \frac{\dot{E}}{\dot{Z}_1 + \dot{Z}_2 \dot{Z}_3/(\dot{Z}_2 + \dot{Z}_3)} \times \frac{\dot{Z}_3}{\dot{Z}_2 + \dot{Z}_3}$$

$$= \frac{\dot{Z}_3 \dot{E}}{\dot{Z}_1 \dot{Z}_2 + \dot{Z}_2 \dot{Z}_3 + \dot{Z}_3 \dot{Z}_1}$$

$\dot{I}_1$ は，図 (b) より，次のようになる．

$$\dot{I}_1 = \frac{\dot{Z}_3 \dot{E}}{\dot{Z}_1 \dot{Z}_2 + \dot{Z}_2 \dot{Z}_3 + \dot{Z}_3 \dot{Z}_1}$$

図 5.7 例題 5.2

したがって $\dot{I}_1 = \dot{I}_2$ となり，相反の定理が成立する．

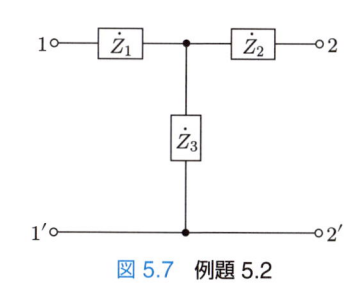

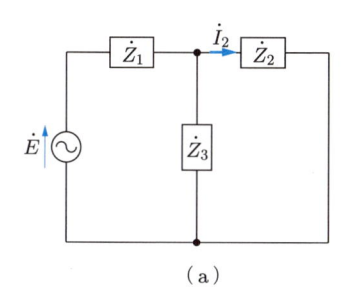

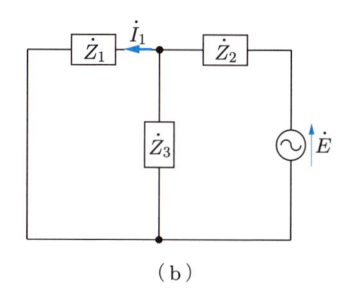

図 5.8 例題 5.2 [解]

5.3.3 テブナンの定理

図 5.9 に示すように，内部に起電力を含む回路網 N の 2 端子 ab 間にインピーダンス $\dot{Z}$ を接続した場合，$\dot{Z}$ を流れる電流 $\dot{I}$ は

$$\dot{I} = \frac{\dot{V}_0}{\dot{Z}_0 + \dot{Z}} \tag{5.19}$$

で与えられる．ただし，$\dot{V}_0$ は開放端子 ab に現れる電圧，$\dot{Z}_0$ は端子 ab よりみた回路網 N のインピーダンス（このとき内部電圧源は短絡する）である．これを**テブナンの定理** (Thévenin's theorem) という．

これは，重ねの理を用いて次のように証明される．図 5.10 のように，開放端電圧

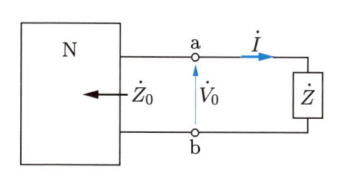

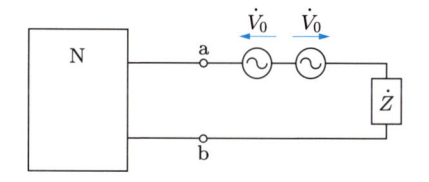

図 5.9 テブナンの定理 　　　図 5.10 テブナンの定理の証明

$\dot{V}_0$ と等しい電圧源と，$-\dot{V}_0$ に等しい電圧源を直列に接続する．この際，両起電力は互いに打ち消し合うので，端子 ab に $\dot{Z}$ を接続したことと少しも変わらない．まず，回路網 N 中の起電力と $-\dot{V}_0$ なる起電力が同時にはたらいた場合を考えると，端子 ab では電圧が平衡するので電流 $\dot{I}_1$ は流れない．次に，$\dot{V}_0$ なる起電力のみがはたらいた場合を考えると，$\dot{Z}$ を流れる電流 $\dot{I}_2$ は，$\dot{V}_0/(\dot{Z}_0 + \dot{Z})$ となる．したがって，重ねの理より，

$$\dot{I} = \dot{I}_1 + \dot{I}_2 = \frac{\dot{V}_0}{\dot{Z}_0 + \dot{Z}}$$

となる．

例題 5.3 図 5.11 に示す回路がある．回路網 N の端子開放電圧 $\dot{V}_0 = 100\,\text{V}$，出力側から N をみたインピーダンス $\dot{Z}_0 = 4 - j3\,\Omega$ とする．スイッチ S を閉じてインピーダンス $\dot{Z}_1 = 2 + j4\,\Omega$ を接続したとき，$\dot{Z}_1$ を流れる電流を求めよ．

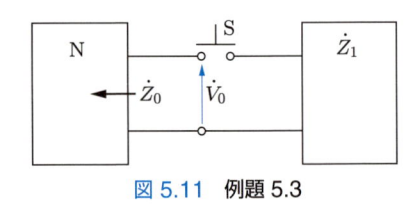

解 テブナンの定理より，次のようになる．

$$\dot{I} = \frac{100}{(4-j3)+(2+j4)} = 16.2 - j2.7\,\text{A}$$

図 5.11　例題 5.3

例題 5.4 図 5.12 に示すブリッジ回路の端子 ab に，インピーダンス $\dot{Z}$ を接続したとき，$\dot{Z}$ に流れる電流を求めよ．

解 まず，端子 ab 開放電圧 $\dot{E}_{ab}$ を求める．図 5.13 より，

$$\dot{I}_1 = \frac{\dot{E}}{\dot{Z}_1 + \dot{Z}_3}, \quad \dot{I}_2 = \frac{\dot{E}}{\dot{Z}_2 + \dot{Z}_4}$$

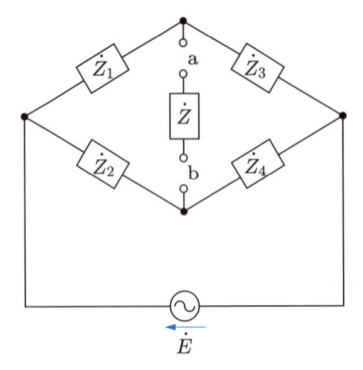

図 5.12　例題 5.4

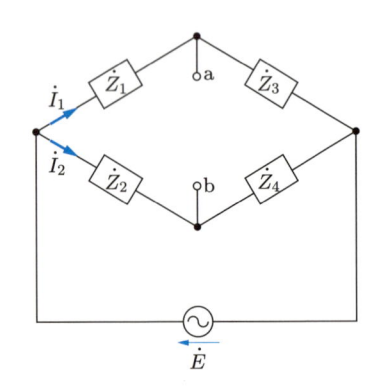

図 5.13　例題 5.4 ［解］

となる．したがって，
$$\dot{E}_{ab} = \dot{I}_1\dot{Z}_3 - \dot{I}_2\dot{Z}_4$$
$$= \frac{\dot{Z}_2\dot{Z}_3 - \dot{Z}_1\dot{Z}_4}{(\dot{Z}_1+\dot{Z}_3)(\dot{Z}_2+\dot{Z}_4)}\dot{E}$$

図 5.14 例題 5.4 [解]

となる．また，端子 ab からみたインピーダンス $\dot{Z}_{ab}$ は，図 5.14 から，

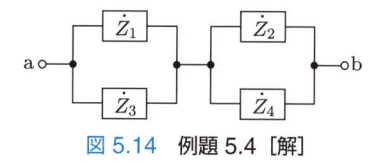

$$\dot{Z}_{ab} = \frac{\dot{Z}_1\dot{Z}_3}{\dot{Z}_1+\dot{Z}_3} + \frac{\dot{Z}_2\dot{Z}_4}{\dot{Z}_2+\dot{Z}_4} = \frac{\dot{Z}_1\dot{Z}_3(\dot{Z}_2+\dot{Z}_4)+\dot{Z}_2\dot{Z}_4(\dot{Z}_1+\dot{Z}_3)}{(\dot{Z}_1+\dot{Z}_3)(\dot{Z}_2+\dot{Z}_4)}$$

となる．したがって，テブナンの定理より，$\dot{Z}$ を流れる電流 I は次のようになる．

$$\dot{I} = \frac{\dot{E}_{ab}}{\dot{Z}_{ab}+\dot{Z}} = \frac{(\dot{Z}_2\dot{Z}_3-\dot{Z}_1\dot{Z}_4)\dot{E}}{Z_1Z_3(Z_2+Z_4)+Z_2\dot{Z}_4(Z_1+Z_3)+\dot{Z}(\dot{Z}_1+\dot{Z}_3)(\dot{Z}_2+\dot{Z}_4)}$$

5.3.4 補償の定理

回路網中の枝のインピーダンス $\dot{Z}$ が，$\dot{Z}+\dot{Z}'$ に変化したために生じる各枝の電流の変動量は，回路網中の起電力をすべて 0 とし，インピーダンスが変化した枝にだけ補償起電力 $(-\dot{I}\dot{Z}')$ を直列に加えた場合に流れる各部の電流に等しい．ただし，$\dot{I}$ は，インピーダンスの変化前にその枝に流れていた電流である．これを**補償の定理** (compensation theorem) という．これは，重ねの理を用いて次のように証明される．

図 5.15(a) に示すように，回路網中の任意の枝 n のインピーダンスを $\dot{Z}_n$，電流を I_n とする．いま，図 (b) のように，$\dot{Z}_n$ が $\dot{Z}'_n$ だけ変化すると同時に起電力 $\dot{V} = \dot{I}_n \cdot \dot{Z}'_n$ を加えると，$\dot{Z}'_n$ による逆起電力と，挿入した起電力とが打ち消し合い，$\dot{I}_n \cdot \dot{Z}_n$ の逆起電力のみとなり，$\dot{Z}'_n$ の影響はなく各枝の電流分布は図 (a) と同じである．次に，図 (c) のように，回路網中のすべての起電力を 0 とした枝 n にだけ起電力 $\dot{V} = -\dot{I}_n \cdot \dot{Z}'_n$ を加える．図 (b) と図 (c) を重ねると，起電力 $\dot{V}$ は互いに逆向きであるので打ち消し合い，$\dot{Z}_n$ が $\dot{Z}'_n$ だけ変化した場合の回路状態となる．しかも図 (a) と図 (b) の電流分布は同じであるから，図 (c) から $\dot{Z}_n$ の変化による電流の変動量が得られる．

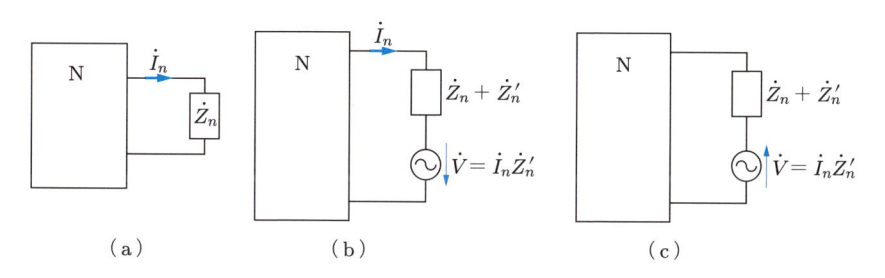

図 5.15 補償の定理

例題 5.5 図 5.16 の回路において，$\dot{Z}_2$ が $\dot{Z}_2'$ だけ変化した場合，$\dot{Z}_3$ を流れる電流の変動量を求めよ．

解 $\dot{Z}_2$ の変化前，$\dot{Z}_2$ を流れていた電流 $\dot{I}_2$ は

$$\dot{I}_2 = \frac{\dot{E}}{\dot{Z}_1 + \dot{Z}_2\dot{Z}_3/(\dot{Z}_2 + \dot{Z}_3)} \times \frac{\dot{Z}_3}{\dot{Z}_2 + \dot{Z}_3}$$

$$= \frac{\dot{Z}_3 \dot{E}}{\dot{Z}_1\dot{Z}_2 + \dot{Z}_2\dot{Z}_3 + \dot{Z}_3\dot{Z}_1}$$

図 5.16 例題 5.5

となる．次に，$\dot{Z}_2$ が $\dot{Z}_2'$ だけ変化したとき，$\dot{Z}_3$ を流れる電流の変動量 $\dot{I}_3'$ は補償の定理を用いて，図 5.17 より，次のようになる．

$$\dot{I}_3' = \frac{\dot{I}_2 \dot{Z}_2'}{\dot{Z}_2 + \dot{Z}_2' + \dot{Z}_1\dot{Z}_3/(\dot{Z}_1 + \dot{Z}_3)} \times \frac{\dot{Z}_1}{\dot{Z}_1 + \dot{Z}_3}$$

$$= \frac{\dot{Z}_1\dot{Z}_3\dot{Z}_2'\dot{E}}{\{(\dot{Z}_2 + \dot{Z}_2')(\dot{Z}_1 + \dot{Z}_3) + \dot{Z}_1\dot{Z}_3\}(\dot{Z}_1\dot{Z}_2 + \dot{Z}_2\dot{Z}_3 + \dot{Z}_3\dot{Z}_1)}$$

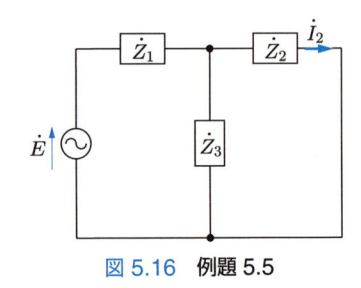

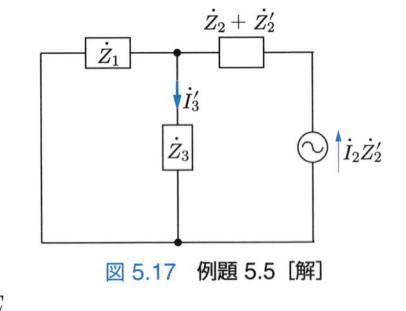

図 5.17 例題 5.5 [解]

演習問題

5.1 問図 5.1 の抵抗回路において，抵抗 $R\,[\Omega]$ の消費する電力は 72 W である．このときの端子 pq の電圧 $V\,[\mathrm{V}]$ を求める．次の (a) および (b) に答えよ．（平 14，Ⅲ）

(a) 問図 (a) の端子 pq から左側をみた回路は，問図 (b) に示すように，電圧源 $E_0\,[\mathrm{V}]$ と内部抵抗 $R_0\,[\Omega]$ の電源回路に置き換えることができる．$E_0\,[\mathrm{V}]$ と $R_0\,[\Omega]$ の値として，正しいものを組み合わせたものは次のうちどれか．

(1) $E_0 = 40, R_0 = 6$　　(2) $E_0 = 60, R_0 = 12$　　(3) $E_0 = 100, R_0 = 20$
(4) $E_0 = 60, R_0 = 30$　　(5) $E_0 = 40, R_0 = 50$

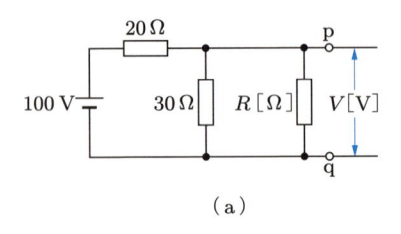

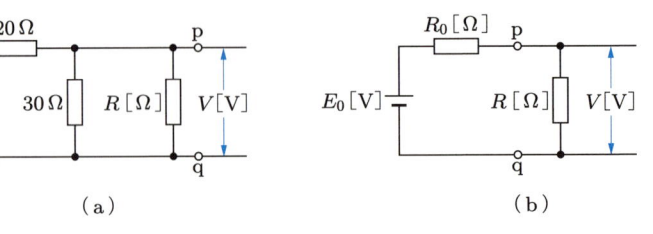

問図 5.1

(b) 抵抗 R [Ω] が 72 W を消費するときの R [Ω] の値には二つある．それぞれに対応した電圧 V [V] のうち，高い方の電圧 [V] の値として正しいのはどれか．

(1) 36　　(2) 50　　(3) 72　　(4) 84　　(5) 100

5.2 問図 5.2 は，破線で囲んだ未知のコイルのインダクタンス L_x [H] と抵抗 R_x [Ω] を測定するために使用する交流ブリッジ（マクスウェルブリッジ）の等価回路である．このブリッジが平衡した場合のインダクタンス L_x [H] と抵抗 R_x [Ω] の値として，正しいものを組み合わせたのは，次表のうちどれか．ただし，交流ブリッジが平衡したときの抵抗器の値は R_p [Ω], R_q [Ω]，標準コイルのインダクタンスと抵抗の値はそれぞれ L_s [H], R_s [Ω] とする．（平 15, III）

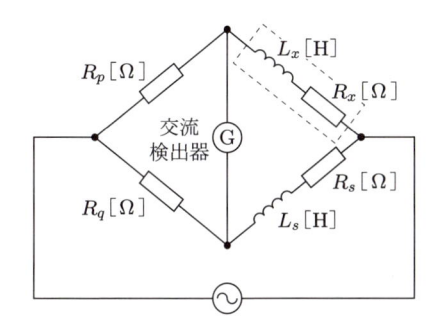

	L_x	R_x
(1)	$(R_q/R_p)L_s$	$(R_q/R_p)R_s$
(2)	$(R_q/R_p)L_s$	$(R_p/R_q)R_s$
(3)	$(R_p/R_q)L_s$	$(R_q/R_s)R_p$
(4)	$(R_p/R_q)L_s$	$(R_p/R_q)R_s$
(5)	$(R_q/R_p)L_s$	$(R_q/R_s)R_p$

問図 5.2

5.3 次の文章は，ヘイブリッジに関する記述である．文中 [　] に当てはまるもっとも適切な式を解答群（イ）〜（ヨ）から選べ．（平 22, II）

問図 5.3 において，交流電源の電圧を $\dot{E}$，その角周波数を ω ($\omega = 2\pi f$) とし，R_2, R_3 および R_4 は既知の抵抗，C は既知の静電容量，G は検出器であるとする．いま，角周波数 ω が既知であり，インダクタンス L とその抵抗 R_1 が未知の場合を考える．検出器 G の指示が 0 となりブリッジが平衡しているとすれば，平衡条件式の実数部より $L/C =$ [　(1)　]，虚数部より $\omega^2 =$ [　(2)　] が成立する．したがって，未知のインダクタンス L とその抵抗 R_1 は，それぞれ $L =$ [　(3)　], $R_1 =$ [　(4)　] で求められる．

次に，ブリッジの各素子 R_2, R_3, R_4, C およびインダクタンス L とその抵抗 R_1 が既知であり，角周波数 ω が未知である場合を考える．平衡条件式の虚数部に着目し，ブリッジに接続された交流電源の周波数 f を求めれば，$f =$ [　(5)　] となる．

[解答群]

(イ) R_1R_4LC　　(ロ) $\dfrac{\sqrt{R_1}}{\sqrt{R_4LC}}$　　(ハ) $R_2R_3 - R_1R_4$　　(ニ) $\dfrac{R_2R_3C}{1-\omega^2R_4{}^2C^2}$

(ホ) $\dfrac{\omega^2R_2R_3R_4C^2}{1-\omega^2R_4{}^2C^2}$　　(ヘ) $\dfrac{\sqrt{R_1}}{2\pi\sqrt{R_4LC}}$　　(ト) $\omega^2R_2R_3R_4C^2$　　(チ) $\dfrac{R_2R_3C}{1+\omega^2R_4{}^2C^2}$

（リ）$2\pi\sqrt{LC}$　　（ヌ）$\dfrac{R_4}{R_1 LC}$　　（ル）$R_2 R_3 C$　　（ヲ）$R_2 R_3$　　（ワ）$\dfrac{\omega^2 R_2 R_3 R_4 C^2}{1+\omega^2 R_4{}^2 C^2}$

（カ）$R_1 R_4 - R_2 R_3$　　（ヨ）$\dfrac{R_1}{R_4 LC}$

5.4 問図 5.4 のようなブリッジ (Maxwell bridge) で，R および C を調整して，ブリッジの平衡をとりたい．R および C の値を求めよ．

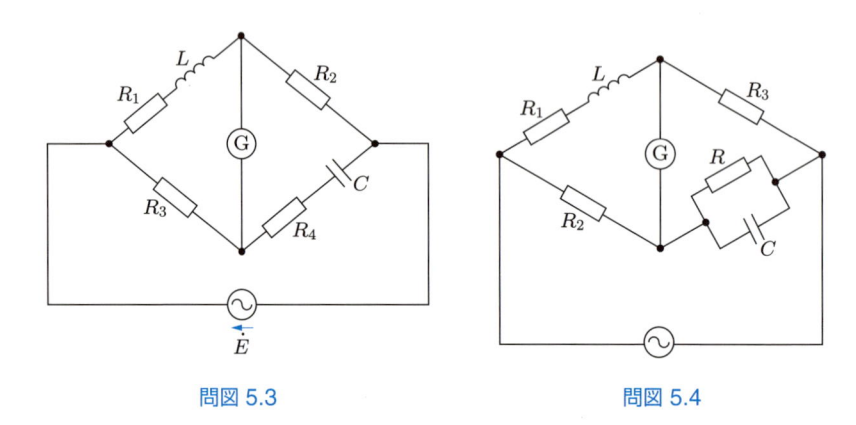

問図 5.3　　　　　　　　　問図 5.4

5.5 次の文章は，回路の電流と消費電力に関する記述である．文中の [　] に当てはまる数値を解答群（イ）〜（ヨ）の中から選べ．（平 22，II）

問図 5.5 に示す交流回路において，回路に流れる電流と消費される電力を求めたい．ただし，$R = 1\,\Omega$，$C = 5\,\mu\text{F}$，$E_1 = 10\,\text{V}$，$E_2 = 16\,\text{V}$，$\omega_1 = 10\,\text{rad/s}$，$\omega_2 = 20\,\text{rad/s}$ とする．

回路に流れる電流 $i(t)$ は，重ねの理より，電圧源 $E_1 \cos\omega_1 t$ が単独で存在するときに流れる電流 $I_1 \cos(\omega_1 t + \phi_1)$ [A] と電圧源 $E_2 \cos\omega_2 t$ が単独で存在するときに流れる電流 $I_2 \cos(\omega_2 t + \phi_2)$ [A] を足し合わせたものとなる．ここに，$I_1 = [\ (1)\ ]$，$I_2 = [\ (2)\ ]$，$\tan\phi_1 = [\ (3)\ ]$ となる．

次に，消費電力は，周波数の異なる二つの電圧源の間の相互干渉はないから，回路を

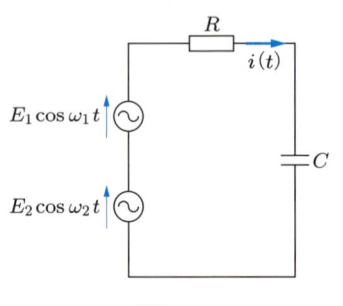

問図 5.5

電圧源 $E_1 \cos \omega_1 t$ のみで励振したときの消費電力 [(4)] W と電圧源 $E_2 \cos \omega_2 t$ のみで励振したときの消費電力との和で表すことができ，[(5)] W となる．

[解答群]
(イ) $10\sqrt{3}/3$　　(ロ) $8\sqrt{3}/3$　　(ハ) 2　　(ニ) $4\sqrt{2}$　　(ホ) 15　　(ヘ) 10
(ト) 58　　(チ) $8\sqrt{2}$　　(リ) 20　　(ヌ) 74　　(ル) $2\sqrt{5}$　　(ヲ) 86
(ワ) $5\sqrt{2}$　　(カ) 3　　(ヨ) 4

5.6 次の文章は，直流回路の電流に関する記述である．次の [　] に当てはまる数値を解答群 (イ)～(ヨ) の中から選べ．(平 22，II)

問図 5.6(a) に示す直流回路において，5Ω の抵抗に流れる電流をテブナンの定理によって求めたい．

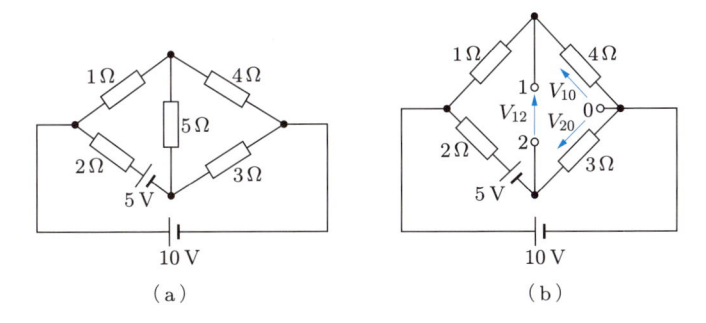

問図 5.6

まず，5Ω の抵抗を取り除いた問図 (b) の回路において端子 1–2 間に現れる電圧 V_{12} を求めると，V_{10} が [(1)] V，V_{20} が [(2)] V となることより，V_{12} = [(3)] V となる．ただし，V_{10} および V_{20} は，それぞれ端子 0 を基準とした端子 1 の電圧および端子 2 の電圧である．

次に，図 (b) の回路において回路内のすべての電圧源の電圧を 0 とした回路について，端子 1–2 間の抵抗を求めると，[(4)] Ω となる．

以上より，端子 1–2 間に 5Ω の抵抗を接続したときに流れる電流 I は，テブナンの定理により [(5)] A となる．

[解答群]
(イ) $-2/15$　　(ロ) 9　　(ハ) 5　　(ニ) 7　　(ホ) 10　　(ヘ) $7/6$
(ト) 2　　(チ) 1　　(リ) 6　　(ヌ) 8　　(ル) 16　　(ヲ) 3　　(ワ) -2
(カ) 4　　(ヨ) $5/7$

5.7 問図 5.7 のような回路で端子 ab 間に交流電圧 100 V を加えたとき，cd 間の電位差を求めよ．また，cd 間を短絡したとき cd 間に流れる電流を求めよ．

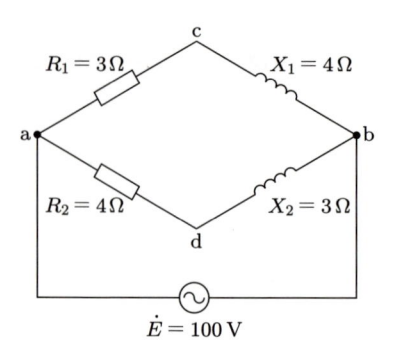

$R_1 = 3\,\Omega$ $X_1 = 4\,\Omega$
$R_2 = 4\,\Omega$ $X_2 = 3\,\Omega$
$\dot{E} = 100\,\mathrm{V}$

問図 5.7

第6章 二端子対回路網

　内部に電源を含まず，線形素子からなる回路網が，1対の入力端子と，ほかの1対の端子とをもっている場合，これを**二端子対回路** (two-terminal pair circuit) または**四端子回路** (four-terminal network) という．この章では，受動二端子対回路の取り扱いについて述べる．

6.1 アドミタンス行列

　図 6.1 に示す箱は，内部に電源を含まない受動線形回路網で**暗箱** (black box) といわれ，その内部の構成は問題としない．この回路網の入力端子 1–1′ および出力端子 2–2′ に，それぞれ起電力 $\dot{E}_1$ および $\dot{E}_2$ を加えたとき，端子 1–1′ および 2–2′ に流れる電流を $\dot{I}_1$ および $\dot{I}_2$ とする．また，この回路網が n 個の独立した閉路からなり，$\dot{I}_1$ および $\dot{I}_2$ はそれぞれ端子 1–1′ および端子 2–2′ を含む閉路を流れる電源とし，ほかの閉路電流を $\dot{I}_3, \dot{I}_4, \cdots, \dot{I}_n$ とする．受動二端子対回路網であるから，式 (5.8) で，$\dot{E}_3 = \dot{E}_4 = \cdots = \dot{E}_n = 0$ とすると，

$$\left.\begin{aligned}
\dot{Z}_{11}\dot{I}_1 + \dot{Z}_{12}\dot{I}_2 + \cdots + \dot{Z}_{1n}\dot{I}_n &= \dot{E}_1 \\
\dot{Z}_{21}\dot{I}_1 + \dot{Z}_{22}\dot{I}_2 + \cdots + \dot{Z}_{2n}\dot{I}_n &= \dot{E}_2 \\
\dot{Z}_{31}\dot{I}_1 + \dot{Z}_{32}\dot{I}_2 + \cdots + \dot{Z}_{3n}\dot{I}_n &= 0 \\
&\vdots \\
\dot{Z}_{n1}\dot{I}_1 + \dot{Z}_{n2}\dot{I}_2 + \cdots + \dot{Z}_{nn}\dot{I}_n &= 0
\end{aligned}\right\} \tag{6.1}$$

となる．式 (6.1) より，$\dot{I}_1, \dot{I}_2$ を式 (5.9) を用いて求めると，

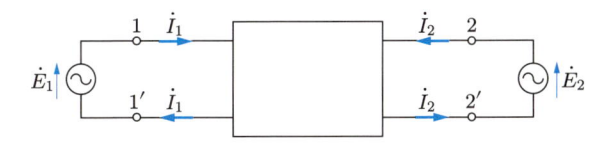

図 6.1　二端子対回路網

$$\left.\begin{aligned}\dot{I}_1 &= \frac{1}{\Delta}(\Delta_{11}\dot{E}_1 + \Delta_{21}\dot{E}_2)\\ \dot{I}_2 &= \frac{1}{\Delta}(\Delta_{12}\dot{E}_1 + \Delta_{22}\dot{E}_2)\end{aligned}\right\} \tag{6.2}$$

を得る．いま，

$$\dot{Y}_{11} = \frac{\dot{\Delta}_{11}}{\dot{\Delta}}, \quad \dot{Y}_{12} = \frac{\dot{\Delta}_{21}}{\dot{\Delta}}, \quad \dot{Y}_{21} = \frac{\dot{\Delta}_{12}}{\dot{\Delta}}, \quad \dot{Y}_{22} = \frac{\dot{\Delta}_{22}}{\dot{\Delta}} \tag{6.3}$$

とおくと，

$$\left.\begin{aligned}\dot{I}_1 &= \dot{Y}_{11}\dot{E}_1 + \dot{Y}_{12}\dot{E}_2\\ \dot{I}_2 &= \dot{Y}_{21}\dot{E}_1 + \dot{Y}_{22}\dot{E}_2\end{aligned}\right\} \tag{6.4}$$

となり，行列表示では，次のようになる．

$$\begin{bmatrix}\dot{I}_1\\ \dot{I}_2\end{bmatrix} = \begin{bmatrix}\dot{Y}_{11} & \dot{Y}_{12}\\ \dot{Y}_{21} & \dot{Y}_{22}\end{bmatrix}\begin{bmatrix}\dot{E}_1\\ \dot{E}_2\end{bmatrix} \tag{6.5}$$

端子 2–2′ を短絡すると ($\dot{E}_2 = 0$)，

$$\dot{Y}_{11} = \left(\frac{\dot{I}_1}{\dot{E}_1}\right)_{\dot{E}_2=0}, \quad \dot{Y}_{21} = \left(\frac{\dot{I}_2}{\dot{E}_1}\right)_{\dot{E}_2=0}$$

となり，端子 1–1′ を短絡すると ($\dot{E}_1 = 0$)，

$$\dot{Y}_{22} = \left(\frac{\dot{I}_2}{\dot{E}_2}\right)_{\dot{E}_1=0}, \quad \dot{Y}_{12} = \left(\frac{\dot{I}_1}{\dot{E}_2}\right)_{\dot{E}_1=0}$$

となる．したがって，$\dot{Y}_{11}, \dot{Y}_{21}, \dot{Y}_{12}, \dot{Y}_{22}$ はアドミタンスの次元をもち，$\dot{Y}_{11}$ および $\dot{Y}_{22}$ は，それぞれ端子 2–2′ および 1–1′ を短絡したときの駆動点アドミタンス，$\dot{Y}_{21}$ および $\dot{Y}_{12}$ は，それぞれ端子 2–2′ および 1–1′ を短絡したときの伝達アドミタンスである．また，相反定理が成立する場合，$\dot{Y}_{12} = \dot{Y}_{21}$ である．なお，式 (6.5) の係数

$$[\dot{Y}] = \begin{bmatrix}\dot{Y}_{11} & \dot{Y}_{12}\\ \dot{Y}_{21} & \dot{Y}_{22}\end{bmatrix}$$

を，この二端子対回路網の**アドミタンス行列** (admittance matrix) という．

6.2 インピーダンス行列

式 (6.4) より，$\dot{E}_1$ および $\dot{E}_2$ は

6.2 インピーダンス行列

$$\left.\begin{array}{l}\dot{E}_1 = \dfrac{\dot{Y}_{22}\dot{I}_1}{\dot{Y}_{11}\dot{Y}_{22} - \dot{Y}_{12}\dot{Y}_{21}} - \dfrac{\dot{Y}_{12}\dot{I}_2}{\dot{Y}_{11}\dot{Y}_{22} - \dot{Y}_{12}\dot{Y}_{21}} \\ \dot{E}_2 = \dfrac{-\dot{Y}_{21}\dot{I}_1}{\dot{Y}_{11}\dot{Y}_{22} - \dot{Y}_{12}\dot{Y}_{21}} + \dfrac{\dot{Y}_{11}\dot{I}_2}{\dot{Y}_{11}\dot{Y}_{22} - \dot{Y}_{12}\dot{Y}_{21}}\end{array}\right\} \tag{6.6}$$

となり，

$$\left.\begin{array}{l}\dot{Z}_{11} = \dfrac{\dot{Y}_{22}}{\dot{Y}_{11}\dot{Y}_{22} - \dot{Y}_{12}\dot{Y}_{21}}, \quad \dot{Z}_{12} = \dfrac{-\dot{Y}_{12}}{\dot{Y}_{11}\dot{Y}_{22} - \dot{Y}_{12}\dot{Y}_{21}} \\ \dot{Z}_{21} = \dfrac{-\dot{Y}_{21}}{\dot{Y}_{11}\dot{Y}_{22} - \dot{Y}_{12}\dot{Y}_{21}}, \quad \dot{Z}_{22} = \dfrac{\dot{Y}_{11}}{\dot{Y}_{11}\dot{Y}_{22} - \dot{Y}_{12}\dot{Y}_{21}}\end{array}\right\} \tag{6.7}$$

とおくと，

$$\left.\begin{array}{l}\dot{E}_1 = \dot{Z}_{11}\dot{I}_1 + \dot{Z}_{12}\dot{I}_2 \\ \dot{E}_2 = \dot{Z}_{21}\dot{I}_1 + \dot{Z}_{22}\dot{I}_2\end{array}\right\} \tag{6.8}$$

となる．

行列表示では，

$$\begin{bmatrix} \dot{E}_1 \\ \dot{E}_2 \end{bmatrix} = \begin{bmatrix} \dot{Z}_{11} & \dot{Z}_{12} \\ \dot{Z}_{21} & \dot{Z}_{22} \end{bmatrix} \begin{bmatrix} \dot{I}_1 \\ \dot{I}_2 \end{bmatrix} \tag{6.9}$$

となる．端子 2–2′ を開放すると ($\dot{I}_2 = 0$)，

$$\dot{Z}_{11} = \left(\dfrac{\dot{E}_1}{\dot{I}_1}\right)_{\dot{I}_2=0}, \quad \dot{Z}_{21} = \left(\dfrac{\dot{E}_2}{\dot{I}_1}\right)_{\dot{I}_2=0}$$

となり，端子 1–1′ を開放すると ($\dot{I}_1 = 0$)，

$$\dot{Z}_{12} = \left(\dfrac{\dot{E}_1}{\dot{I}_2}\right)_{\dot{I}_1=0}, \quad \dot{Z}_{22} = \left(\dfrac{\dot{E}_2}{\dot{I}_2}\right)_{I_1=0}$$

となる．したがって，$\dot{Z}_{11}, \dot{Z}_{12}, \dot{Z}_{21}, \dot{Z}_{22}$ はインピーダンスの次元をもち，$\dot{Z}_{11}$ および $\dot{Z}_{22}$ は，それぞれ端子 2–2′ および 1–1′ を開放したときの駆動点インピーダンスである．$\dot{Z}_{21}$ および $\dot{Z}_{12}$ は，それぞれ端子 2–2′ および 1–1′ を開放したときの伝達インピーダンスである．また，相反定理が成立する場合，$\dot{Z}_{12} = \dot{Z}_{21}$ である．

なお，式 (6.9) の係数

$$[\dot{Z}] = \begin{bmatrix} \dot{Z}_{11} & \dot{Z}_{12} \\ \dot{Z}_{21} & \dot{Z}_{22} \end{bmatrix}$$

を，この二端子対回路網の**インピーダンス行列** (impedance matrix) という．

6.3 四端子定数

式 (6.4) から, $\dot{E}_1, \dot{I}_1$ を求めると ($\dot{I}_2$ は図 6.1 の場合と逆向きにとる),

$$\left. \begin{array}{l} \dot{E}_1 = -\dfrac{\dot{Y}_{22}}{\dot{Y}_{21}}\dot{E}_2 - \dfrac{1}{\dot{Y}_{21}}\dot{I}_2 \\[6pt] \dot{I}_1 = -\dfrac{\dot{Y}_{11}\dot{Y}_{22} - \dot{Y}_{12}\dot{Y}_{21}}{\dot{Y}_{21}}\dot{E}_2 - \dfrac{\dot{Y}_{11}}{\dot{Y}_{21}}\dot{I}_2 \end{array} \right\} \tag{6.10}$$

となる.いま,

$$\left. \begin{array}{l} \dot{A} = -\dfrac{\dot{Y}_{22}}{\dot{Y}_{21}}, \quad \dot{B} = -\dfrac{1}{\dot{Y}_{21}} \\[6pt] \dot{C} = -\dfrac{\dot{Y}_{11}\dot{Y}_{22} - \dot{Y}_{12}\dot{Y}_{21}}{\dot{Y}_{21}}, \quad \dot{D} = -\dfrac{\dot{Y}_{11}}{\dot{Y}_{21}} \end{array} \right\} \tag{6.11}$$

とおくと,

$$\left. \begin{array}{l} \dot{E}_1 = \dot{A}\dot{E}_2 + \dot{B}\dot{I}_2 \\ \dot{I}_1 = \dot{C}\dot{E}_2 + \dot{D}\dot{I}_2 \end{array} \right\} \tag{6.12}$$

となり,行列表示では,

$$\begin{bmatrix} \dot{E}_1 \\ \dot{I}_1 \end{bmatrix} = \begin{bmatrix} \dot{A} & \dot{B} \\ \dot{C} & \dot{D} \end{bmatrix} \begin{bmatrix} \dot{E}_2 \\ \dot{I}_2 \end{bmatrix} \tag{6.13}$$

となる.式 (6.12) は,二端子対回路網の基礎方程式で,$\dot{A}, \dot{B}, \dot{C}, \dot{D}$ は,**四端子定数** (four-terminal constants) という.

端子 2–2′ を開放すると,

$$\dot{A} = \left(\dfrac{\dot{E}_1}{\dot{E}_2}\right)_{\dot{I}_2=0}, \quad \dot{C} = \left(\dfrac{\dot{I}_1}{\dot{E}_2}\right)_{\dot{I}_2=0}$$

となり,端子 2–2′ を短絡すると,

$$\dot{B} = \left(\dfrac{\dot{E}_1}{\dot{I}_2}\right)_{\dot{E}_2=0}, \quad \dot{D} = \left(\dfrac{\dot{I}_1}{\dot{I}_2}\right)_{\dot{E}_2=0}$$

となる.すなわち,$\dot{A}, \dot{D}$ はそれぞれ電圧比,電流比,$\dot{B}$ は短絡伝達インピーダンス,$\dot{C}$ は開放伝達アドミタンスである.また,相反回路では $\dot{Y}_{12} = \dot{Y}_{21}$ で式 (6.11) より,

$$\dot{A}\dot{D} - \dot{B}\dot{C} = 1 \tag{6.14}$$

となる.さらに,$\dot{Y}_{11} = \dot{Y}_{22}$ すなわち $\dot{A} = \dot{D}$ が成立する二端子対回路網を**対称二端**

子対回路網 (symmetric two-terminal pair network) という.

例題 6.1 図 6.2 に示す二端子対回路の四端子定数を求めよ.
解 図 6.2 で
$$\dot{E}_1 = \dot{E}_2 + \dot{Z}\dot{I}_2, \quad \dot{I}_1 = \dot{I}_2$$
である. したがって, 式 (6.12) と比較して, 次のようになる.
$$\begin{bmatrix} \dot{A} & \dot{B} \\ \dot{C} & \dot{D} \end{bmatrix} = \begin{bmatrix} 1 & \dot{Z} \\ 0 & 1 \end{bmatrix} \tag{6.15}$$

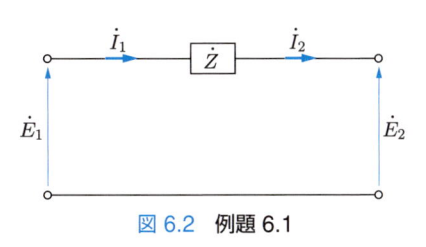

図 6.2　例題 6.1

例題 6.2 図 6.3 に示す回路の四端子定数を求めよ.
解 図 6.3 で
$$\dot{E}_1 = \dot{E}_2, \quad \dot{I}_1 = \frac{\dot{E}_2}{\dot{Z}} + \dot{I}_2$$
である. したがって, 次のようになる.
$$\begin{bmatrix} \dot{A} & \dot{B} \\ \dot{C} & \dot{D} \end{bmatrix} = \begin{bmatrix} 1 & 0 \\ 1/\dot{Z} & 1 \end{bmatrix} \tag{6.16}$$

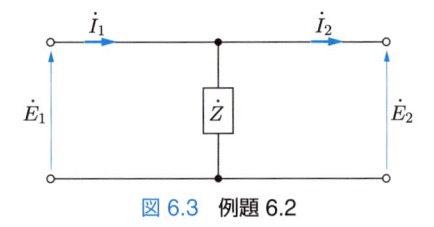

図 6.3　例題 6.2

例題 6.3 図 6.4 に示す T 形回路の四端子定数を求めよ.
解 出力端子を開放すると,
$$\dot{A} = \left(\frac{\dot{E}_1}{\dot{E}_2}\right)_{\dot{I}_2=0} = \frac{\dot{E}_1}{\dot{E}_1/(\dot{Z}_1 + \dot{Z}_3) \times \dot{Z}_3}$$
$$= 1 + \frac{\dot{Z}_1}{\dot{Z}_3}$$
$$\dot{C} = \left(\frac{\dot{I}_1}{\dot{E}_2}\right)_{\dot{I}_2=0} = \frac{\dot{I}_1}{\dot{I}_1 \dot{Z}_3} = \frac{1}{\dot{Z}_3}$$
となる. 出力端子を短絡すると, 図 6.5 で
$$\dot{B} = \left(\frac{\dot{E}_1}{\dot{I}_2}\right)_{\dot{E}_2=0}$$
$$= \frac{\dot{E}_1}{\dfrac{\dot{E}_1}{\dot{Z}_1 + \dot{Z}_2 \cdot \dot{Z}_3/(\dot{Z}_2 + \dot{Z}_3)} \cdot \dfrac{\dot{Z}_3}{\dot{Z}_2 + \dot{Z}_3}}$$

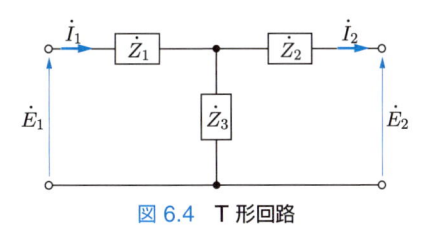

図 6.4　T 形回路

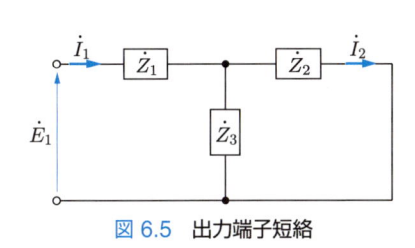

図 6.5　出力端子短絡

$$= \dot{Z}_1 + \dot{Z}_2 + \frac{\dot{Z}_1 \dot{Z}_2}{\dot{Z}_3}$$

$$\dot{D} = \left(\frac{\dot{I}_1}{\dot{I}_2}\right)_{\dot{E}_2=0} = \frac{\dot{I}_1}{\dot{I}_1 \cdot \dot{Z}_3/(\dot{Z}_2 + \dot{Z}_3)} = 1 + \frac{\dot{Z}_2}{\dot{Z}_3}$$

となる．結局，次のようになる．

$$\begin{bmatrix} \dot{A} & \dot{B} \\ \dot{C} & \dot{D} \end{bmatrix} = \begin{bmatrix} 1 + \dot{Z}_1/\dot{Z}_3 & \dot{Z}_1 + \dot{Z}_2 + \dot{Z}_1\dot{Z}_2/\dot{Z}_3 \\ 1/\dot{Z}_3 & 1 + \dot{Z}_2/\dot{Z}_3 \end{bmatrix} \tag{6.17}$$

例題 6.4 図 6.6 の **π 形回路**の四端子定数を求めよ．

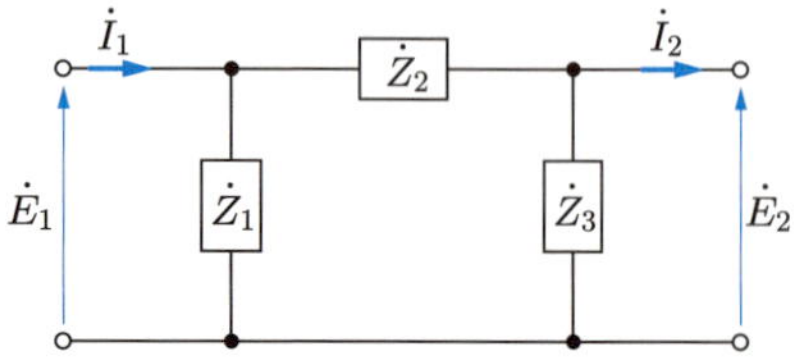

解 出力端子を開放すると，

$$\dot{A} = \left(\frac{\dot{E}_1}{\dot{E}_2}\right)_{\dot{I}_2=0}$$

$$= \frac{\dot{E}_1}{\dot{E}_1/(\dot{Z}_2 + \dot{Z}_3) \times \dot{Z}_3} = 1 + \frac{\dot{Z}_2}{\dot{Z}_3}$$

$$\dot{C} = \left(\frac{\dot{I}_1}{\dot{E}_2}\right)_{\dot{I}_2=0} = \frac{\dot{I}_1}{\dot{I}_1 \dfrac{\dot{Z}_1}{\dot{Z}_1 + (\dot{Z}_2 + \dot{Z}_3)} \dot{Z}_3} = \frac{1}{\dot{Z}_1} + \frac{1}{\dot{Z}_3} + \frac{\dot{Z}_2}{\dot{Z}_1 \dot{Z}_3}$$

図 6.6 π 形回路

となる．出力端子を短絡すると，

$$\dot{B} = \left(\frac{\dot{E}_1}{\dot{I}_2}\right)_{\dot{E}_2=0} = \frac{\dot{E}_1}{\dot{E}_1/\dot{Z}_2} = \dot{Z}_2$$

$$\dot{D} = \left(\frac{\dot{I}_1}{\dot{I}_2}\right)_{\dot{E}_2=0} = \frac{\dot{I}_1}{\dot{I}_1 \dot{Z}_1/(\dot{Z}_1 + \dot{Z}_2)} = 1 + \frac{\dot{Z}_2}{\dot{Z}_1}$$

となる．結局，次のようになる．

$$\begin{bmatrix} \dot{A} & \dot{B} \\ \dot{C} & \dot{D} \end{bmatrix} = \begin{bmatrix} 1 + \dot{Z}_2/\dot{Z}_3 & \dot{Z}_2 \\ 1/\dot{Z}_1 + 1/\dot{Z}_3 + \dot{Z}_2/\dot{Z}_1 \dot{Z}_3 & 1 + \dot{Z}_2/\dot{Z}_1 \end{bmatrix} \tag{6.18}$$

例題 6.5 図 6.7 の**格子形回路**の四端子定数を求めよ．

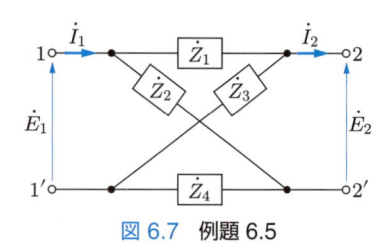

解 図 6.7 を書き換えると図 6.8 の回路になる．

端子 2–2' を開放したとき，

$$\dot{E}_2 = \frac{\dot{Z}_3 \dot{E}_1}{\dot{Z}_1 + \dot{Z}_3} - \frac{\dot{Z}_4 \dot{E}_1}{\dot{Z}_2 + \dot{Z}_4}$$

$$= \frac{\dot{Z}_2 \dot{Z}_3 - \dot{Z}_1 \dot{Z}_4}{(\dot{Z}_1 + \dot{Z}_3)(\dot{Z}_2 + \dot{Z}_4)} \dot{E}_1$$

図 6.7 例題 6.5

となる．したがって，

$$\dot{A} = \left(\frac{\dot{E}_1}{\dot{E}_2}\right)_{\dot{I}_2=0}$$
$$= \frac{(\dot{Z}_1 + \dot{Z}_3)(\dot{Z}_2 + \dot{Z}_4)}{\dot{Z}_2 \dot{Z}_3 - \dot{Z}_1 \dot{Z}_4}$$
$$\dot{E}_2 = \dot{I}_1 \frac{\dot{Z}_2 + \dot{Z}_4}{(\dot{Z}_1 + \dot{Z}_3) + (\dot{Z}_2 + \dot{Z}_4)} \dot{Z}_3$$
$$- \dot{I}_1 \frac{\dot{Z}_1 + \dot{Z}_3}{(\dot{Z}_1 + \dot{Z}_3) + (\dot{Z}_2 + \dot{Z}_4)} \dot{Z}_4$$
$$= \frac{\dot{Z}_2 \dot{Z}_3 - \dot{Z}_1 \dot{Z}_4}{\dot{Z}_1 + \dot{Z}_2 + \dot{Z}_3 + \dot{Z}_4} \dot{I}_1$$

図 6.8 例題 6.5 [解]

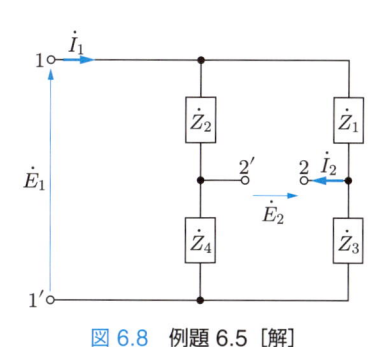

となり，次のようになる．
$$\dot{C} = \left(\frac{\dot{I}_1}{\dot{E}_2}\right)_{\dot{I}_2=0} = \frac{\dot{Z}_1 + \dot{Z}_2 + \dot{Z}_3 + \dot{Z}_4}{\dot{Z}_2 \dot{Z}_3 - \dot{Z}_1 \dot{Z}_4}$$

次に，端子 2-2′ を短絡すると，第 5 章の例題 5.4 で $\dot{Z}=0$ とすればよい．したがって，次のようになる．

$$\dot{I}_2 = \frac{\dot{Z}_2 \dot{Z}_3 - \dot{Z}_1 \dot{Z}_4}{\dot{Z}_1 \dot{Z}_3 (\dot{Z}_2 + \dot{Z}_4) + \dot{Z}_2 \dot{Z}_4 (\dot{Z}_1 + \dot{Z}_3)} \dot{E}_1$$
$$\therefore \dot{B} = \left(\frac{\dot{E}_1}{\dot{I}_2}\right)_{\dot{E}_2=0} = \frac{\dot{Z}_1 \dot{Z}_3 (\dot{Z}_2 + \dot{Z}_4) + \dot{Z}_2 \dot{Z}_4 (\dot{Z}_1 + \dot{Z}_3)}{\dot{Z}_2 \dot{Z}_3 - \dot{Z}_1 \dot{Z}_4}$$

$$\dot{I}_1 = \frac{\dot{E}_1}{\dfrac{\dot{Z}_1 \dot{Z}_2}{\dot{Z}_1 + \dot{Z}_2} + \dfrac{\dot{Z}_3 \dot{Z}_4}{\dot{Z}_3 + \dot{Z}_4}} = \frac{(\dot{Z}_1 + \dot{Z}_2)(\dot{Z}_3 + \dot{Z}_4)\dot{E}_1}{\dot{Z}_1 \dot{Z}_2 (\dot{Z}_3 + \dot{Z}_4) + \dot{Z}_3 \dot{Z}_4 (\dot{Z}_1 + \dot{Z}_2)}$$
$$\therefore \dot{D} = \left(\frac{\dot{I}_1}{\dot{I}_2}\right)_{\dot{E}_2=0} = \frac{(\dot{Z}_1 + \dot{Z}_2)(\dot{Z}_3 + \dot{Z}_4)}{\dot{Z}_2 \dot{Z}_3 - \dot{Z}_1 \dot{Z}_4}$$

例題 6.6 図 6.9 に示す回路の四端子定数を求めよ．

解 図 6.9 の等価回路は，図 6.10 となる．

例題 6.3 で，$\dot{Z}_1 = j\omega(L_1 - M)$, $\dot{Z}_2 = j\omega(L_2 - M)$, $\dot{Z}_3 = j\omega M$ として $\dot{A}, \dot{B}, \dot{C}, \dot{D}$ を求めればよい．

$$\dot{A} = \frac{L_1}{M}, \quad \dot{B} = \frac{j\omega(L_1 L_2 - M^2)}{M}, \quad \dot{C} = \frac{1}{j\omega M}, \quad \dot{D} = \frac{L_2}{M}$$

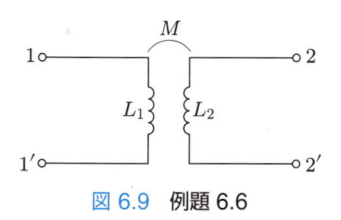

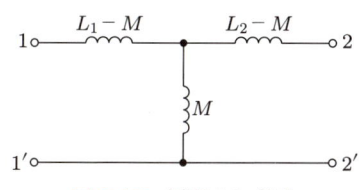

図 6.9 例題 6.6

図 6.10 例題 6.6 [解]

6.4 H 行列および G 行列

式 (6.12) より $\dot{E}_1, \dot{I}_2$ を求めると,

$$\left.\begin{aligned} \dot{E}_1 &= \frac{\dot{B}}{\dot{D}}\dot{I}_1 + \frac{1}{\dot{D}}\dot{E}_2 \\ \dot{I}_2 &= \frac{-1}{\dot{D}}\dot{I}_1 + \frac{\dot{C}}{\dot{D}}\dot{E}_2 \end{aligned}\right\} \tag{6.19}$$

となる. いま,

$$\left.\begin{aligned} \dot{h}_{11} &= \frac{\dot{B}}{\dot{D}}, \quad \dot{h}_{12} = \frac{1}{\dot{D}} \\ \dot{h}_{21} &= -\frac{1}{\dot{D}}, \quad \dot{h}_{22} = \frac{\dot{C}}{\dot{D}} \end{aligned}\right\} \tag{6.20}$$

とおくと,

$$\left.\begin{aligned} \dot{E}_1 &= \dot{h}_{11}\dot{I}_1 + \dot{h}_{12}\dot{E}_2 \\ \dot{I}_2 &= \dot{h}_{21}\dot{I}_1 + \dot{h}_{22}\dot{E}_2 \end{aligned}\right\} \tag{6.21}$$

となり, 行列表示では,

$$\begin{bmatrix} \dot{E}_1 \\ \dot{I}_2 \end{bmatrix} = \begin{bmatrix} \dot{h}_{11} & \dot{h}_{12} \\ \dot{h}_{21} & \dot{h}_{22} \end{bmatrix} \begin{bmatrix} \dot{I}_1 \\ \dot{E}_2 \end{bmatrix} \tag{6.22}$$

となる. $\dot{h}_{11}, \dot{h}_{12}, \dot{h}_{21}, \dot{h}_{22}$ は $\boldsymbol{H}$ パラメータ (hybrid parameter) といわれ, トランジスタの特性を表すのによく用いられる. また, 式 (6.22) の係数

$$[\dot{H}] = \begin{bmatrix} \dot{h}_{11} & \dot{h}_{12} \\ \dot{h}_{21} & \dot{h}_{22} \end{bmatrix}$$

を $\boldsymbol{H}$ 行列という.

また, 式 (6.12) から $\dot{I}_1, \dot{E}_2$ を求めると,

$$\left.\begin{aligned} \dot{I}_1 &= \frac{\dot{C}}{\dot{A}}\dot{E}_1 - \frac{1}{\dot{A}}\dot{I}_2 \\ \dot{E}_2 &= \frac{1}{\dot{A}}\dot{E}_1 + \frac{\dot{B}}{\dot{A}}\dot{I}_2 \end{aligned}\right\} \tag{6.23}$$

となり,

$$\left.\begin{aligned} \dot{g}_{11} &= \frac{\dot{C}}{\dot{A}}, \quad \dot{g}_{12} = -\frac{1}{\dot{A}} \\ \dot{g}_{21} &= \frac{1}{\dot{A}}, \quad \dot{g}_{22} = \frac{\dot{B}}{\dot{A}} \end{aligned}\right\} \tag{6.24}$$

とおくと，

$$\left.\begin{array}{l}\dot{I}_1 = \dot{g}_{11}\dot{E}_1 + \dot{g}_{12}\dot{I}_2 \\ \dot{E}_2 = \dot{g}_{21}\dot{E}_1 + \dot{g}_{22}\dot{I}_2\end{array}\right\} \quad (6.25)$$

となり，行列表示では，

$$\begin{bmatrix}\dot{I}_1 \\ \dot{E}_2\end{bmatrix} = \begin{bmatrix}\dot{g}_{11} & \dot{g}_{12} \\ \dot{g}_{21} & \dot{g}_{22}\end{bmatrix}\begin{bmatrix}\dot{E}_1 \\ \dot{I}_2\end{bmatrix} \quad (6.26)$$

となる．$\dot{g}_{11}, \dot{g}_{12}, \dot{g}_{21}, \dot{g}_{22}$ は **G パラメータ**といわれる．また，式 (6.26) の係数

$$[\dot{G}] = \begin{bmatrix}\dot{g}_{11} & \dot{g}_{12} \\ \dot{g}_{21} & \dot{g}_{22}\end{bmatrix}$$

を **G 行列**という．

6.5 二端子対回路網の接続組合せ

6.5.1 縦続接続

図 6.11 に示すように 2 個の回路網 N_1, N_2 を縦続接続した場合，N_1, N_2 の四端子定数をそれぞれ $\dot{A}_1, \dot{B}_1, \dot{C}_1, \dot{D}_1$ および $\dot{A}_2, \dot{B}_2, \dot{C}_2, \dot{D}_2$ とする．

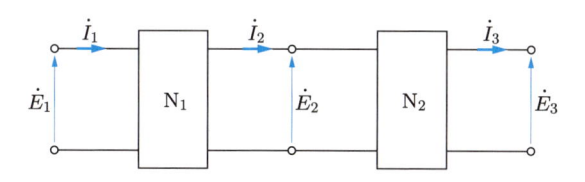

図 6.11 縦続接続

それぞれの端子電圧・電流を図のように定めると，

$$\begin{bmatrix}\dot{E}_1 \\ \dot{I}_1\end{bmatrix} = \begin{bmatrix}\dot{A}_1 & \dot{B}_1 \\ \dot{C}_1 & \dot{D}_1\end{bmatrix}\begin{bmatrix}\dot{E}_2 \\ \dot{I}_2\end{bmatrix} \quad (6.27)$$

$$\begin{bmatrix}\dot{E}_2 \\ \dot{I}_2\end{bmatrix} = \begin{bmatrix}\dot{A}_2 & \dot{B}_2 \\ \dot{C}_2 & \dot{D}_2\end{bmatrix}\begin{bmatrix}\dot{E}_3 \\ \dot{I}_3\end{bmatrix} \quad (6.28)$$

となる．したがって，

$$\begin{bmatrix}\dot{E}_1 \\ \dot{I}_1\end{bmatrix} = \begin{bmatrix}\dot{A}_1 & \dot{B}_1 \\ \dot{C}_1 & \dot{D}_1\end{bmatrix}\begin{bmatrix}\dot{A}_2 & \dot{B}_2 \\ \dot{C}_2 & \dot{D}_2\end{bmatrix}\begin{bmatrix}\dot{E}_3 \\ \dot{I}_3\end{bmatrix}$$

$$= \begin{bmatrix} \dot{A}_1\dot{A}_2 + \dot{B}_1\dot{C}_2 & \dot{A}_1\dot{B}_2 + \dot{B}_1\dot{D}_2 \\ \dot{C}_1\dot{A}_2 + \dot{D}_1\dot{C}_2 & \dot{C}_1\dot{B}_2 + \dot{D}_1\dot{D}_2 \end{bmatrix} \begin{bmatrix} \dot{E}_3 \\ \dot{I}_3 \end{bmatrix}$$

$$= \begin{bmatrix} \dot{A} & \dot{B} \\ \dot{C} & \dot{D} \end{bmatrix} \begin{bmatrix} \dot{E}_3 \\ \dot{I}_3 \end{bmatrix} \tag{6.29}$$

となり，縦続接続の場合，合成四端子定数行列は，個々の回路網の四端子定数の行列の積で与えられる．

例題 6.7 図 6.12 に示すように，T 形回路を 3 個の二端子対回路の縦続接続と考えて，四端子定数を求めよ．

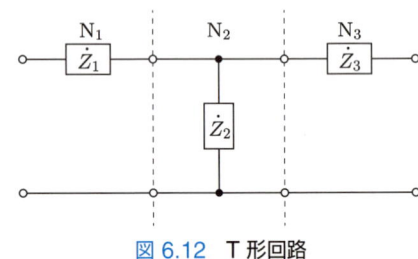

解 回路網 N_1, N_2, N_3 の四端子定数は，式 (6.15), (6.16) で求められる．したがって，全体の四端子定数は次のようになる．

図 6.12 T 形回路

$$\begin{bmatrix} \dot{A} & \dot{B} \\ \dot{C} & \dot{D} \end{bmatrix}$$

$$= \begin{bmatrix} 1 & \dot{Z}_1 \\ 0 & 1 \end{bmatrix} \begin{bmatrix} 1 & 0 \\ 1/\dot{Z}_2 & 1 \end{bmatrix} \begin{bmatrix} 1 & \dot{Z}_3 \\ 0 & 1 \end{bmatrix}$$

$$= \begin{bmatrix} 1+\dot{Z}_1/\dot{Z}_2 & \dot{Z}_1 \\ 1/\dot{Z}_2 & 1 \end{bmatrix} \begin{bmatrix} 1 & \dot{Z}_3 \\ 0 & 1 \end{bmatrix}$$

$$= \begin{bmatrix} 1+\dot{Z}_1/\dot{Z}_2 & \dot{Z}_3(1+\dot{Z}_1/\dot{Z}_2)+\dot{Z}_1 \\ 1/\dot{Z}_2 & \dot{Z}_3/\dot{Z}_2+1 \end{bmatrix}$$

6.5.2 並列接続

図 6.13 に示すように，2 個の二端子対回路網 N_1, N_2 の入力端子および出力端子を並列に接続し，これらを入力端子および出力端子とする新しい二端子対回路網を作る接続方式を二端子対回路網の**並列接続**という．

二端子対回路網 N_1 について，アドミタンス行列を用いて電圧・電流の関係を表すと，

$$\begin{bmatrix} \dot{I}'_1 \\ \dot{I}'_2 \end{bmatrix} = \begin{bmatrix} \dot{Y}'_{11} & \dot{Y}'_{12} \\ \dot{Y}'_{21} & \dot{Y}'_{22} \end{bmatrix} \begin{bmatrix} \dot{E}_1 \\ \dot{E}_2 \end{bmatrix} \tag{6.30}$$

となる．同様に，二端子対回路網 N_2 についても，

$$\begin{bmatrix} \dot{I}''_1 \\ \dot{I}''_2 \end{bmatrix} = \begin{bmatrix} \dot{Y}''_{11} & \dot{Y}''_{12} \\ \dot{Y}''_{21} & \dot{Y}''_{22} \end{bmatrix} \begin{bmatrix} \dot{E}_1 \\ \dot{E}_2 \end{bmatrix} \tag{6.31}$$

で表される．しかるに，並列接続であるから，$\dot{I}_1 = \dot{I}'_1 + \dot{I}''_1$, $\dot{I}_2 = \dot{I}'_2 + \dot{I}''_2$ となり，し

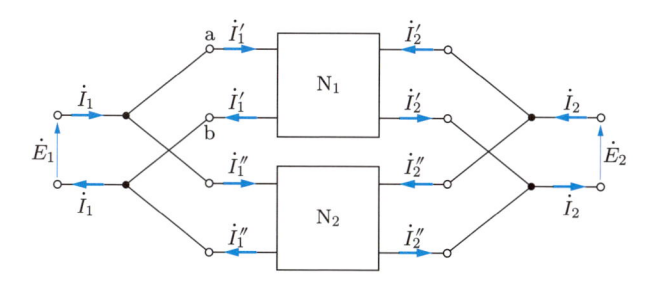

図 6.13 並列接続

したがって,

$$\begin{bmatrix} \dot{I}_1 \\ \dot{I}_2 \end{bmatrix} = \begin{bmatrix} \dot{I}'_1 \\ \dot{I}'_2 \end{bmatrix} + \begin{bmatrix} \dot{I}''_1 \\ \dot{I}''_2 \end{bmatrix}$$

$$= \left(\begin{bmatrix} \dot{Y}'_{11} & \dot{Y}'_{12} \\ \dot{Y}'_{21} & \dot{Y}'_{22} \end{bmatrix} + \begin{bmatrix} \dot{Y}''_{11} & \dot{Y}''_{12} \\ \dot{Y}''_{21} & \dot{Y}''_{22} \end{bmatrix} \right) \begin{bmatrix} \dot{E}_1 \\ \dot{E}_2 \end{bmatrix}$$

$$= \begin{bmatrix} \dot{Y}'_{11} + \dot{Y}''_{11} & \dot{Y}'_{12} + \dot{Y}''_{12} \\ \dot{Y}'_{21} + \dot{Y}''_{21} & \dot{Y}'_{22} + \dot{Y}''_{22} \end{bmatrix} \begin{bmatrix} \dot{E}_1 \\ \dot{E}_2 \end{bmatrix} \quad (6.32)$$

となり,

$$\left. \begin{array}{l} \dot{Y}_{11} = \dot{Y}'_{11} + \dot{Y}''_{11}, \quad \dot{Y}_{12} = \dot{Y}'_{12} + \dot{Y}''_{12} \\ \dot{Y}_{21} = \dot{Y}'_{21} + \dot{Y}''_{21}, \quad \dot{Y}_{22} = \dot{Y}'_{22} + \dot{Y}''_{22} \end{array} \right\} \quad (6.33)$$

となる.すなわち,並列接続のアドミタンスパラメータは,それぞれの回路網のアドミタンスパラメータの和に等しい.ただし,上のような取り扱いができるのは,入力端子および出力端子における電流分布が図 6.13 に示すようになることが必要で,たとえば,端子 a と端子 b の電流の大きさが等しく,方向が反対であることが必要である.

6.5.3 直列接続

図 6.14 に示すような 2 個の二端子対回路網 N_1, N_2 の接続方式を**直列接続**という.二端子対回路網 N_1 について,インピーダンス行列を用いて,電圧・電流の関係を表すと,

$$\begin{bmatrix} \dot{E}'_1 \\ \dot{E}'_2 \end{bmatrix} = \begin{bmatrix} \dot{Z}'_{11} & \dot{Z}'_{12} \\ \dot{Z}'_{21} & \dot{Z}'_{22} \end{bmatrix} \begin{bmatrix} \dot{I}_1 \\ \dot{I}_2 \end{bmatrix} \quad (6.34)$$

となる.同様に,回路網 N_2 についても,

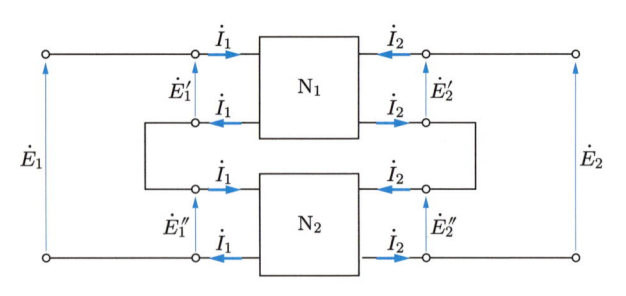

図 6.14 直列接続

$$\left[\begin{array}{c} \dot{E}_1'' \\ \dot{E}_2'' \end{array}\right] = \left[\begin{array}{cc} \dot{Z}_{11}'' & \dot{Z}_{12}'' \\ \dot{Z}_{21}'' & \dot{Z}_{22}'' \end{array}\right] \left[\begin{array}{c} \dot{I}_1 \\ \dot{I}_2 \end{array}\right] \tag{6.35}$$

で表される．しかるに，直列接続であるので，$\dot{E}_1 = \dot{E}_1' + \dot{E}_1''$，$\dot{E}_2 = \dot{E}_2' + \dot{E}_2''$ となり，したがって，

$$\begin{aligned} \left[\begin{array}{c} \dot{E}_1 \\ \dot{E}_2 \end{array}\right] &= \left[\begin{array}{c} \dot{E}_1' \\ \dot{E}_2' \end{array}\right] + \left[\begin{array}{c} \dot{E}_1'' \\ \dot{E}_2'' \end{array}\right] \\ &= \left(\left[\begin{array}{cc} \dot{Z}_{11}' & \dot{Z}_{12}' \\ \dot{Z}_{21}' & \dot{Z}_{22}' \end{array}\right] + \left[\begin{array}{cc} \dot{Z}_{11}'' & \dot{Z}_{12}'' \\ \dot{Z}_{21}'' & \dot{Z}_{22}'' \end{array}\right]\right) \left[\begin{array}{c} \dot{I}_1 \\ \dot{I}_2 \end{array}\right] \\ &= \left[\begin{array}{cc} \dot{Z}_{11}' + \dot{Z}_{11}'' & \dot{Z}_{12}' + \dot{Z}_{12}'' \\ \dot{Z}_{21}' + \dot{Z}_{21}'' & \dot{Z}_{22}' + \dot{Z}_{22}'' \end{array}\right] \left[\begin{array}{c} \dot{I}_1 \\ \dot{I}_2 \end{array}\right] \end{aligned} \tag{6.36}$$

となり，

$$\left. \begin{array}{l} \dot{Z}_{11} = \dot{Z}_{11}' + \dot{Z}_{11}'', \quad \dot{Z}_{12} = \dot{Z}_{12}' + \dot{Z}_{12}'' \\ \dot{Z}_{21} = \dot{Z}_{21}' + \dot{Z}_{21}'', \quad \dot{Z}_{22} = \dot{Z}_{22}' + \dot{Z}_{22}'' \end{array} \right\} \tag{6.37}$$

となる．すなわち，直列接続のインピーダンスパラメータは，それぞれの回路網のインピーダンスパラメータの和に等しい．ただし，これが成り立つのは，並列接続の場合と同じ条件が必要である．

6.5.4 並直列接続

図 6.15 に示すように，2 個の二端子対回路網 N_1, N_2 を，入力端子は並列に，出力端子は直列に接続した方式を **並直列接続** という．回路網 N_1, N_2 について，それぞれ G 行列を用いて電圧・電流の関係を表すと，

$$\left[\begin{array}{c} \dot{I}_1' \\ \dot{E}_2' \end{array}\right] = \left[\begin{array}{cc} \dot{g}_{11}' & \dot{g}_{12}' \\ \dot{g}_{21}' & \dot{g}_{22}' \end{array}\right] \left[\begin{array}{c} \dot{E}_1' \\ \dot{I}_2' \end{array}\right] \tag{6.38}$$

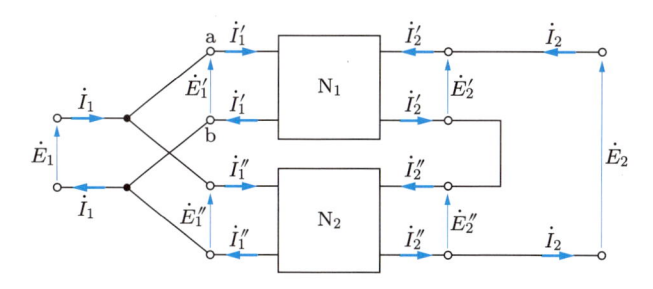

図 6.15 並直列接続

$$\begin{bmatrix} \dot{I}_1'' \\ \dot{E}_2'' \end{bmatrix} = \begin{bmatrix} \dot{g}_{11}'' & \dot{g}_{12}'' \\ \dot{g}_{21}'' & \dot{g}_{22}'' \end{bmatrix} \begin{bmatrix} \dot{E}_1'' \\ \dot{I}_2'' \end{bmatrix} \tag{6.39}$$

となる．しかるに，$\dot{I}_1 = \dot{I}_1' + \dot{I}_1''$，$\dot{E}_1 = \dot{E}_1' = \dot{E}_1''$，$\dot{E}_2 = \dot{E}_2' + \dot{E}_2''$，$\dot{I}_2 = \dot{I}_2' = \dot{I}_2''$ であるから，

$$\begin{bmatrix} \dot{I}_1 \\ \dot{E}_2 \end{bmatrix} = \begin{bmatrix} \dot{I}_1' \\ \dot{E}_2' \end{bmatrix} + \begin{bmatrix} \dot{I}_1'' \\ \dot{E}_2'' \end{bmatrix}$$

$$= \begin{bmatrix} \dot{g}_{11}' & \dot{g}_{12}' \\ \dot{g}_{21}' & \dot{g}_{22}' \end{bmatrix} \begin{bmatrix} \dot{E}_1' \\ \dot{I}_2' \end{bmatrix} + \begin{bmatrix} \dot{g}_{11}'' & \dot{g}_{12}'' \\ \dot{g}_{21}'' & \dot{g}_{22}'' \end{bmatrix} \begin{bmatrix} \dot{E}_1'' \\ \dot{I}_2'' \end{bmatrix}$$

$$= \begin{bmatrix} \dot{g}_{11}' + \dot{g}_{11}'' & \dot{g}_{12}' + \dot{g}_{12}'' \\ \dot{g}_{21}' + \dot{g}_{21}'' & \dot{g}_{22}' + \dot{g}_{22}'' \end{bmatrix} \begin{bmatrix} \dot{E}_1 \\ \dot{I}_2 \end{bmatrix} \tag{6.40}$$

となる．したがって，

$$\left.\begin{array}{l} \dot{g}_{11} = \dot{g}_{11}' + \dot{g}_{11}'', \quad \dot{g}_{12} = \dot{g}_{12}' + \dot{g}_{12}'' \\ \dot{g}_{21} = \dot{g}_{21}' + \dot{g}_{21}'', \quad \dot{g}_{22} = \dot{g}_{22}' + \dot{g}_{22}'' \end{array}\right\} \tag{6.41}$$

となる．これの成立条件は，6.5.2 項で述べたのと同じである．

6.6 影像パラメータ

6.6.1 影像インピーダンス

図 6.16 に示す二端子対回路網において，出力端子 2–2′ にインピーダンス $\dot{Z}_{02}$ を接続したとき入力端子 1–1′ からみたインピーダンスが $\dot{Z}_{01}$，入力端子 1–1′ に $\dot{Z}_{01}$ を接続したとき出力端子 2–2′ からみたインピーダンスが $\dot{Z}_{02}$ である場合，入力および出力端子の両側のインピーダンスが影像的関係をもつ．このようなインピーダンス

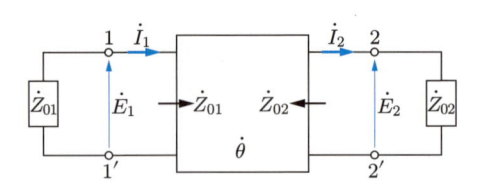

図 6.16　影像パラメータ

$\dot{Z}_{01}, \dot{Z}_{02}$ を**影像インピーダンス** (image impedance) という．この影像インピーダンスと四端子定数との関係は，次のようになる．

図 6.16 で，

$$\left.\begin{array}{l} \dot{E}_1 = \dot{A}\dot{E}_2 + \dot{B}\dot{I}_2 \\ \dot{I}_1 = \dot{C}\dot{E}_2 + \dot{D}\dot{I}_2 \end{array}\right\} \tag{6.42}$$

である．したがって，

$$\dot{Z}_{01} = \frac{\dot{E}_1}{\dot{I}_1} = \frac{\dot{A}\dot{E}_2 + \dot{B}\dot{I}_2}{\dot{C}\dot{E}_2 + \dot{D}\dot{I}_2} \tag{6.43}$$

となる．しかるに，$\dot{E}_2 = \dot{Z}_{02}\dot{I}_2$ であるから，

$$\dot{Z}_{01} = \frac{\dot{A}\dot{Z}_{02} + \dot{B}}{\dot{C}\dot{Z}_{02} + \dot{D}} \tag{6.44}$$

となる．次に，入力端子と出力端子を入れ換え，$\dot{E}_1 = -\dot{Z}_{01}\dot{I}_1$ を用いると，

$$\dot{Z}_{02} = \frac{\dot{D}\dot{Z}_{01} + \dot{B}}{\dot{C}\dot{Z}_{01} + \dot{A}} \tag{6.45}$$

が得られる．式 (6.44) と式 (6.45) より，

$$\dot{Z}_{01}\dot{Z}_{02} = \frac{\dot{B}}{\dot{C}} \tag{6.46}$$

$$\frac{\dot{Z}_{01}}{\dot{Z}_{02}} = \frac{\dot{A}}{\dot{D}} \tag{6.47}$$

となり，これより，

$$\dot{Z}_{01} = \sqrt{\frac{\dot{A}\dot{B}}{\dot{C}\dot{D}}} \tag{6.48}$$

$$\dot{Z}_{02} = \sqrt{\frac{\dot{B}\dot{D}}{\dot{A}\dot{C}}} \tag{6.49}$$

となる．二端子対回路網が対称ならば $\dot{A} = \dot{D}$ であるので，次のようになる．

$$\dot{Z}_{01} = \dot{Z}_{02} = \sqrt{\frac{\dot{B}}{\dot{C}}} \tag{6.50}$$

次に，出力端子を短絡した場合，入力端子からみたインピーダンスを $\dot{Z}_{1s}$ とすると，式 (6.42) で $\dot{E}_2 = 0$ として，

$$\dot{Z}_{1s} = \frac{\dot{E}_1}{\dot{I}_1} = \frac{\dot{B}}{\dot{D}} \tag{6.51}$$

となる．また，出力端子を開放した場合，入力端子からみたインピーダンスを $\dot{Z}_{1f}$ とすると，式 (6.42) で $\dot{I}_2 = 0$ として，

$$\dot{Z}_{1f} = \frac{\dot{A}}{\dot{C}} \tag{6.52}$$

となる．一方，入力端子を短絡および開放したとき，出力端子からみたインピーダンスをそれぞれ $\dot{Z}_{2s}, \dot{Z}_{2f}$ とすると，

$$\dot{Z}_{2s} = \frac{\dot{B}}{\dot{A}} \tag{6.53}$$

$$\dot{Z}_{2f} = \frac{\dot{D}}{\dot{C}} \tag{6.54}$$

となる．したがって，式 (6.48), (6.51), (6.52) より，

$$\dot{Z}_{01} = \sqrt{\dot{Z}_{1s}\dot{Z}_{1f}} \tag{6.55}$$

となり，また，式 (6.49), (6.53), (6.54) より，

$$\dot{Z}_{02} = \sqrt{\dot{Z}_{2s}\dot{Z}_{2f}} \tag{6.56}$$

となる．すなわち，影像インピーダンスは，入力および出力端子での開放および短絡インピーダンスの幾何平均で与えられる．

6.6.2 伝達定数

図 6.16 で，出力端子 2–2′ に影像インピーダンス $\dot{Z}_{02}$ を接続したとき，

$$\frac{\dot{E}_1}{\dot{E}_2} = e^{\dot{\theta}_1} \tag{6.57}$$

とすると，式 (6.42) を用いて，

$$e^{\dot{\theta}_1} = \dot{A} + \dot{B}\frac{\dot{I}_2}{\dot{E}_2} = \dot{A} + \dot{B}\frac{\dot{I}_2}{\dot{Z}_{02}\dot{I}_2} = \dot{A} + \frac{\dot{B}}{\dot{Z}_{02}}$$

$$= \dot{A} + \dot{B}\sqrt{\frac{\dot{C}\dot{A}}{\dot{D}\dot{B}}} = \sqrt{\frac{\dot{A}}{\dot{D}}}\left(\sqrt{\dot{A}\dot{D}} + \sqrt{\dot{B}\dot{C}}\right) \tag{6.58}$$

となる．また，このとき

$$\frac{\dot{I}_1}{\dot{I}_2} = e^{\dot{\theta}_2} \tag{6.59}$$

とすると，式 (6.42) を用いて，次のようになる．

$$e^{\dot{\theta}_2} = \dot{C}\frac{\dot{E}_2}{\dot{I}_2} + \dot{D} = \dot{C}\frac{\dot{Z}_{02}\dot{I}_2}{\dot{I}_2} + \dot{D} = \dot{C}\dot{Z}_{02} + \dot{D}$$

$$= \dot{C}\sqrt{\frac{\dot{B}\dot{D}}{\dot{A}\dot{C}}} + \dot{D} = \sqrt{\frac{\dot{D}}{\dot{A}}}\left(\sqrt{\dot{A}\dot{D}} + \sqrt{\dot{B}\dot{C}}\right) \tag{6.60}$$

伝達定数 (transfer constant) $\dot{\theta}$ は，$\dot{\theta}_1$ と $\dot{\theta}_2$ を用いて，

$$\dot{\theta} = \frac{\dot{\theta}_1 + \dot{\theta}_2}{2} \tag{6.61}$$

と定義される．伝達定数 $\dot{\theta}$ と影像インピーダンス $\dot{Z}_{01}, \dot{Z}_{02}$ を**影像パラメータ**という．式 (6.58), (6.60) より，

$$e^{\dot{\theta}} = e^{(\dot{\theta}_1 + \dot{\theta}_2)/2} = \sqrt{\dot{A}\dot{D}} + \sqrt{\dot{B}\dot{C}} \tag{6.62}$$

である．したがって，伝達定数は

$$\dot{\theta} = \ln\left(\sqrt{\dot{A}\dot{D}} + \sqrt{\dot{B}\dot{C}}\right) \tag{6.63}$$

となる．また，双曲線関数を用いて，

$$\cosh\dot{\theta} = \frac{e^{\dot{\theta}} + e^{-\dot{\theta}}}{2} = \frac{1}{2}\left(\sqrt{\dot{A}\dot{D}} + \sqrt{\dot{B}\dot{C}} + \frac{1}{\sqrt{\dot{A}\dot{D}} + \sqrt{\dot{B}\dot{C}}}\right)$$

$$= \sqrt{\dot{A}\dot{D}} \quad (\because \dot{A}\dot{D} - \dot{B}\dot{C} = 1) \tag{6.64}$$

となる．同様に，

$$\sinh\dot{\theta} = \sqrt{\dot{B}\dot{C}} \tag{6.65}$$

$$\tanh\dot{\theta} = \sqrt{\frac{\dot{B}\dot{C}}{\dot{A}\dot{D}}} \tag{6.66}$$

が得られる．開放および短絡インピーダンスを用いると，式 (6.51)〜(6.54), (6.66) より，次のようになる．

$$\tanh\dot{\theta} = \sqrt{\frac{\dot{Z}_{1s}}{\dot{Z}_{1f}}} = \sqrt{\frac{\dot{Z}_{2s}}{\dot{Z}_{2f}}} \tag{6.67}$$

次に，四端子定数を影像パラメータを用いて表すと，式 (6.48), (6.49), (6.64)〜(6.66) より，

$$\left.\begin{aligned}\dot{A} &= \sqrt{\frac{\dot{A}}{\dot{D}}}\sqrt{\dot{A}\dot{D}} = \sqrt{\frac{\dot{Z}_{01}}{\dot{Z}_{02}}}\cosh\dot{\theta} \\ \dot{B} &= \sqrt{\dot{Z}_{01}\dot{Z}_{02}}\sinh\dot{\theta} \\ \dot{C} &= \frac{1}{\sqrt{\dot{Z}_{01}\dot{Z}_{02}}}\sinh\dot{\theta} \\ \dot{D} &= \sqrt{\frac{\dot{Z}_{02}}{\dot{Z}_{01}}}\cosh\dot{\theta}\end{aligned}\right\} \tag{6.68}$$

となり，式 (6.42) で表される二端子対回路網の基礎方程式は

$$\left.\begin{aligned}\dot{E}_1 &= \sqrt{\frac{\dot{Z}_{01}}{\dot{Z}_{02}}}\left(\dot{E}_2\cosh\dot{\theta} + \dot{I}_2\dot{Z}_{02}\sinh\dot{\theta}\right) \\ \dot{I}_1 &= \sqrt{\frac{\dot{Z}_{02}}{\dot{Z}_{01}}}\left(\frac{\dot{E}_2}{\dot{Z}_{02}}\sinh\dot{\theta} + \dot{I}_2\cosh\dot{\theta}\right)\end{aligned}\right\} \tag{6.69}$$

となる．対称二端子対回路網では $\dot{A} = \dot{D}$ が成立し，式 (6.48), (6.49) より $\dot{Z}_{01} = \dot{Z}_{02} = \dot{Z}_0$ となるので，次のようになる．

$$\left.\begin{aligned}\dot{E}_1 &= \dot{E}_2\cosh\dot{\theta} + \dot{I}_2\dot{Z}_0\sinh\dot{\theta} \\ \dot{I}_1 &= \frac{\dot{E}_2}{\dot{Z}_0}\sinh\dot{\theta} + \dot{I}_2\cosh\dot{\theta}\end{aligned}\right\} \tag{6.70}$$

また，式 (6.57), (6.58), (6.62) より，

$$\frac{\dot{E}_1}{\dot{E}_2} = \sqrt{\frac{\dot{A}}{\dot{D}}}e^{\dot{\theta}} \tag{6.71}$$

さらに，式 (6.48), (6.49) を用いて，

$$\frac{\dot{E}_1}{\dot{E}_2} = \sqrt{\frac{\dot{Z}_{01}}{\dot{Z}_{02}}}e^{\dot{\theta}} \tag{6.72}$$

となる．同様にして，式 (6.59), (6.60), (6.62), (6.48), (6.49) を用いて，

$$\frac{\dot{I}_1}{\dot{I}_2} = \sqrt{\frac{\dot{Z}_{02}}{\dot{Z}_{01}}} e^{\dot{\theta}} \tag{6.73}$$

が得られる．

例題 6.8 図 6.17 に示す **Γ 形回路**の影像パラメータを求めよ．

解 図 6.17 の回路の四端子定数は，例題 6.1, 例題 6.2 に示す二端子対回路の縦続接続と考えて，

$$\begin{bmatrix} \dot{A} & \dot{B} \\ \dot{C} & \dot{D} \end{bmatrix} = \begin{bmatrix} 1 & 0 \\ 1/\dot{Z}_1 & 1 \end{bmatrix} \begin{bmatrix} 1 & \dot{Z}_2 \\ 0 & 1 \end{bmatrix}$$
$$= \begin{bmatrix} 1 & \dot{Z}_2 \\ 1/\dot{Z}_1 & 1 + \dot{Z}_2/\dot{Z}_1 \end{bmatrix}$$

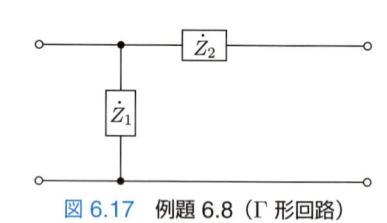

図 6.17 例題 6.8（Γ 形回路）

となる．したがって，影像インピーダンスは，式 (6.48), (6.49) より，

$$\dot{Z}_{01} = \sqrt{\frac{\dot{Z}_2}{(1/\dot{Z}_1)(1 + \dot{Z}_2/\dot{Z}_1)}} = \sqrt{\frac{\dot{Z}_2 \dot{Z}_1{}^2}{\dot{Z}_1 + \dot{Z}_2}}$$

$$\dot{Z}_{02} = \sqrt{\frac{(1 + \dot{Z}_2/\dot{Z}_1)\dot{Z}_2}{1/\dot{Z}_1}} = \sqrt{\dot{Z}_2(\dot{Z}_1 + \dot{Z}_2)}$$

となる．伝達定数は，式 (6.66) より，

$$\dot{\theta} = \tanh^{-1} \sqrt{\frac{\dot{Z}_2/\dot{Z}_1}{1 + \dot{Z}_2/\dot{Z}_1}} = \tanh^{-1} \sqrt{\frac{\dot{Z}_2}{\dot{Z}_1 + \dot{Z}_2}}$$

である．次に，短絡，開放インピーダンスより求める．

$$\dot{Z}_{1s} = \frac{\dot{Z}_1 \dot{Z}_2}{\dot{Z}_1 + \dot{Z}_2}, \quad \dot{Z}_{1f} = \dot{Z}_1 \quad \dot{Z}_{2s} = \dot{Z}_2, \quad \dot{Z}_{2f} = \dot{Z}_1 + \dot{Z}_2$$

したがって，影像インピーダンスは式 (6.55), (6.56) より，

$$\dot{Z}_{01} = \sqrt{\frac{\dot{Z}_1{}^2 \dot{Z}_2}{\dot{Z}_1 + \dot{Z}_2}}, \quad \dot{Z}_{02} = \sqrt{\dot{Z}_2(\dot{Z}_1 + \dot{Z}_2)}$$

となる．伝達定数は，式 (6.67) より，

$$\dot{\theta} = \tanh^{-1} \sqrt{\frac{\dot{Z}_1 \dot{Z}_2}{(\dot{Z}_1 + \dot{Z}_2)/\dot{Z}_1}} = \tanh^{-1} \sqrt{\frac{\dot{Z}_2}{\dot{Z}_1 + \dot{Z}_2}}$$

となり，同様な結果が得られる．

例題 6.9 図 6.18 に示す π 形回路の影像パラメータを求めよ．

解 出力端子 2–2′ を短絡したとき，入力端子 1–1′ からみたインピーダンスは

$$\dot{Z}_{1s} = \frac{\dot{Z}_1 \dot{Z}_2}{\dot{Z}_1 + \dot{Z}_2}$$

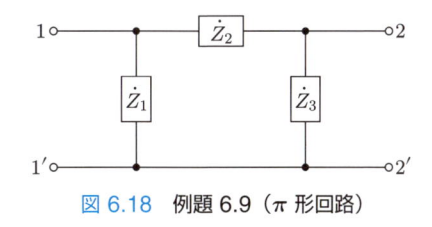

図 6.18 例題 6.9（π 形回路）

となる．また，出力端子 2–2′ を開放したとき，入力端子 1-1′ からみたインピーダンスは

$$\dot{Z}_{1f} = \frac{\dot{Z}_1(\dot{Z}_2 + \dot{Z}_3)}{\dot{Z}_1 + (\dot{Z}_2 + \dot{Z}_3)}$$

となる．したがって，影像インピーダンス $\dot{Z}_{01}$ は

$$\dot{Z}_{01} = \sqrt{\dot{Z}_{1s}\dot{Z}_{1f}} = \sqrt{\frac{\dot{Z}_1{}^2 \dot{Z}_2(\dot{Z}_2 + \dot{Z}_3)}{(\dot{Z}_1 + \dot{Z}_2 + \dot{Z}_3)(\dot{Z}_1 + \dot{Z}_2)}}$$

となる．同様に，入力端子を短絡および開放したときの出力端子からみたインピーダンス $\dot{Z}_{2s}, \dot{Z}_{2f}$ より，$\dot{Z}_{02}$ を求めると，

$$\dot{Z}_{02} = \sqrt{\frac{\dot{Z}_3{}^2 \dot{Z}_2(\dot{Z}_1 + \dot{Z}_2)}{(\dot{Z}_1 + \dot{Z}_2 + \dot{Z}_3)(\dot{Z}_2 + \dot{Z}_3)}}$$

となり，伝達定数は次のようになる．

$$\dot{\theta} = \tanh^{-1}\sqrt{\frac{\dot{Z}_{1s}}{\dot{Z}_{1f}}} = \tanh^{-1}\sqrt{\frac{\dot{Z}_2(\dot{Z}_1 + \dot{Z}_2 + \dot{Z}_3)}{(\dot{Z}_1 + \dot{Z}_3)(\dot{Z}_2 + \dot{Z}_3)}}$$

6.6.3 影像パラメータによる縦続接続

図 6.19 に示すように，影像インピーダンスが $\dot{Z}_{01}, \dot{Z}_{02}, \cdots, \dot{Z}_{0n}, \dot{Z}_{0n+1}$ で，それぞれの伝達定数が $\dot{\theta}_1, \dot{\theta}_2, \dot{\theta}_n$ である n 個の二端子対回路網を縦続接続した場合，端子 n–n' より右にみた影像インピーダンスは $\dot{Z}_{0n}$ に等しく，順次このようにして端子 1–1′ より右にみたインピーダンスは $\dot{Z}_{01}$ となる．したがって，各回路網の出力側は影像インピーダンスで接続されていることになる．式 (6.72) より，次のようになる．

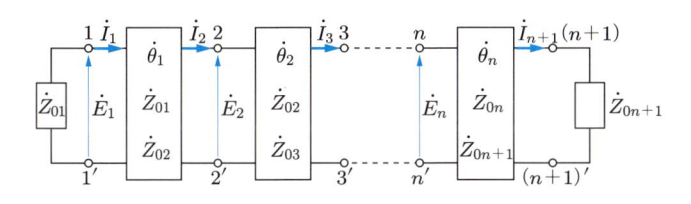

図 6.19 影像パラメータによる縦続接続

$$\frac{\dot{E}_1}{\dot{E}_2} = \sqrt{\frac{\dot{Z}_{01}}{\dot{Z}_{02}}}e^{\dot{\theta}_1}, \quad \cdots, \quad \frac{\dot{E}_n}{\dot{E}_{n+1}} = \sqrt{\frac{\dot{Z}_{0n}}{\dot{Z}_{0n+1}}}e^{\dot{\theta}_n} \tag{6.74}$$

これらを辺々乗じると,

$$\frac{\dot{E}_1}{\dot{E}_{n+1}} = \sqrt{\frac{\dot{Z}_{01}}{\dot{Z}_{0n+1}}}e^{\dot{\theta}_1+\dot{\theta}_2+\cdots+\dot{\theta}_n} \tag{6.75}$$

となる. 電流についても同様に, 式 (6.73) より,

$$\frac{\dot{I}_1}{\dot{I}_{n+1}} = \sqrt{\frac{\dot{Z}_{0n+1}}{\dot{Z}_{01}}}e^{\dot{\theta}_1+\dot{\theta}_2+\cdots+\dot{\theta}_n} \tag{6.76}$$

が得られる. したがって, 図 6.19 の合成二端子対回路網の影像インピーダンスは, 両端の影像インピーダンス $\dot{Z}_{01}, \dot{Z}_{0n+1}$ に等しく, 伝達定数は個々の伝達定数の和 $\dot{\theta}_1 + \dot{\theta}_2 + \cdots + \dot{\theta}_n$ に等しい. これを**加法定理** (addition theorem) という. このような影像パラメータの性質は, フィルタの設計に便利である.

6.6.4 対称二端子対回路と二等分定理

対称二端子対回路では, $\dot{A} = \dot{D}$ が成立し,

$$\left.\begin{array}{l}\dot{Z}_{01} = \dot{Z}_{02} = \sqrt{\dfrac{\dot{B}}{\dot{C}}} \\ \dot{Z}_{1s} = \dot{Z}_{2s}, \quad \dot{Z}_{1f} = \dot{Z}_{2f}\end{array}\right\} \tag{6.77}$$

が成立する. さらに, 図 6.20 に示すように軸 m–m′ で切断した場合, まったく相等しい 2 個の部分に分割され, さらに m–m′ 軸に関して 2 個の相対応する部分が, 全部重ねられる場合を**軸対称二端子対回路**という.

軸対称二端子対回路を取り扱うときは全体を考える必要はなく, 対称軸に関して二

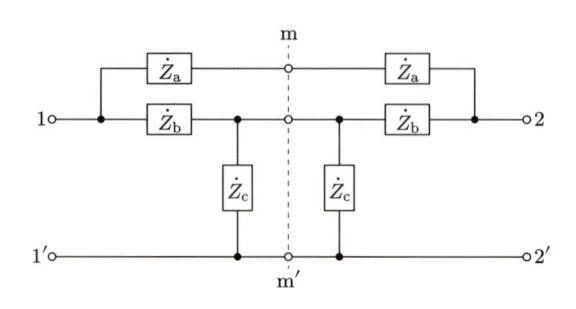

図 6.20 二等分定理

等分された半分のみ考えればいい．これを**二等分定理** (bisection theorem) という．

二等分定理を用いて，図 6.21 に示す影像インピーダンス $\dot{Z}_0$，伝達定数 $\dot{\theta}$ なる対称二端子対回路と等価な格子形回路を求める．

図 6.21 の対称二端子対回路を図 6.22 に示すように二等分し，端子 $\mathrm{m}_1, \mathrm{m}_2, \cdots, \mathrm{m}_n$ ができたとする．端子 1–1′ および 2–2′ にそれぞれ $\dot{E}$ なる電圧を加えた場合，各端子 $\mathrm{m}_1, \mathrm{m}_2, \cdots, \mathrm{m}_n$ に流れる電流は，重ねの理により端子 1–1′ および 2–2′ に単独に $\dot{E}$ なる電圧を加えたときの電流を重ねたものとなる．ところが，対称二端子対回路であるから両者の電流は打ち消し合い，端子 $\mathrm{m}_1, \mathrm{m}_2, \cdots, \mathrm{m}_n$ には電流は流れず，これらの端子を全部開放したことと同じである．端子 $\mathrm{m}_1, \mathrm{m}_2, \cdots, \mathrm{m}_n$ を全部開放したとき，端子 1–1′ からみたインピーダンス $\dot{Z}_f$ は，式 (6.70) で $\dot{E}_1 = \dot{E}_2 = \dot{E}$，$\dot{I}_1 = \dot{I}_2$ とすると，次のようになる．

$$\dot{Z}_f = \frac{\dot{E}_1}{\dot{I}_1} = \frac{\dot{Z}_0 \sinh \dot{\theta}}{\cosh \dot{\theta} - 1} = \dot{Z}_0 \coth \frac{\dot{\theta}}{2} \tag{6.78}$$

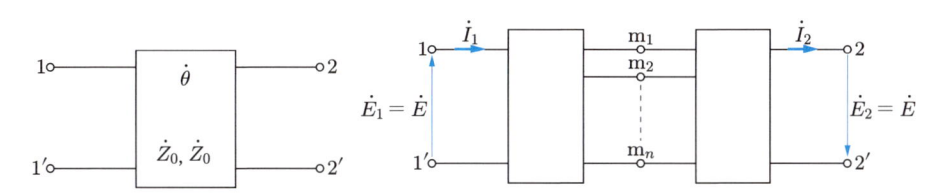

図 6.21　対称二端子対回路

図 6.22　対称二端子対回路の二等分 (1)

また，図 6.23 のように，端子 1–1′ に $\dot{E}$，端子 2–2′ に $(-\dot{E})$ なる電圧を加えた場合，重ねの理と回路の対称性から端子 $\mathrm{m}_1, \mathrm{m}_2, \cdots, \mathrm{m}_n$ 間の電圧は 0 となり，これらの端子を短絡したことと同じである．端子 $\mathrm{m}_1, \mathrm{m}_2, \mathrm{m}_n$ を短絡したとき，端子 1–1′ からみたインピーダンス $\dot{Z}_s$ は，式 (6.70) で $\dot{E}_1 = -\dot{E}_2 = \dot{E}$，$\dot{I}_1 = \dot{I}_2$ とおくと，次のようになる．

$$\dot{Z}_s = \frac{\dot{E}_1}{\dot{I}_1} = \frac{\dot{Z}_0 \sinh \dot{\theta}}{\cosh \dot{\theta} + 1} = \dot{Z}_0 \tanh \frac{\dot{\theta}}{2} \tag{6.79}$$

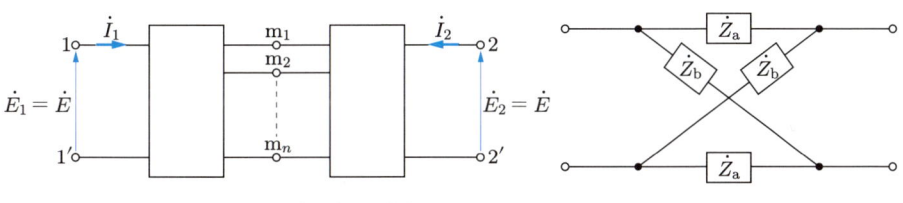

図 6.23　対称二端子対回路の二等分 (2)

図 6.24　格子形回路

一方，図 6.24 の格子形回路の影像パラメータは，次のように求められる．例題 6.5 で $\dot{Z}_1 = \dot{Z}_4 = \dot{Z}_a, \dot{Z}_2 = \dot{Z}_3 = \dot{Z}_b$ とすると，

$$\left.\begin{aligned} \dot{A} &= \frac{\dot{Z}_a + \dot{Z}_b}{\dot{Z}_a - \dot{Z}_b} = \dot{D} \\ \dot{B} &= \frac{2\dot{Z}_a \dot{Z}_b}{\dot{Z}_a - \dot{Z}_b} \\ \dot{C} &= \frac{2}{\dot{Z}_a - \dot{Z}_b} \end{aligned}\right\} \tag{6.80}$$

が得られる．したがって，

$$\dot{Z}_{01} = \dot{Z}_{02} = \dot{Z}_0 = \sqrt{\frac{\dot{B}}{\dot{C}}} = \sqrt{\dot{Z}_a \dot{Z}_b} \tag{6.81}$$

$$\tanh \frac{\dot{\theta}}{2} = \sqrt{\frac{\dot{Z}_a}{\dot{Z}_b}} \tag{6.82}$$

となる．式 (6.81), (6.82) より，

$$\dot{Z}_a = \dot{Z}_0 \tanh \frac{\dot{\theta}}{2} \tag{6.83}$$

$$\dot{Z}_b = \dot{Z}_0 \coth \frac{\dot{\theta}}{2} \tag{6.84}$$

となる．式 (6.78), (6.79), (6.83), (6.84) より，対称二端子対回路と等価な格子形回路を求めるには，対称二端子対回路を二等分したときの開放インピーダンス $\dot{Z}_f$，短絡インピーダンス $\dot{Z}_s$ を求め，図 6.25 のように作ればよい．

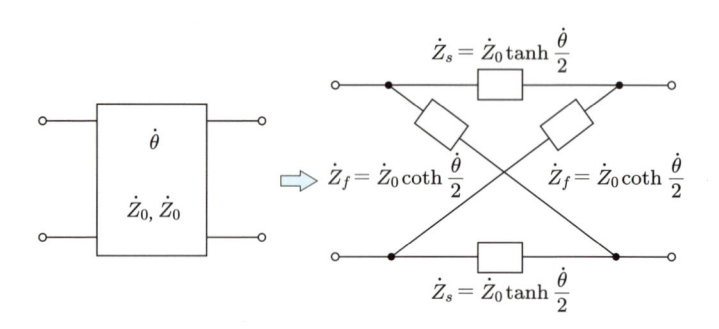

図 6.25　対称二端子対回路と等価な格子形回路

例題 6.10 図 6.26 のような π 形回路と等価な格子形回路を求めよ．

解 図 6.26 を書き換えると，図 6.27(a) のようになり，対称軸で切断すると図 (b) のようになる．図 (b) において開放，短絡インピーダンス $\dot{Z}_f, \dot{Z}_s$ は，それぞれ

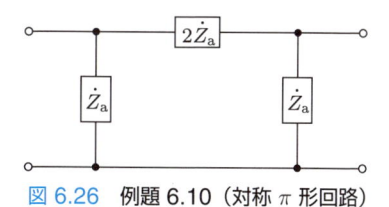

$$\dot{Z}_f = \dot{Z}_a, \quad \dot{Z}_s = \frac{\dot{Z}_a \dot{Z}_b}{\dot{Z}_a + \dot{Z}_b}$$

となる．したがって，等価回路は図 (c) のようになる．

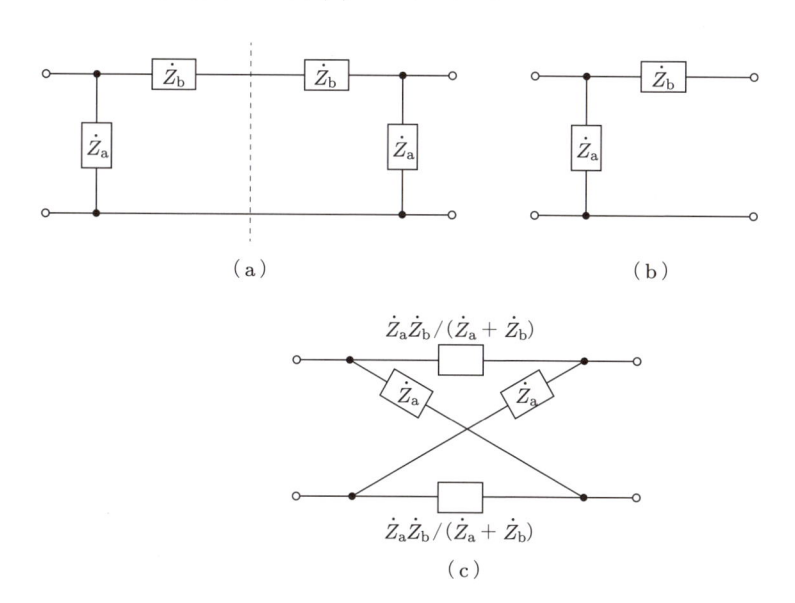

図 6.26 例題 6.10（対称 π 形回路）

図 6.27 例題 6.10 ［解］

演習問題

6.1 問図 6.1(a), (b), (c) に示す二端子対回路の四端子定数を求めよ．

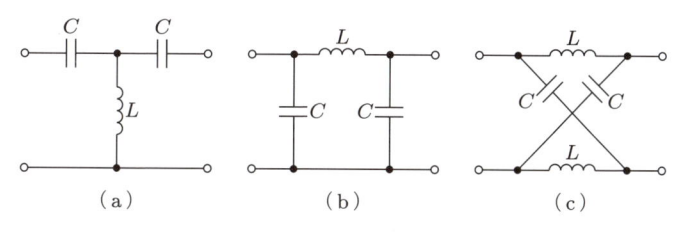

問図 6.1

6.2 問図 6.2 に示す両側同調変成器の四端子定数を求めよ．

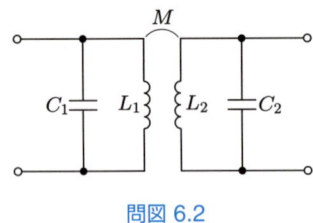

問図 6.2

6.3 問図 6.3(a), (b), (c) に示す二端子対回路の影像パラメータを求めよ．

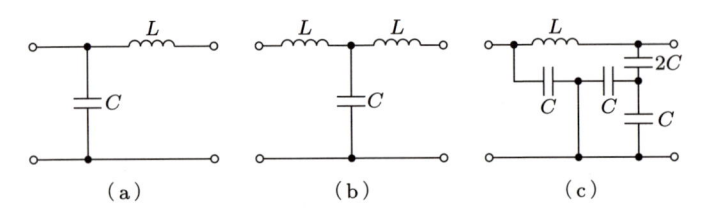

(a) (b) (c)

問図 6.3

6.4 問図 6.4 に示す T 形回路と等価な格子形回路を作れ．

6.5 問図 6.5 に示す橋絡 T 形回路のアドミタンスパラメータを求めよ．

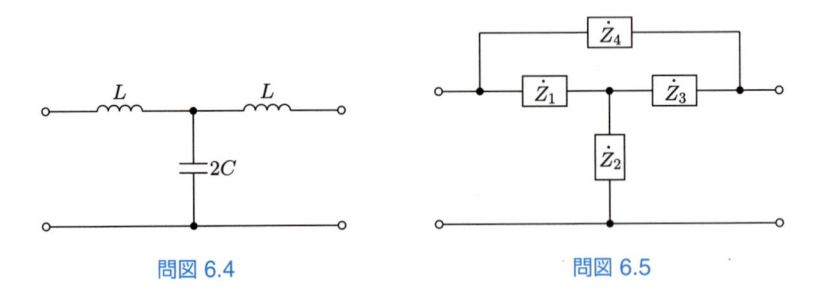

問図 6.4　　　　　問図 6.5

第7章 ひずみ波交流

前章までは，電圧・電流を正弦波として取り扱ってきたが，実際にはひずんだ波形をもつ場合も少なくない．しかし，線形回路で定常状態を考える場合，ひずみ波形の電圧・電流も電源電圧が正弦波であれば，一定の周期をもった時間の関数となる．この章では，このようなひずみ波交流の取り扱いについて述べる．

7.1 ひずみ波交流とフーリエ級数

図 7.1 に示すように，正弦波ではない波形の電圧が周期 T で繰り返されているような場合には，これが回路に加えられるとどのような電流が流れ，どのような電力が消費されるかを考える．通常，交流電源を考えるときは正弦波を扱うわけであるが，正弦波がひずんでいるものを**ひずみ波交流**という．このようなひずみは回路が非線形な場合に発生する非線形ひずみといわれるものがおもなもので，具体的には磁性材料を使用したコイルや半導体素子を含む回路において発生する可能性がある．

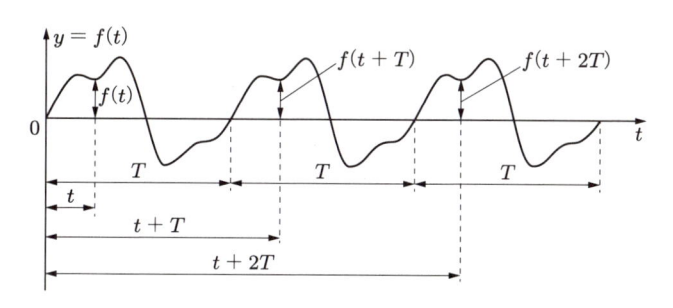

図 7.1 ひずみ波交流の例

図 7.1 のような周期性のある波形を表示するのに便利なのが**フーリエ級数**である．これは，ひずみ波交流の周期 T の周波数 f の正弦波および余弦波を**基本波** (fundamental wave) とし，それらと f の整数倍の周波数の正弦波および余弦波の和で表現しようとするものである．ここで，基本波の 2 倍以上の部分を**高調波** (higher harmonics) というが，2 倍の周波数 $2f$ の成分を**第 2 高調波** (second harmonic)，$3f$ の周波数成分を**第 3 高調波** (third harmonic) などのようにいう．フーリエ級数により表示するこ

とをフーリエ級数による展開といい，それは次のようなものである．

図 7.1 で t が 0 から T の間のひずみ波交流の時間関数を $f(t)$ とするとき，

$$f(t) = f(t+nT) \tag{7.1}$$

と示されるものが**周期関数**である．ただし，$n = 1, 2, 3, \cdots$ の整数である．$f(t)$ が基本波とその高調波で表現できるとすると，$\omega = 2\pi f = 2\pi/T$ であるから，

$$f(t) = a_0 + a_1 \cos\omega t + a_2 \cos 2\omega t + \cdots + a_n \cos n\omega t + \cdots$$
$$+ b_1 \sin\omega t + b_2 \sin 2\omega t + \cdots + b_n \sin n\omega t + \cdots \tag{7.2}$$

となる．ここで，係数の a_n, b_n を定めることができれば，$f(t)$ をフーリエ級数で表現したことになる．この級数は理論上無限級数で示されるものである．式 (7.2) で a_0 は直流分であり，$a_1 \cos\omega t$ と $b_1 \sin\omega t$ が基本波で，その他はすべて高調波である．ひずみ波交流をフーリエ級数で展開すると，回路の応答は各周波数成分の応答の和として与えられるので，容易に計算することができる．

7.2 フーリエ級数の係数

式 (7.2) の各係数を求める方法は次のようなものである．

(a) a_0 を求める方法：$f(t)$ という時間関数を

$$\omega t = 2\pi f t = \theta \tag{7.3}$$

のように角度の変数で示すと，式 (7.2) は

$$f(\theta) = a_0 + a_1 \cos\theta + a_2 \cos 2\theta + \cdots + b_1 \sin\theta + b_2 \sin 2\theta + \cdots \tag{7.4}$$

となる．ここで，a_0 を求めるために $f(\theta)$ を基本波の 1 周期にわたって積分すると，

$$\int_0^{2\pi} f(\theta)\,d\theta = \int_0^{2\pi} a_0\,d\theta + \int_0^{2\pi} a_1\cos\theta\,d\theta + \int_0^{2\pi} a_2\cos 2\theta\,d\theta + \cdots$$
$$+ \int_0^{2\pi} b_1\sin\theta\,d\theta + \int_0^{2\pi} b_2\sin 2\theta\,d\theta + \cdots \tag{7.5}$$

となる．式 (7.5) 右辺の積分は第 1 項を除き，すべて 0 となるから，a_0 は

$$a_0 = \frac{1}{2\pi} \int_0^{2\pi} f(\theta)\,d\theta \tag{7.6}$$

となり，$f(\theta)$ を積分することで求められる．a_0 は $f(\theta)$ の直流分を示しているが，図 7.1 で $f(\theta)$ の正の側と負の側の面積差を示している．

(b) a_n を求める方法：基本波の振幅 a_1 を求めるには，式 (7.4) の両辺に $\cos\theta$ を乗

じて 0 から 2π まで積分すると，

$$\int_0^{2\pi} f(\theta)\cos\theta\,\mathrm{d}\theta$$
$$= \int_0^{2\pi} a_0 \cos\theta\,\mathrm{d}\theta + \int_0^{2\pi} a_1 \cos^2\theta\,\mathrm{d}\theta + \int_0^{2\pi} a_2 \cos 2\theta \cos\theta\,\mathrm{d}\theta +$$
$$\cdots + \int_0^{2\pi} b_1 \sin\theta \cos\theta\,\mathrm{d}\theta + \int_0^{2\pi} b_2 \sin 2\theta \cos\theta\,\mathrm{d}\theta + \cdots \tag{7.7}$$

となる．式 (7.7) 右辺は第 2 項を除きすべて 0 となるから，

$$\int_0^{2\pi} f(\theta)\cos\theta\,\mathrm{d}\theta = a_1 \pi \tag{7.8}$$

となり，よって，a_1 は

$$a_1 = \frac{1}{\pi}\int_0^{2\pi} f(\theta)\cos\theta\,\mathrm{d}\theta \tag{7.9}$$

のように求められる．同様に，第 2 高調波の場合には $\cos 2\theta$ を乗じて求められるから，一般に，第 n 高調波ではその係数 a_n が次式で与えられる．

$$a_n = \frac{1}{\pi}\int_0^{2\pi} f(\theta)\cos n\theta\,\mathrm{d}\theta \tag{7.10}$$

(c) b_n を求める方法： a_n を求める方法と同様に，b_n を求めることができる．つまり，基本波の振幅 b_1 を求めるには，式 (7.4) の両辺に $\sin\theta$ を乗じて 0 から 2π まで積分すると，右辺では b_1 を含む項以外はすべて 0 となるので，

$$b_1 = \frac{1}{\pi}\int_0^{2\pi} f(\theta)\sin\theta\,\mathrm{d}\theta \tag{7.11}$$

となる．これを一般に第 n 高調波の場合で求めると，次のようになる．

$$b_n = \frac{1}{\pi}\int_0^{2\pi} f(\theta)\sin n\theta\,\mathrm{d}\theta \tag{7.12}$$

以上の方法から明らかなように，各係数はその成分の波を $f(\theta)$ に乗じて，基本波の 1 周期にわたって積分することで求められる．したがって，フーリエ級数に展開できるためには，$f(\theta)$ が周期関数であることと，積分が有限確定値をもつことが必要である．また，フーリエ級数へ展開する考え方の基本には，三角関数が互いに異なる三角関数の積を基本となる周期で積分すると 0 となる性質があるからである．これを**関数の直交性** (orthogonality) といい，直交性のある関数を**直交関数** (orthogonal function) という．さらに，フーリエ級数へ展開するとき，理論的には無限大の項数を必要とす

るが，実際上は高次の高調波になるほどその係数が小さくなるので，ある有限な項数で表現しても差し支えない．

7.3 フーリエ級数の種々の表現

ある時間関数 $f(t)$ をフーリエ級数に展開して式 (7.2) のように表されるとしたとき，通常，次式のように示す．

$$f(t) = a_0 + \sum_{n=1}^{\infty}(a_n \cos n\omega t + b_n \sin n\omega t) \tag{7.13}$$

式 (7.13) において，同じ周波数の成分を一つにまとめると，

$$f(t) = a_0 + \sum_{n=1}^{\infty} A_n \sin(n\omega t + \phi_n) \tag{7.14}$$

と示すこともできる．ただし，

$$A_n = \sqrt{a_n{}^2 + b_n{}^2}, \quad \phi_n = \tan^{-1}\frac{a_n}{b_n} \tag{7.15}$$

である．

変数として θ を用いると，次のようになる．

$$f(\theta) = a_0 + \sum_{n=1}^{\infty}(a_n \cos n\theta + b_n \sin n\theta) \tag{7.16}$$

$$= a_0 + \sum_{n=1}^{\infty} A_n \sin(n\theta + \phi_n) \tag{7.17}$$

さらに，フーリエ級数を**複素指数関数形**で表すと，式 (7.16) を指数関数で表現すればよいから，

$$f(\theta) = \sum_{n=0}^{\infty}\left\{\frac{1}{2}(a_n - jb_n)e^{jn\theta} + \frac{1}{2}(a_n + jb_n)e^{-jn\theta}\right\} \tag{7.18}$$

となる．ここで，

$$c_n = \frac{a_n - jb_n}{2}, \quad \bar{c}_n = \frac{a_n + jb_n}{2} \tag{7.19}$$

とおくと，

$$f(\theta) = \sum_{n=0}^{\infty}(c_n e^{jn\theta} + \bar{c}_n e^{-jn\theta}) \tag{7.20}$$

のように表される．式 (7.20) において係数 c_n および $\bar{c}_n$ を求めるには，指数関数も

直交関数であるから，両辺に $e^{-jm\theta}$ $(m=1,2,\cdots)$ を乗じ，0 から 2π まで積分すると，

$$\int_0^{2\pi} f(\theta)e^{-jm\theta}\,d\theta = \int_0^{2\pi} \sum_{n=0}^{\infty}\{c_n e^{j(n-m)\theta} + \bar{c}_n e^{-j(n+m)\theta}\}\,d\theta \tag{7.21}$$

となり，$n \neq m$ の場合は式 (7.21) の右辺の積分はすべて 0 となる．$n = m$ の場合のみ

$$\int_0^{2\pi} f(\theta)e^{-jn\theta}\,d\theta = \int_0^{2\pi} c_n\,d\theta = 2\pi c_n \tag{7.22}$$

となるから，

$$c_n = \frac{1}{2\pi}\int_0^{2\pi} f(\theta)e^{-jn\theta}\,d\theta \tag{7.23}$$

となる．同様に，$\bar{c}_n$ を求めるには，式 (7.20) の両辺に $e^{jm\theta}$ を乗じて積分すると，$m = n$ の場合のみ積分値が得られ，

$$\bar{c}_n = \frac{1}{2\pi}\int_0^{2\pi} f(\theta)e^{jn\theta}\,d\theta \tag{7.24}$$

となる．式 (7.23), (7.24) より，c_n と $\bar{c}_n$ を求めるときの相違は，前者の n は正で，後者の n は負であることである．そこで，式 (7.23) で n を $-n$ と置き換えると $\bar{c}_n = c_{-n}$ となるので，次式のように簡単な形で表される．

$$f(\theta) = \sum_{n=-\infty}^{\infty} c_n e^{jn\theta} \tag{7.25}$$

また，$\theta = \omega t$ であるから，この関係を入れて時間関数として表すと，

$$f(t) = \sum_{n=-\infty}^{\infty} c_n e^{jn\omega t} \tag{7.26}$$

となり，c_n を求める式は積分範囲が 0 から T となるので，次のようになる．

$$c_n = \frac{1}{T}\int_0^T f(t)e^{-jn\omega t}\,dt \tag{7.27}$$

7.4 特別な波形のひずみ波交流

7.4.1 偶関数波（余弦波）

図 7.2 に示すように，**偶関数波**は，y 軸を対称軸とする波形で，

$$f(\theta) = f(-\theta) \tag{7.28}$$

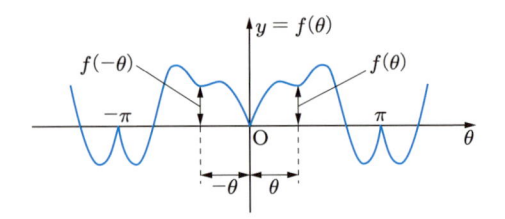

図 7.2　偶関数波の例

の条件を満たす波形である．

式 (7.16) より，

$$f(\theta) - f(-\theta) = \sum_{n=1}^{\infty} [a_n\{\cos n\theta - \cos(-n\theta)\} + b_n\{\sin n\theta - \sin(-n\theta)\}]$$

$$= \sum_{n=1}^{\infty} 2b_n \sin n\theta = 0 \tag{7.29}$$

となり，上式がつねに成立するためには，

$$b_n = 0 \tag{7.30}$$

となる必要がある．したがって，偶関数波のフーリエ級数は**余弦波**のみで表される．

例題 7.1　図 7.3 に示す**全波整流波形**をフーリエ級数に展開せよ．

解　$0 \leq \theta \leq \pi$ で $f(\theta) = A\sin\theta$，$-\pi \leq \theta \leq 0$ で $f(\theta) = -A\sin\theta$ である．したがって，$f(\theta)$ は偶関数である．

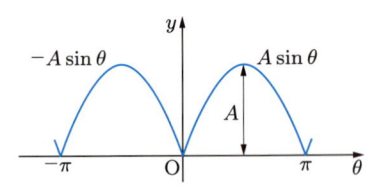

図 7.3　例題 7.1（全波整流波形）

$$b_n = 0$$

$$a_0 = \frac{1}{\pi}\int_0^{\pi} A\sin\theta\,d\theta = \frac{2A}{\pi}$$

$$a_n = \frac{2}{\pi}\int_0^{\pi} A\sin\theta\cos n\theta\,d\theta$$

$$= \frac{A}{\pi}\left\{-\frac{\cos(n+1)\pi}{n+1} + \frac{\cos(n-1)\pi}{n-1} + \frac{1}{n+1} - \frac{1}{n-1}\right\}$$

n が奇数のとき，$n = 2m - 1$ $(m = 1, 2, \cdots)$ とすると，

$$a_{2m-1} = \frac{A}{\pi}\left\{-\frac{\cos 2m\pi}{2m} + \frac{\cos 2(m-1)\pi}{2(m-1)} + \frac{1}{2m} - \frac{1}{2(m-1)}\right\} = 0$$

となる．n が偶数のとき，$n = 2m$ $(m = 1, 2, \cdots)$ とすると，

$$a_{2m} = \frac{-4A}{\pi(4m^2-1)}$$

となり，結局，次のようになる．

$$y = \frac{2A}{\pi}\left(1 - \sum_{m=1}^{\infty} \frac{2\cos 2m\theta}{4m^2-1}\right) \tag{7.31}$$

例題 7.2 図 7.4 に示す半波整流波形をフーリエ級数に展開せよ．

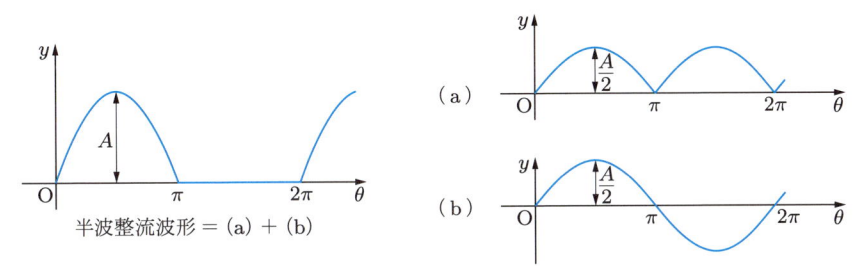

図 7.4 例題 7.2（半波整流波形）

解 $0 \leq \theta \leq \pi$ で $f(\theta) = A\sin\theta$, $\pi \leq \theta \leq 2\pi$ で $f(\theta) = 0$ である．まず，

$$a_0 = \frac{1}{2\pi}\int_0^\pi A\sin\theta\, d\theta = \frac{A}{\pi}$$

となり，

$$a_n = \frac{A}{\pi}\int_0^\pi \sin\theta\cos n\theta\, d\theta$$

となるが，これは全波整流波形の場合と同じで，n が奇数のとき $a_n = 0$, n が偶数のとき

$$a_{2m} = \frac{-2A}{\pi(4m^2-1)}$$

となる．また，

$$b_n = \frac{A}{\pi}\int_0^\pi \sin\theta\sin n\theta\, d\theta = \frac{A}{2\pi}\left[\frac{\sin(n-1)\theta}{n-1} - \frac{\sin(n+1)\theta}{n+1}\right]_0^\pi$$

となり，$n \neq 1$ のとき $b_n = 0$ で，$n = 1$ のとき

$$b_1 = \frac{A}{2\pi}\int_0^\pi (1-\cos 2\theta)\, d\theta = \frac{A}{2\pi}\left[\theta - \frac{1}{2}\sin 2\theta\right]_0^\pi = \frac{A}{2}$$

となる．したがって，

$$y = \frac{A}{\pi}\left(1 - \sum_{m=1}^{\infty}\frac{2\cos 2m\theta}{4m^2 - 1}\right) + \frac{A}{2}\sin\theta \tag{7.32}$$

となり，半波整流波は，図 7.4(a) と (b) の和となる．

7.4.2 奇関数波（正弦波）

図 7.5 に示すように，**奇関数波**は，原点対称の波形で，

$$f(\theta) = -f(-\theta) \tag{7.33}$$

の条件を満たす波形である．式 (7.16) より，

$$f(\theta) + f(-\theta)$$
$$= 2a_0 + \sum_{n=1}^{\infty}[a_n\{\cos n\theta + \cos(-n\theta)\} + b_n\{\sin n\theta + \sin(-n\theta)\}]$$
$$= 2a_0 + \sum_{n=1}^{\infty}2a_n\cos n\theta = 0 \tag{7.34}$$

となる．上式がつねに成立するためには，

$$a_0 = 0, \quad a_n = 0 \tag{7.35}$$

となることが必要である．この場合は**正弦波**のみの級数で表される．

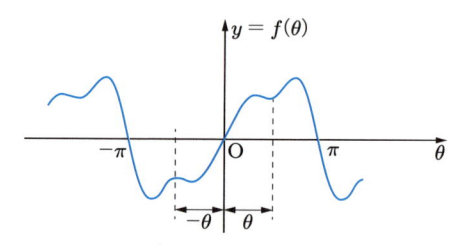

図 7.5 奇関数波の例

例題 7.3 図 7.6 に示す**方形波** $f(\theta)$ をフーリエ級数に展開せよ．

解 奇関数で，7.4.3 項の対称波に述べるように $f(\theta) = -f(\theta + \pi)$ である．したがって，

$$a_0 = a_n = 0$$

となり，

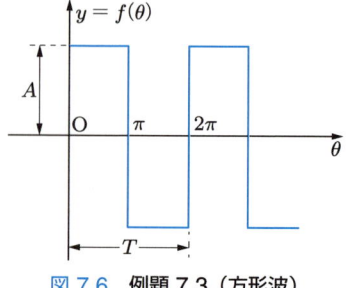

図 7.6 例題 7.3（方形波）

$$b_{2m-1} = \frac{2}{\pi}\int_0^\pi f(\theta)\sin(2m-1)\theta\,\mathrm{d}\theta$$

となる．$0 < \theta < \pi$ で，$f(\theta) = A$ であるから，

$$b_{2m-1} = \frac{2A}{\pi}\frac{-1}{2m-1}\Bigl[\cos(2m-1)\theta\Bigr]_0^\pi = \frac{4A}{\pi}\frac{1}{2m-1}$$

となり，次のようになる．

$$f(\theta) = \frac{4A}{\pi}\sum_{m=1}^\infty \frac{\sin(2m-1)\theta}{2m-1} \tag{7.36}$$

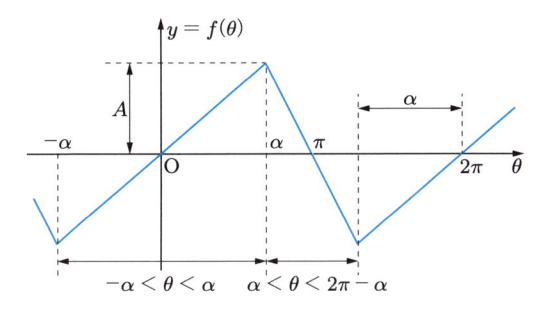

例題 7.4 図 7.7 に示す**三角波**をフーリエ級数に展開せよ．

図 7.7　例題 7.4（三角波）

解　図 7.7 の三角波は奇関数波で，$a_0 = 0$, $a_n = 0$ である．また，

$$f(\theta) = \begin{cases} \dfrac{A\theta}{\alpha} & (-\alpha \le \theta \le \alpha) \\[2mm] \dfrac{A(\pi-\theta)}{\pi-\alpha} & (\alpha \le \theta \le 2\pi-\alpha) \end{cases}$$

であるから，

$$b_n = \frac{2}{\pi}\left\{\int_0^\alpha \frac{A\theta}{\alpha}\sin n\theta\,\mathrm{d}\theta + \int_\alpha^\pi \frac{A}{\pi-\alpha}(\pi-\theta)\sin n\theta\,\mathrm{d}\theta\right\} = \frac{2A\sin n\alpha}{n^2\alpha(\pi-\alpha)}$$

となり，次のようになる．

$$f(\theta) = \frac{2A}{\alpha(\pi-\alpha)}\sum_{n=1}^\infty \frac{\sin n\alpha \sin n\theta}{n^2} \tag{7.37}$$

例題 7.5 図 7.8 に示す**のこぎり波**をフーリエ級数に展開せよ．

解　図 7.8 ののこぎり波は，例題 7.4 の三角波で $\alpha = 0$ の場合である．したがって，

$$b_n = \lim_{\alpha \to 0}\frac{2A\sin n\alpha}{n^2\alpha(\pi-\alpha)} = \frac{2A}{n\pi}$$

となり，次のようになる．

$$f(\theta) = \frac{2A}{\pi} \sum_{n=1}^{\infty} \frac{\sin n\theta}{n} \tag{7.38}$$

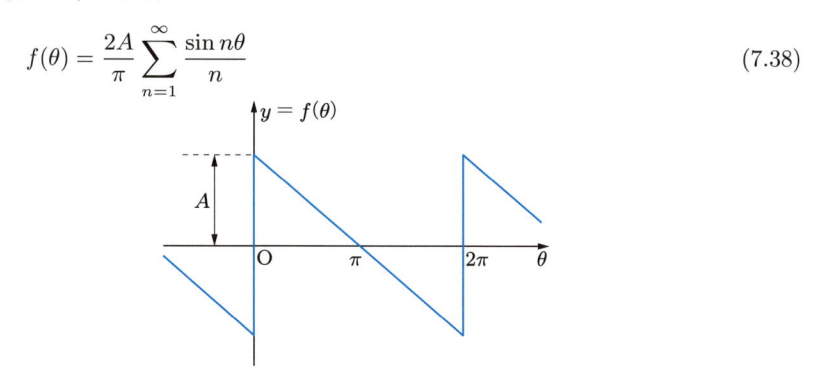

図 7.8　例題 7.5（のこぎり波）

例題 7.6　図 7.9 に示すのこぎり波をフーリエ級数に展開せよ．

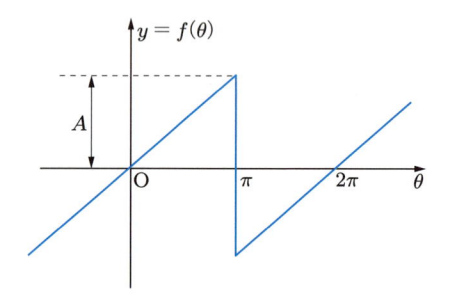

図 7.9　例題 7.6（のこぎり波）

解　図 7.9 ののこぎり波は，例題 7.4 の三角波で，$\alpha = \pi$ の場合である．したがって，

$$b_n = \lim_{\alpha \to \pi} \frac{2A \sin n\alpha}{n^2 \alpha(\pi - \alpha)} = \lim_{\alpha \to \pi} \frac{2An \cos n\alpha}{n^2(\pi - 2\alpha)} = \frac{2A}{n\pi}(-1)^{n-1}$$

となり，次のようになる．

$$f(\theta) = \frac{2A}{\pi} \sum_{n=1}^{\infty} \frac{(-1)^{n-1} \sin n\theta}{n} \tag{7.39}$$

7.4.3　対称波

図 7.10 に示すように，第 1 象限の波形を x 軸で第 4 象限に折り返し，π だけ進めた波形で，

$$y = f(\theta) = -f(\theta + \pi) \tag{7.40}$$

の条件を満足する．

7.4 特別な波形のひずみ波交流

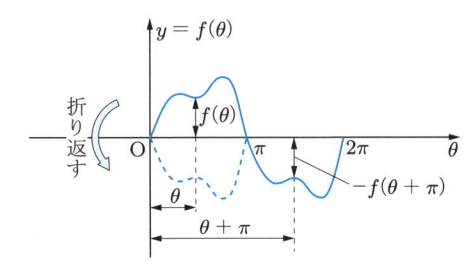

図 7.10 対称波の例

図 7.10 より，1 周期の正，負側の面積は等しいから直流分はない．一般式を式 (7.14) の $\omega t = \theta$ の形にとると，

$$f(\theta) + f(\theta + \pi)$$
$$= 2a_0 + \sum_{n=1}^{\infty} A_n[\sin(n\theta + \phi_n) + \sin\{n(\theta + \pi) + \phi_n\}] = 0$$

となる．上式を満足する条件は，$a_0 = 0$ および

$$A_n\{\sin(n\theta + \phi_n) + \sin(n\theta + \phi_n + n\pi)\} = 0$$

である．$A_n \neq 0$ の場合，

$$\sin(n\theta + \phi_n) = -\sin(n\theta + \phi_n + n\pi)$$

となり，これは n が奇数であれば成立するから，$n = 2m - 1 \ (m = 1, 2, \cdots)$ とすると，

$$\left.\begin{array}{l} a_0 = 0 \\ a_{2m-1} = \dfrac{2}{\pi}\displaystyle\int_0^\pi f(\theta)\cos(2m-1)\theta \, d\theta \\ b_{2m-1} = \dfrac{2}{\pi}\displaystyle\int_0^\pi f(\theta)\sin(2m-1)\theta \, d\theta \end{array}\right\} \quad (7.41)$$

となる．

例題 7.7 図 7.11 に示す**台形波**をフーリエ級数に展開せよ．

解 図 7.11 より，
$$f(\theta) = -f(\theta + \pi),$$
$$f(\theta) = -f(-\theta)$$
で，奇関数波である．$0 \leq \theta \leq \alpha$ で $f(\theta)$

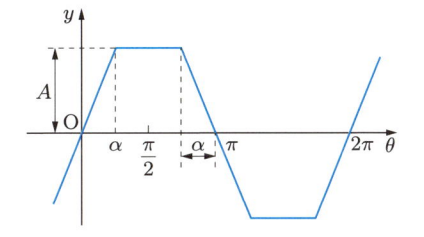

図 7.11 例題 7.7（台形波）

$= A\theta/\alpha$, $\alpha \leq \theta \leq \pi/2$ で $f(\theta) = A$ である.

$$b_{2m-1} = \frac{4}{\pi}\left\{\int_0^\alpha \frac{A\theta}{\alpha}\sin(2m-1)\theta\,\mathrm{d}\theta + \int_\alpha^{\pi/2} A\sin(2m-1)\theta\,\mathrm{d}\theta\right\}$$

$$= \frac{4A}{\pi\alpha(2m-1)^2}\sin(2m-1)\alpha$$

$$f(\theta) = \frac{4A}{\pi\alpha}\sum_{m=1}^\infty \frac{\sin(2m-1)\alpha\sin(2m-1)\theta}{(2m-1)^2} \tag{7.42}$$

例題 7.8 図 7.12 に示す**二等辺三角波**をフーリエ級数に展開せよ.

解 $f(\theta) = -f(\theta+\pi)$, $f(\theta) = -f(-\theta)$ で奇関数波である. $0 \leq \theta \leq \pi/2$ で $f(\theta) = 2A/\pi\theta$, $\pi/2 \leq \theta \leq \pi$ で $f(\theta) = 2A(\pi-\theta)/\pi$ となり,

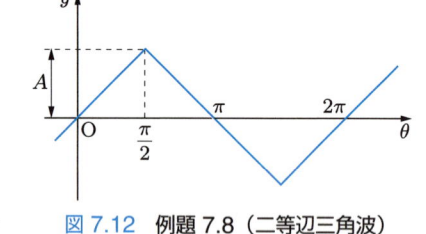

$$b_n = \frac{2}{\pi}\left\{\int_0^{\pi/2}\frac{2A}{\pi}\theta\sin n\theta\,\mathrm{d}\theta \right.$$
$$\left. + \int_{\pi/2}^\pi \frac{2A}{\pi}(\pi-\theta)\sin n\theta\,\mathrm{d}\theta\right\} = \frac{8A}{n^2\pi^2}\sin n\frac{\pi}{2}$$

図 7.12 例題 7.8（二等辺三角波）

となる. $n = 2m-1\,(m=1,2,\cdots)$ のとき,

$$b_{2m-1} = \frac{8A}{\pi^2}\frac{1}{(2m-1)^2}\sin(2m-1)\frac{\pi}{2}$$

となり, $n = 2m\,(m=1,2,\cdots)$ のとき,

$$b_{2m} = 0$$

となる. したがって, 次のようになる.

$$f(\theta) = \frac{8A}{\pi^2}\sum_{m=1}^\infty \frac{(-1)^{m-1}}{(2m-1)^2}\sin(2m-1)\theta \tag{7.43}$$

例題 7.9 図 7.13 に示す**方形波**をフーリエ級数に展開せよ.

解 $f(\theta) = f(-\theta)$, $f(\theta) = -f(\theta+\pi)$ で, 偶関数波でかつ対称波であるから, $a_0 = b_n = 0$ である. また,

$$a_{2m-1} = \frac{2}{\pi}\int_{-\pi/2}^{\pi/2} f(\theta)\cos(2m-1)\theta\,\mathrm{d}\theta$$

となり, $-\pi/2 \leq \theta \leq \pi/2$ で $f(\theta) = A$ であるから,

$$a_{2m-1} = \frac{4A}{\pi}\frac{(-1)^{m+1}}{2m-1}$$

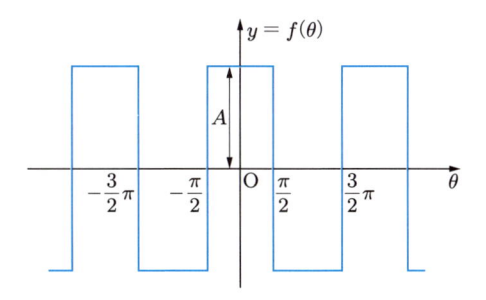

図 7.13 例題 7.9（方形波）

となり，次のようになる．

$$f(\theta) = \frac{4A}{\pi} \sum_{m=1}^{\infty} \frac{(-1)^{m+1} \cos(2m-1)\theta}{2m-1} \tag{7.44}$$

また，図 7.14(a) に示す方形波の場合は，図 (b) に示すような波形の和となるから，

$$f(\theta) = \frac{2A}{\pi} \sum_{m=1}^{\infty} \frac{(-1)^{m+1} \cos(2m-1)\theta}{2m-1} + \frac{A}{2}$$

$$= A \left\{ \frac{1}{2} + \frac{2}{\pi} \sum_{m=1}^{\infty} \frac{(-1)^{m+1} \cos(2m-1)\theta}{2m-1} \right\} \tag{7.45}$$

となる．

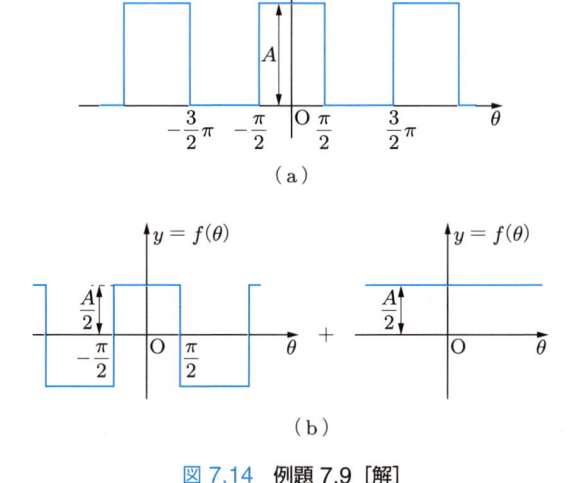

(a)

(b)

図 7.14 例題 7.9 [解]

なお，表 7.1 に，ここまで述べた代表的な波形のフーリエ級数と，それらの波形の実効値をまとめて示す．

表 7.1 ひずみ波

名　称	波　形	フーリエ級数	実効値
正弦波		$A\sin\theta$	$\dfrac{A}{\sqrt{2}} = 0.707\,A$
全波整流波		$\dfrac{2A}{\pi} - \dfrac{2A}{\pi}\displaystyle\sum_{m=1}^{\infty}\dfrac{2\cos 2m\theta}{4m^2-1}$	$\dfrac{A}{\sqrt{2}} = 0.707\,A$
半波整流波		$\dfrac{A}{\pi} + \dfrac{A}{2}\sin\theta - \dfrac{2A}{\pi}\displaystyle\sum_{m=1}^{\infty}\dfrac{\cos 2m\theta}{4m^2-1}$	$\dfrac{A}{2} = 0.5\,A$
二等辺三角波		$\dfrac{8A}{\pi^2}\displaystyle\sum_{m=1}^{\infty}(-1)^{m+1}\dfrac{\sin(2m-1)\theta}{(2m-1)^2}$	$\dfrac{A}{\sqrt{3}} = 0.577\,A$
方形波		$\dfrac{4A}{\pi}\displaystyle\sum_{m=1}^{\infty}\dfrac{\sin(2m-1)\theta}{2m-1}$	A
のこぎり波		$\dfrac{2A}{\pi}\displaystyle\sum_{n=1}^{\infty}(-1)^{n+1}\dfrac{\sin n\theta}{n}$	$\dfrac{A}{\sqrt{3}} = 0.577\,A$
三角波		$\dfrac{2A}{\alpha(\pi-\alpha)}\displaystyle\sum_{n=1}^{\infty}\dfrac{\sin n\alpha}{n^2}\sin n\theta$	$\dfrac{A}{\sqrt{3}} = 0.577\,A$
台形波		$\dfrac{4A}{\pi\alpha}\displaystyle\sum_{n=1}^{\infty}\dfrac{\sin(2n-1)\alpha}{(2n-1)^2}\sin(2n-1)\theta$	$A\sqrt{1-\dfrac{4\alpha}{3\pi}}$

7.5 任意な波形のフーリエ級数の求め方

$f(\theta)$ が θ の関数として数式で表せる場合は，これまで述べた方法でフーリエ級数を求めることができるが，1 周期の波形が図形で与えられた場合は次のようにして求める．

7.5 任意な波形のフーリエ級数の求め方

図 7.15 のように 1 周期 2π を m 等分し，$\theta_k = \omega t_k = k(2\pi/m)$ ($k = 0, 1, 2, \cdots, m-1$) とすると，式 (7.2) は

$$f(\theta_k) \fallingdotseq a_0 + a_1 \cos k\frac{2\pi}{m} + a_2 \cos 2k\frac{2\pi}{m} + \cdots + a_n \cos nk\frac{2\pi}{m}$$
$$+ b_1 \sin k\frac{2\pi}{m} + b_2 \sin 2k\frac{2\pi}{m} + \cdots + b_n \sin nk\frac{2\pi}{m} \tag{7.46}$$

となる．

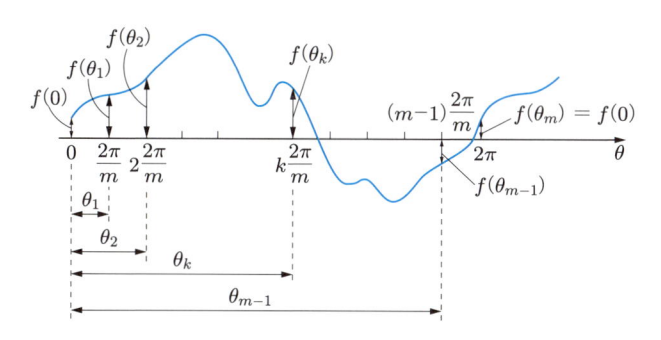

図 7.15　任意な波形

いま，m 個の θ_k について図形から $f(\theta_k)$ を求め，式 (7.46) に代入すると，$a_0, a_1, a_2, \cdots, a_n$ および $b_1, b_2, \cdots, b_n$ を未知数とする m 個の方程式が得られる．したがって，$f(\theta)$ を第 n 高調波までで表す場合，未知数の数は $(2n+1)$ 個となり，m を $(2n+1)$ と選べば，各係数 $(a_0, a_1, a_2, \cdots, a_n, b_1, b_2, \cdots, b_n)$ は連立方程式を解いて求められる．なお，近似的には次式より求められる．

$$\left.\begin{aligned}
a_0 &= \frac{1}{2\pi}\int_0^{2\pi} f(\theta)\,\mathrm{d}\theta \fallingdotseq \frac{1}{2\pi}\sum_{k=0}^{m-1} f(\theta_k)\frac{2\pi}{m} = \frac{1}{m}\sum_{k=0}^{m-1} f(\theta_k) \\
a_i &= \frac{1}{\pi}\int_0^{2\pi} f(\theta)\cos i\theta\,\mathrm{d}\theta \fallingdotseq \frac{1}{\pi}\sum_{k=0}^{m-1} f(\theta_k)\cos i\theta_k \frac{2\pi}{m} \\
&= \frac{2}{m}\sum_{k=0}^{m-1} f(\theta_k)\cos i\theta_k \\
b_i &= \frac{1}{\pi}\int_0^{2\pi} f(\theta)\sin i\theta\,\mathrm{d}\theta \fallingdotseq \frac{2}{m}\sum_{k=0}^{m-1} f(\theta_k)\sin i\theta_k \\
&\quad (ここで，\ i = 1, 2, 3, \cdots, n)
\end{aligned}\right\} \tag{7.47}$$

7.6 ひずみ波交流電圧と電流の実効値

7.6.1 ひずみ波交流電圧と電流

周期的なひずみ波交流電圧の瞬時値 v は，式 (7.13) より，

$$v = V_0 + \sum_{n=1}^{\infty}(V_{an}\cos n\omega t + V_{bn}\sin n\omega t)$$

$$= V_0 + \sum_{n=1}^{\infty} V_n \sin(n\omega t + \phi_n) \tag{7.48}$$

ただし，$V_n = \sqrt{V_{an}{}^2 + V_{bn}{}^2}$

$$\phi_n = \tan^{-1}(V_{an}/V_{bn})$$

と表される．

抵抗 R に式 (7.48) のひずみ波交流電圧 v を加えると，電流 i は

$$i = \frac{v}{R} = \frac{V_0}{R} + \sum_{n=1}^{\infty} \frac{V_n}{R}\sin(n\omega t + \phi_n)$$

となる．ここで，$I_0 = V_0/R, I_n = V_n/R\ (n=1,2,3,\cdots)$ とすれば，

$$i = I_0 + \sum_{n=1}^{\infty} I_n \sin(n\omega t + \phi_n) \tag{7.49}$$

となる．この場合，I_n/V_n は n により変化しないが，インダクタンス L に v を加えた場合，$I_n = V_n/n\omega L$ となり，n が大きいほど I_n/V_n は減少するので，電流波形は電圧波形より正弦波に近づく．また，コンデンサ C に v を加えた場合，$I_n = n\omega C V_n$ となり，n が大きいほど I_n/V_n は増加するので，電流波形は電圧波形よりひずむ．

次に，R–L–C 直列回路にひずみ波交流電圧 v を加えたときの電流 i は，C が直列に入るので $I_0 = 0$ となり，次のようになる．

$$i = \sum_{n=1}^{\infty} I_n \sin(n\omega t + \phi_n - \psi_n) \tag{7.50}$$

ここで，$I_n = \dfrac{V_n}{\sqrt{R^2 + (n\omega L - 1/n\omega C)^2}}$

$$\psi_n = \tan^{-1}\frac{n\omega L - 1/n\omega C}{R}$$

一般に，角周波数 $n\omega$ に対する回路の複素インピーダンスを $Z(jn\omega)$ とし，電圧 v を式 (7.26) より複素フーリエ級数で表すと，

$$v = V_0 + \sum_{n=1}^{\infty}\left\{\frac{1}{2}(V_{an}-jV_{bn})e^{jn\omega t} + \frac{1}{2}(V_{an}+jV_{bn})e^{-jn\omega t}\right\}$$

$$= \sum_{n=-\infty}^{\infty} V_n e^{jn\omega t} \tag{7.51}$$

となり，したがって，

$$i = \sum_{n=-\infty}^{\infty} \frac{V_n}{Z(jn\omega)} e^{jn\omega t} \tag{7.52}$$

となる．たとえば，R–L–C 直列回路の電流 i は次のようになる．

$$i = \sum_{n=-\infty}^{\infty} \frac{V_n}{R+j(n\omega L - 1/n\omega C)} e^{jn\omega t} \tag{7.53}$$

例題 7.10 図 7.16 のような抵抗 R とインダクタンス L との直列回路にひずみ波電圧

$$v = V_{1m}\sin\omega t + V_{3m}\sin 3\omega t\ [\text{V}]$$

を加えたときの電流を求めよ．

図 7.16 例題 7.10

解 インピーダンス $\dot{Z}$ は

$$\dot{Z} = R + j\omega L = \sqrt{R^2+\omega^2 L^2}\,e^{j\phi}$$

ただし，$\phi = \tan^{-1}\dfrac{\omega L}{R}$

である．回路に電圧

$$v_1 = V_{1m}\sin\omega t$$

だけが加えられたとすると，流れる電流 i_1 は

$$i_1 = \frac{V_{1m}}{|Z|}\sin(\omega t - \phi_1) = \frac{V_{1m}}{\sqrt{R^2+\omega^2 L^2}}\sin(\omega t - \phi_1)$$

ただし，$\phi_1 = \tan^{-1}\dfrac{\omega L}{R}$

となる．また，回路に電圧

$$v_3 = V_{3m}\sin 3\omega t$$

だけが加えられたとすると，流れる電流 i_3 は

$$i_3 = \frac{V_{3m}}{|Z|}\sin(3\omega t - \phi_3) = \frac{V_{3m}}{\sqrt{R^2+9\omega^2 L^2}}\sin(3\omega t - \phi_3)$$

ただし，$\phi_3 = \tan^{-1} \dfrac{3\omega L}{R}$

となる．求める電流 i は，式 (7.52) より，次のようになる．

$$i = i_1 + i_3$$
$$= \frac{V_{1m}}{\sqrt{R^2 + \omega^2 L^2}} \sin(\omega t - \phi_1) + \frac{V_{3m}}{\sqrt{R^2 + 9\omega^2 L^2}} \sin(3\omega t - \phi_3) \, [\text{A}]$$

7.6.2 ひずみ波交流電圧と電流の実効値

瞬時値が v なるひずみ波交流電圧の実効値 V は，第 3 章で述べた定義から，

$$V = \sqrt{\frac{1}{T} \int_0^T v^2 \, dt} \tag{7.54}$$

となる．いま，v を式 (7.48) で表すと，

$$\begin{aligned}
v^2 &= \{V_0 + V_1 \sin(\omega t + \phi_1) + V_2 \sin(2\omega t + \phi_2) + \cdots\}^2 \\
&= V_0{}^2 + V_1{}^2 \sin^2(\omega t + \phi_1) + V_2{}^2 \sin^2(2\omega t + \phi_2) + \cdots \\
&\quad + 2V_0\{V_1 \sin(\omega t + \phi_1) + V_2 \sin(2\omega t + \phi_2) + \cdots\} \\
&\quad + 2V_1 \sin(\omega t + \phi_1)\{V_2 \sin(2\omega t + \phi_2) + \cdots\} \\
&\quad + 2V_2 \sin(2\omega t + \phi_2)\{V_3 \sin(3\omega t + \phi_3) + \cdots\} \\
&\quad \vdots
\end{aligned} \tag{7.55}$$

となる．ここで，式 (7.54) を求めるため，まず次の積分値を求める．

$$\frac{1}{T} \int_0^T V_0{}^2 \, dt = V_0{}^2$$

$$\frac{1}{T} \int_0^T V_n{}^2 \sin^2(n\omega t + \phi_n) \, dt = \frac{V_n{}^2}{2T} \int_0^T \{1 - \cos 2(n\omega t + \phi_n)\} \, dt$$

$$= \frac{V_n{}^2}{2}$$

$$\frac{1}{T} \int_0^T V_0 V_n \sin(n\omega t + \phi_n) \, dt = 0$$

$$\frac{1}{T} \int_0^T V_l V_k \sin(l\omega t + \phi_l) \sin(k\omega t + \phi_k) \, dt$$

$$= \frac{V_l V_k}{2T} \int_0^T [\cos\{(l-k)\omega t + \phi_l - \phi_k\} - \cos\{(l+k)\omega t + \phi_l + \phi_k\}] \, dt$$

$$= 0$$

ただし，$n = 1, 2, 3, \cdots, l = 1, 2, 3, \cdots, k = 1, 2, 3, \cdots, l \neq k$ とする．

したがって，第 n 高調波の実効値を V_{ne} と表すと，式 (7.54) は

$$V = \sqrt{V_0{}^2 + \frac{1}{2}\sum_{n=1}^{\infty} V_n{}^2} = \sqrt{V_0{}^2 + \sum_{n=1}^{\infty} V_{ne}{}^2}$$

$$= \sqrt{V_0{}^2 + V_{1e}{}^2 + V_{2e}{}^2 + \cdots} \tag{7.56}$$

となる．同様に，第 n 高調波電流の波高値を I_n，実効値を I_{ne} とすれば，

$$I = \sqrt{I_0{}^2 + \frac{1}{2}\sum_{n=1}^{\infty} I_n{}^2} = \sqrt{I_0{}^2 + \sum_{n=1}^{\infty} I_{ne}{}^2} \tag{7.57}$$

となる．

例題 7.11 図 7.17 に示す全波整流波形の実効値を求めよ．

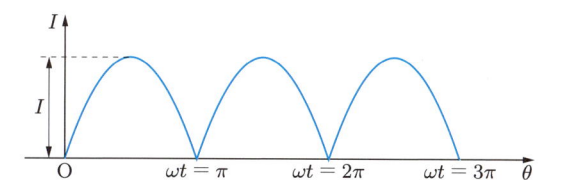

図 7.17 例題 7.11

解 電流の波高値を I とし，瞬時値を $i(\omega t)$ とすると，

$$i(\omega t) = \frac{2I}{\pi}\left(1 - \sum_{m=1}^{\infty} \frac{2}{4m^2 - 1}\cos 2m\omega t\right)$$

$$= \frac{2I}{\pi} + \sum_{m=1}^{\infty}\left(\frac{-2I}{\pi}\right)\left(\frac{2}{4m^2 - 1}\right)\cos 2m\omega t$$

となる．電流の実効値 I_e は次のようになる．

$$I_e = \sqrt{\left(\frac{2I}{\pi}\right)^2 + \sum_{m=1}^{\infty}\left(\frac{1}{\sqrt{2}}\right)^2\left(\frac{-2I}{\pi}\right)^2\left(\frac{2}{4m^2 - 1}\right)^2}$$

$$= \sqrt{\left(\frac{2I}{\pi}\right)^2 + \frac{1}{2}\left(\frac{2I}{\pi}\right)^2\left(\frac{2}{3}\right)^2 + \frac{1}{2}\left(\frac{2I}{\pi}\right)^2\left(\frac{2}{15}\right)^2 + \cdots}$$

$$= \sqrt{\left(\frac{2I}{\pi}\right)^2\left(1 + \frac{2}{3^2} + \frac{2}{15^2} + \frac{2}{35^2} + \cdots\right)} = \frac{I}{\sqrt{2}}$$

例題 7.12 図 7.18 に示す二等辺三角波電圧の実効値を求めよ．

解 例題 7.8 で求めたフーリエ級数の振幅を $A/2$ にし，$A/2$ なる直流分を加えると図 7.18 に示す波形のフーリエ級数になる．したがって，電圧の波高値を V_m とし，瞬時値を $v(\omega t)$ とすると，

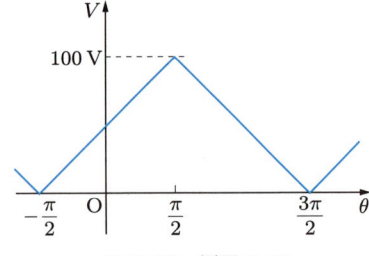

$$v(\omega t) = \frac{V_m}{2} + \frac{4V_m}{\pi^2}\left(\sin \omega t - \frac{1}{9}\sin 3\omega t + \frac{1}{25}\sin 5\omega t - \frac{1}{49}\sin 7\omega t + \cdots\right)$$

図 7.18　例題 7.12

となる．これに $V_m = 100\,\mathrm{V}$ を代入して実効値を求めると，次のようになる．

$$V = \sqrt{50^2 + \left(\frac{400}{\pi^2\sqrt{2}}\right)^2 \left\{1 + \left(\frac{1}{9}\right)^2 + \left(\frac{1}{25}\right)^2 + \left(\frac{1}{49}\right)^2 + \cdots\right\}}$$

例題 7.13 例題 7.10 で，$V_{1m} = 100\,\mathrm{V}$，$V_{3m} = 50\,\mathrm{V}$，$R = 10\,\Omega$，$\omega L = 5\,\Omega$ とするとき，ひずみ波電流の実効値を求めよ．

解 例題 7.10 より，

$$i_1 = \frac{V_{1m}}{\sqrt{R^2 + \omega^2 L^2}}\sin(\omega t - \phi_1) = \frac{100}{\sqrt{10^2 + 5^2}}\sin(\omega t - \phi_1)$$
$$= 8.94\sin(\omega t - \phi_1)$$

ただし，$\phi_1 = \tan^{-1}\dfrac{\omega L}{R} = 0.464\,\mathrm{rad}$

となる．同様に，

$$i_3 = 2.77\sin(3\omega t - 0.983)$$

となる．したがって，次のようになる．

$$I = \sqrt{{I_1}^2 + {I_3}^2} = \sqrt{(8.94/\sqrt{2})^2 + (2.77/\sqrt{2})^2} = 6.62\,\mathrm{A}$$

7.7　ひずみ波交流の電力

7.7.1　ひずみ波交流の有効電力

ひずみ波交流の電圧・電流を v, i とし，それぞれ式 (7.48)，(7.50) で表された場合，平均電力 P は

$$P = \frac{1}{T}\int_0^T vi\,\mathrm{d}t$$

$$= \frac{1}{T}\int_0^T \left\{V_0 + \sum_{n=1}^{\infty} V_n \sin(n\omega t + \phi_n)\right\}$$

$$\times \left\{I_0 + \sum_{n=1}^{\infty} I_n \sin(n\omega t + \phi_n - \psi_n)\right\}\mathrm{d}t$$

$$= \frac{1}{T}\int_0^T \left\{V_0 I_0 + \sum_{n=1}^{\infty} V_n I_0 \sin(n\omega t + \phi_n)\right.$$

$$+ \sum_{n=1}^{\infty} V_0 I_n \sin(n\omega t + \phi_n - \psi_n)$$

$$+ \sum_{n=1}^{\infty} V_n I_0 \sin(n\omega t + \phi_n)\sin(n\omega t + \phi_n - \psi_n)$$

$$\left.+ \sum_{l=1}^{\infty}\sum_{k=1}^{\infty} V_l I_k \sin(l\omega t + \phi_l)\sin(k\omega t + \phi_n - \psi_n)\right\}\mathrm{d}t$$

となる．{ } 内のうち，第 2 項，第 3 項および第 5 項の T 時間平均値は 0 となる．また，

$$\text{第 4 項} = \frac{1}{2T}\sum_{n=1}^{\infty} V_n I_n \int_0^T [\cos\psi_n - \cos\{2(n\omega t + \phi_n) - \psi_n\}]\,\mathrm{d}t$$

$$= \frac{1}{2}\sum_{n=1}^{\infty} V_n I_n \cos\psi_n$$

となるから，

$$P = V_0 I_0 + \sum_{n=1}^{\infty}\frac{1}{2}V_n I_n \cos\psi_n = V_0 I_0 + \sum_{n=1}^{\infty} V_{ne} I_{ne} \cos\psi_n \tag{7.58}$$

となる．また，直流電力 $P_0 = V_0 I_0$，第 n 高調波の電力 $P_n = V_{ne} I_{ne} \cos\psi_n$ とすると，

$$P = P_0 + \sum_{n=1}^{\infty} P_n \tag{7.59}$$

で表される．つまり，ひずみ波交流による電力の計算は，三角関数の直交性のために，直流を含めた各周波数成分ごとに計算される電力の和で示される．

例題 7.14 ある交流回路に

$$v = 80\sin\omega t + 25\sin\left(3\omega t + \frac{\pi}{3}\right) \,[\text{V}]$$

なる電圧を加えたとき，回路を流れる電流が

$$i = 50\sin\left(\omega t - \frac{\pi}{6}\right) + 4\sin\left(3\omega t + \frac{\pi}{12}\right) \,[\text{A}]$$

であるとき，消費電力を求めよ．

解 式 (7.47) より，次のようになる．

$$P = V_1 I_1 \cos\psi_1 + V_3 I_3 \cos\psi_3 = \frac{80\times 50}{2}\cos\frac{\pi}{6} + \frac{25\times 4}{2}\cos\left(\frac{\pi}{3} - \frac{\pi}{12}\right)$$
$$= 1767\,\text{W}$$

7.7.2 ひずみ波交流の皮相電力

ひずみ波交流電圧・電流の実効値は，それぞれ式 (7.56) および式 (7.57) で表されるから，皮相電力 S は

$$S = VI = \sqrt{\left(V_0{}^2 + \sum_{n=1}^{\infty} V_{ne}{}^2\right)\left(I_0{}^2 + \sum_{n=1}^{\infty} I_{ne}{}^2\right)} \tag{7.60}$$

となる．ひずみ波交流の力率 P/S は次のようになる．

$$\frac{P}{S} = \frac{V_0 I_0 + \displaystyle\sum_{n=1}^{\infty} V_{ne} I_{ne} \cos\psi_n}{\sqrt{\left(V_0{}^2 + \displaystyle\sum_{n=1}^{\infty} V_{ne}{}^2\right)\left(I_0{}^2 + \displaystyle\sum_{n=1}^{\infty} I_{ne}{}^2\right)}} \tag{7.61}$$

7.7.3 ひずみ率

ひずみ波交流がどの程度正弦波から変形しているかを示す一つの目安として，**ひずみ率** (distortion factor) k が用いられる．

電圧が

$$v = V_0 + \sum_{n=1}^{\infty} V_n \sin(n\omega t + \phi_n)$$

の場合，k は次式で表される．

$$k = \frac{\text{高調波の実効値}}{\text{基本波の実効値}} = \frac{1}{V_{1e}}\sqrt{\sum_{n=2}^{\infty} V_{ne}{}^2} \tag{7.62}$$

例題 7.15 次の電圧のひずみ率 k を求めよ．

$$v(t) = 100\sin\omega t + 50\sin 3\omega t + 30\sin 5\omega t$$

解 式 (7.62) より，次のようになる．

$$k = \frac{\sqrt{(50/\sqrt{2})^2 + (30/\sqrt{2})^2}}{100/\sqrt{2}} = 0.583$$

演習問題

7.1 問図 7.1 に示す関数 $f(x)$ をフーリエ級数に展開せよ．

7.2 問図 7.2 に示す波形をフーリエ級数に展開せよ．

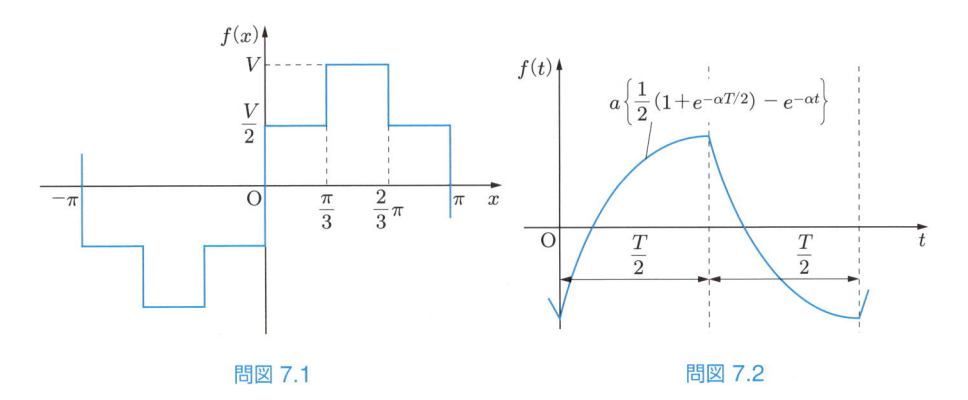

問図 7.1

問図 7.2

7.3 問図 7.3 に示す回路の端子 ab 間に 60 Hz の基本波をもつ電圧

$$v = 200\sin\omega t + 100\sin\left(3\omega t + \frac{\pi}{3}\right) - 50\sin\left(5\omega t - \frac{\pi}{6}\right) \text{ [V]}$$

が加えられたときの電流計の指示値を求めよ．

7.4 問図 7.4 に示すような回路に電流

$$i = 20\sin\left(\omega t - \frac{\pi}{3}\right) + 10\sin\left(5\omega t + \frac{\pi}{6}\right) \text{ [A]}$$

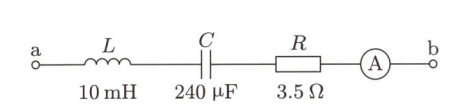

問図 7.3

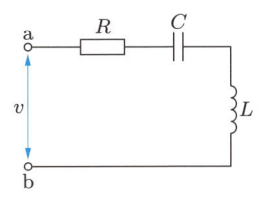

問図 7.4

が流れている．端子 ab に加えた電圧 v を求めよ．ただし，$R = 10\,\Omega$，$\omega L = 4\,\Omega$，$1/\omega C = 6\,\Omega$ とする．

7.5 問図 7.5 に示すように，直流電圧 E と周波数 f の正弦波交流電圧 V（実効値）とが直列に接続された電源に，抵抗 R，インダクタンス L，抵抗 r および静電容量 C が接続されている．この場合，R を流れる電流の実効値を求めよ．

7.6 問図 7.6 に示すような回路において，コンデンサ C の容量を測定したい．いま，電圧計の値が V，電流計の値が I であるとき，その容量を求めよ．ただし，コンデンサに加えられる電圧 v は

$$v = V_m(\sin\omega t + h_3 \sin 3\omega t)$$

により表され，また，電圧計に流れる電流は無視する．

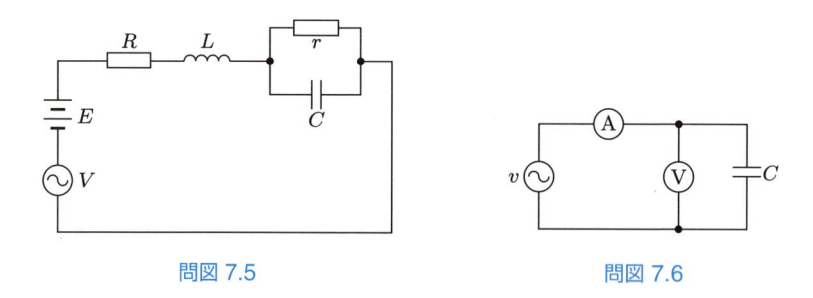

問図 7.5

問図 7.6

7.7 抵抗 r とインダクタンス L とを並列接続した回路に電流 i が流れている．この回路の消費電力を計算せよ．ただし，

$$i = I_1 \sin\omega t + I_3 \sin(3\omega t + \theta_3)$$

とする．

7.8 問図 7.7 のような負荷に，次式に示す瞬時値の電圧 $v\,[\mathrm{V}]$ および電流 $i\,[\mathrm{A}]$ が供給されているとき，この負荷の皮相電力，有効電力および力率を求めよ．（平5，電管）

$$v = \sqrt{2}V_1 \sin\omega t + \sqrt{2}V_3 \sin 3\omega t + \sqrt{2}V_5 \sin 5\omega t$$

$$i = \sqrt{2}I_1 \sin(\omega t - \phi_1) + \sqrt{2}I_3 \sin(3\omega t - \phi_3)$$

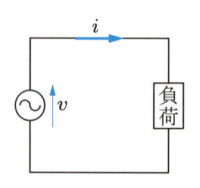

問図 7.7

第8章 多相交流回路

エネルギー源の一つとして用いられる電力は，発電から送電および配電に至るまで，主として3相交流が用いられている．そこで，この章では，3相交流とはどのようなもので，これが回路に接続されたとき，どのような電流が流れ，電力はどのように計算されるかなどの取り扱いについて，3相交流を中心とした多相交流回路として述べる．

8.1 多相交流と結線方式

8.1.1 対称3相起電力

周波数は等しいが，位相の異なる2個以上の交流起電力をもつものを**多相交流起電力**という．その中で，もっとも重要なものは**3相交流起電力**で，3個の交流の振幅が等しく，位相差が互いに等しいものを**対称3相起電力**といい，そうでないものを**非対称3相起電力**という．

図 8.1 に示すように，固定した巻線を3組用い，巻線の幅を $2\pi/3\,\mathrm{rad}$ ずつずらして巻くと，三つの起電力 $e_\mathrm{a}, e_\mathrm{b}, e_\mathrm{c}$ が発生し，おのおのの起電力の瞬時値は

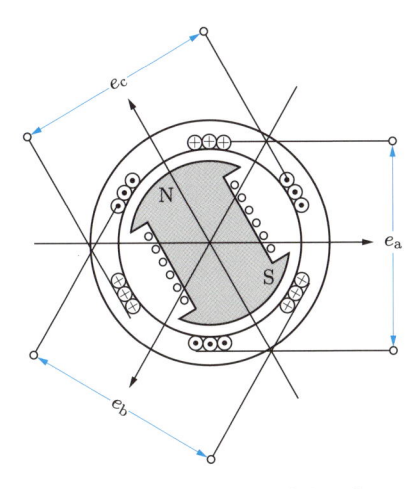

図 8.1 3相発電機と3相起電力

$$
\left.\begin{aligned}
e_\mathrm{a} &= E_m \sin \omega t \\
e_\mathrm{b} &= E_m \sin\left(\omega t - \frac{2\pi}{3}\right) \\
e_\mathrm{c} &= E_m \sin\left(\omega t - \frac{4\pi}{3}\right)
\end{aligned}\right\} \tag{8.1}
$$

となる．いずれも，最大値は等しく，位相のみが $2\pi/3$ ずつずれている．これを対称 3 相起電力とよび，その波形を図 8.2 に示す．また，このような 3 相起電力を図 8.3 のように表す．

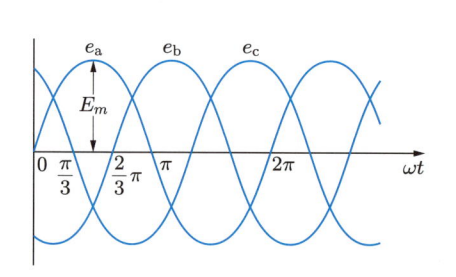

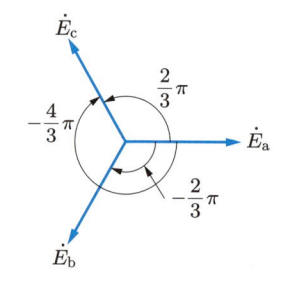

図 8.2 対称 3 相起電力の波形   図 8.3 3 相起電力

e_a を複素ベクトル $\dot{E}_\mathrm{a}$ で表し，基準ベクトルにとると，

$$
\left.\begin{aligned}
\dot{E}_\mathrm{a} &= \dot{E} \\
\dot{E}_\mathrm{b} &= \dot{E}e^{-j(2\pi/3)} = \dot{E}\left(-\frac{1}{2} - j\frac{\sqrt{3}}{2}\right) \\
\dot{E}_\mathrm{c} &= \dot{E}e^{-j(4\pi/3)} = \dot{E}\left(-\frac{1}{2} + j\frac{\sqrt{3}}{2}\right)
\end{aligned}\right\} \tag{8.2}
$$

となる．ここで，

$$
a = -\frac{1}{2} + j\frac{\sqrt{3}}{2} = e^{j(2\pi/3)}
$$

とすると，

$$
a^2 = -\frac{1}{2} - j\frac{\sqrt{3}}{2} = e^{j(4\pi/3)}, \quad a^3 = 1
$$

となり，

$$
\dot{E}_\mathrm{a} = \dot{E}, \quad \dot{E}_\mathrm{b} = a^2 \dot{E}, \quad \dot{E}_\mathrm{c} = a\dot{E} \tag{8.3}
$$

で表される．式 (8.3) の位相関係を図 8.4 に示す．

また，式 (8.3) より，

$$\dot{E}_c = a^{-2}\dot{E} = a\dot{E}$$

$$\frac{2}{3}\pi$$

$$-\frac{2}{3}\pi$$

$$\dot{E}_a = \dot{E}$$

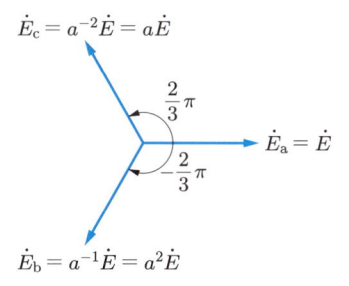

$$\dot{E}_b = a^{-1}\dot{E} = a^2\dot{E}$$

図 8.4 3 相起電力の位相関係

$$\dot{E}_a + \dot{E}_b + \dot{E}_c = \dot{E}(1 + a^2 + a) = 0 \tag{8.4}$$

となり，対称 3 相起電力の和は 0 となる．

8.1.2 対称多相起電力

起電力の大きさが等しく，位相のみが順次 $2\pi/n$ ずつ遅れる場合を**対称 n 相起電力**という．起電力の大きさあるいは位相差が $2\pi/n$ と異なる場合を**非対称 n 相起電力**という．

対称 n 相起電力の場合，

$$\left.\begin{aligned} e_1 &= E_m \sin \omega t \\ e_2 &= E_m \sin\left(\omega t - \frac{2\pi}{n}\right) \\ &\vdots \\ e_n &= E_m \sin\left(\omega t - \frac{n-1}{n}2\pi\right) \end{aligned}\right\} \tag{8.5}$$

で表され，複素ベクトルで表すと，

$$\left.\begin{aligned} \dot{E}_1 &= \dot{E} \\ \dot{E}_2 &= \dot{E}e^{-j(2\pi/n)} = \dot{E}\left(\cos\frac{2\pi}{n} - j\sin\frac{2\pi}{n}\right) \\ &\vdots \\ \dot{E}_n &= \dot{E}e^{-j(2\pi/n)(n-1)} = \dot{E}\left(\cos\frac{n-1}{n}2\pi - j\sin\frac{n-1}{n}2\pi\right) \end{aligned}\right\} \tag{8.6}$$

となる．また，対称 n 相起電力 $\dot{E}_1, \dot{E}_2, \cdots, \dot{E}_n$ は公比 $e^{-j(2\pi/n)}$ の等比数列となるので，それらの和は

$$\dot{E}_1 + \dot{E}_2 + \cdots + \dot{E}_n = \dot{E}\sum_{k=1}^{n} e^{-j(2\pi/n)(k-1)}$$

$$= \dot{E} \frac{1 - \{e^{-j(2\pi/n)}\}^n}{1 - e^{-j(2\pi/n)}} = 0 \tag{8.7}$$

となり，対称 n 相起電力の総和は 0 となる．

> **例題 8.1** 対称 3 相交流電圧を
> $$v_{\mathrm{a}} = E_m \sin \omega t = \sqrt{2} V \sin \omega t$$
> $$v_{\mathrm{b}} = E_m \sin \left(\omega t - \frac{2\pi}{3} \right) = \sqrt{2} V \sin \left(\omega t - \frac{2\pi}{3} \right)$$
> $$v_{\mathrm{c}} = E_m \sin \left(\omega t - \frac{4\pi}{3} \right) = \sqrt{2} V \sin \left(\omega t - \frac{4\pi}{3} \right)$$
> とするとき，複素ベクトルで表示せよ．
> **解**　　$v_{\mathrm{a}} \to \dot{V}_{\mathrm{a}} = V$
> $$v_{\mathrm{b}} \to \dot{V}_{\mathrm{b}} = V e^{-j(2\pi/3)} = V \left(-\frac{1}{2} - j\frac{\sqrt{3}}{2} \right) = a^2 \dot{V}_{\mathrm{a}}$$
> $$v_{\mathrm{c}} \to \dot{V}_{\mathrm{c}} = V e^{-j(4\pi/3)} = V \left(-\frac{1}{2} + j\frac{\sqrt{3}}{2} \right) = a \dot{V}_{\mathrm{a}}$$

8.1.3　結線方式

(a) 星形結線：各相の交流を接続する方法の一つは**星形結線** (star connection) である．3 相交流の場合には，図 8.5 に示すように，コイルから起電力を発生するものとすれば，各相の起電力の一端を共通にし，ほかの端子 a, b, c を 3 本の線路へ接続して電力を送る方式である．3 相の星形結線はとくに **Y 結線** (Y-connection) という．また，共通の端子とした接続点を**中性点** (neutral point) という．各相の起電力 $\dot{V}_{\mathrm{a}}, \dot{V}_{\mathrm{b}}, \dot{V}_{\mathrm{c}}$ を**相電圧** (phase voltage)，流れる電流 $\dot{I}_{\mathrm{a}}, \dot{I}_{\mathrm{b}}, \dot{I}_{\mathrm{c}}$ を**相電流** (phase current) というが，星形結線がされている場合はこれらを星形電圧，星形電流という．この起電力が 3 本の線路に接続されるとき，各線路間の電圧を**線電圧** (line voltage)，線路に流れる電流を**線電流** (line current) という．したがって，星形結線では星形電流と線電流は一致する．このような星形結線方式は負荷の結線にも用いられる．

(b) 環状結線：各相の起電力を環状に接続する方式を**環状結線** (ring connection) といい，図 8.6 に示すように，3 相の場合には **Δ 結線** (Δ-connection) という．環状結線では端子間の電圧 $\dot{V}_{\mathrm{ab}}, \dot{V}_{\mathrm{bc}}, \dot{V}_{\mathrm{ca}}$ を**環状電圧** (ring voltage)，そこを流れる電流 $\dot{I}_{\mathrm{ab}}, \dot{I}_{\mathrm{bc}}, \dot{I}_{\mathrm{ca}}$ を**環状電流** (ring current) という．したがって，環状結線では環状電圧と線電圧は一致し，相電圧に等しいものである．負荷の接続も環状結線方式がある．

図 8.5　3 相星形結線（Y 結線）　　図 8.6　3 相環状結線（Δ 結線）

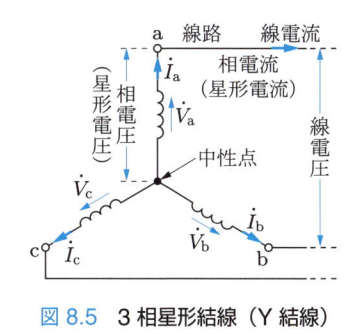

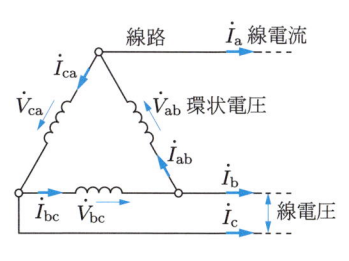

8.2　多相交流の起電力と電流

8.2.1　対称 3 相交流の相電圧と線電圧ならびに相電流と線電流の関係

(a) Y 結線：Y 結線した対称 3 相起電力を，図 8.7 に示す．この場合，相電流と線電流とは等しい．

図 8.7 の端子 ab 間の線電圧 $\dot{V}_{ab}$ は式 (8.8) の第 1 式となる．第 2, 3 式も同様にして，

$$\left.\begin{aligned}\dot{V}_{ab} &= \dot{V}_a - \dot{V}_b = \dot{V}_a(1 - a^2) \\ &= \sqrt{3}\dot{V}_a\left(\frac{\sqrt{3}}{2} + j\frac{1}{2}\right) = \sqrt{3}\dot{V}_a e^{j(\pi/6)} \\ \dot{V}_{bc} &= \dot{V}_b - \dot{V}_c = \sqrt{3}\dot{V}_b e^{j(\pi/6)} \\ \dot{V}_{ca} &= \dot{V}_c - \dot{V}_a = \sqrt{3}\dot{V}_c e^{j(\pi/6)}\end{aligned}\right\} \tag{8.8}$$

となる．すなわち，Y 結線の場合，線電圧は，相電圧の大きさの $\sqrt{3}$ 倍，位相は相電圧より $\pi/6$ 進む．相電圧と線電圧との関係を図 8.8 に示す．

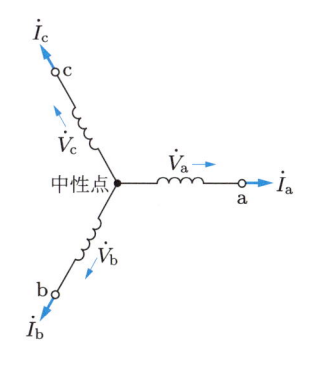

図 8.7　Y 結線の相電圧と相電流　　図 8.8　Y 結線の相電圧と線電圧のベクトル図

(b) **△ 結線**：△ 結線した対称 3 相起電力を，図 8.9 に示す．この場合，相電圧と線電圧とは等しい．また，相電流を $\dot{I}_{ab} = \dot{I}, \dot{I}_{bc} = a^2\dot{I}, \dot{I}_{ca} = a\dot{I}$ とすれば，線電流は

$$\left.\begin{aligned}\dot{I}_a &= \dot{I}_{ab} - \dot{I}_{ca} = \dot{I}(1-a) \\ &= \sqrt{3}\dot{I}\left(\frac{\sqrt{3}}{2} - j\frac{1}{2}\right) = \sqrt{3}\dot{I}e^{-j(\pi/6)} = \sqrt{3}\dot{I}_{ab}e^{-j(\pi/6)} \\ \dot{I}_b &= \dot{I}_{bc} - \dot{I}_{ab} = \sqrt{3}\dot{I}e^{-j(\pi/6)} = \sqrt{3}\dot{I}_{bc}e^{-j(\pi/6)} \\ \dot{I}_c &= \dot{I}_{ca} - \dot{I}_{bc} = \sqrt{3}\dot{I}e^{-j(\pi/6)} = \sqrt{3}\dot{I}_{ca}e^{-j(\pi/6)}\end{aligned}\right\} \quad (8.9)$$

となる．すなわち，△ 結線の場合，線電流は相電流の大きさの $\sqrt{3}$ 倍であり，位相は相電流より $\pi/6$ 遅れる．線電流と相電流の関係を図 8.10 に示す．

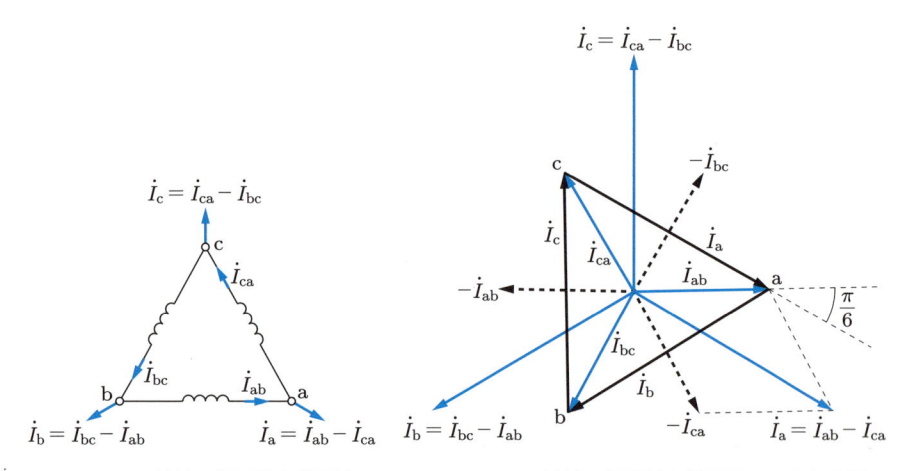

図 8.9 △ 結線の相電流と線電流

図 8.10 △ 結線の相電流と線電流のベクトル図

8.2.2 対称多相交流の相電圧と線電圧ならびに相電流と線電流の関係

(a) **星形結線**：星形結線した対称 n 相起電力を，図 8.11 に示す．この場合の相電流と線電流とは等しい．

いま，第 1 相の電圧を基準にとり，$\dot{V}_1 = \dot{V}$ とすると，第 k 相の相電圧は

$$\dot{V}_k = \dot{V}e^{-j(2\pi/n)(k-1)}$$

となり，第 k 相と第 $(k+1)$ 相との間の線電圧 $\dot{V}_{k,k+1}$ は，

$$\dot{V}_{k,k+1} = \dot{V}\{e^{-j(2\pi/n)(k-1)} - e^{-j(2\pi/n)k}\} = \dot{V}_k\{1 - e^{-j(2\pi/n)}\} \quad (8.10)$$

となる．ここで，

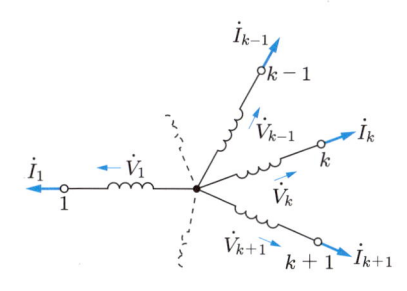

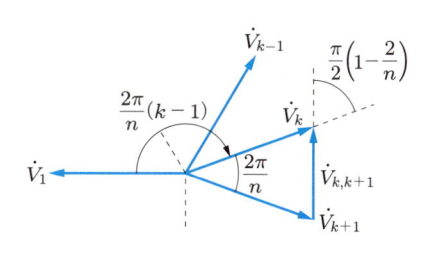

図 8.11　対称多相星形結線の相電圧と相電流

図 8.12　対称多相星形結線の相電圧と線電圧のベクトル図

$$1 - e^{-j(2\pi/n)} = e^{-j(\pi/n)}\{e^{j(\pi/n)} - e^{-j(\pi/n)}\} = e^{-j(\pi/n)}(2j)\sin\frac{\pi}{n}$$
$$= e^{-j(\pi/n)}e^{j(\pi/2)} \cdot 2\sin\frac{\pi}{n} = 2\sin\frac{\pi}{n}e^{j(\pi/2)(1-2/n)}$$

の関係を用いると，

$$\dot{V}_{k,k+1} = 2\sin\frac{\pi}{n}\dot{V}_k e^{j(\pi/2)(1-2/n)} \tag{8.11}$$

となる．また，

$$\frac{\dot{V}_{k,k+1}}{\dot{V}_k} = 2\sin\frac{\pi}{n}e^{j(\pi/2)(1-2/n)} \tag{8.12}$$

となり，$\dot{V}_{k,k+1}$ は，$\dot{V}_k$ より位相が $(\pi/2)(1-2/n)$ 進み，大きさは $2\sin(\pi/n)$ 倍となる．これらの関係を図 8.12 に示す．

(b) 環状結線：環状結線した対称 n 相起電力を，図 8.13 に示す．この場合，相電圧と線電圧とは等しい．また，第 1 相の相電流を $\dot{I}_1 = \dot{I}$ とすると，第 k 相の相電流は，

$$\dot{I}_k = \dot{I}e^{-j(2\pi/n)(k-1)} \tag{8.13}$$

となり，第 $(k-1)$ 相の相電流は，

$$\dot{I}_{k-1} = \dot{I}e^{-j(2\pi/n)(k-2)} \tag{8.14}$$

となる．したがって，端子 k を流れる電流は

$$\dot{I}_{k,k-1} = \dot{I}_k - \dot{I}_{k-1} = \dot{I}\{e^{-j(2\pi/n)(k-1)} - e^{-j(2\pi/n)(k-2)}\}$$
$$= \dot{I}_k\{1 - e^{j(2\pi/n)}\} = 2\sin\frac{\pi}{n}\dot{I}_k e^{-j(\pi/2)(1-2n)} \tag{8.15}$$

となる．また，

$$\frac{\dot{I}_{k,k-1}}{\dot{I}_k} = 2\sin\frac{\pi}{n}e^{-j(\pi/2)(1-2/n)} \tag{8.16}$$

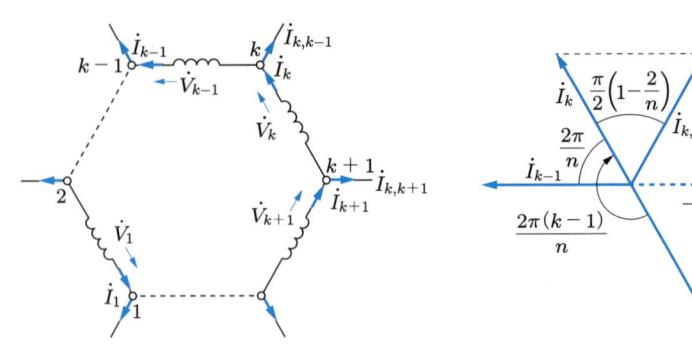

図 8.13 対称多相環状結線の相電流と線電流

図 8.14 対称多相環状結線の相電流と線電流のベクトル図

となり，$\dot{I}_{k,k-1}$ は，$\dot{I}_k$ より位相が $(\pi/2)(1-2/n)$ 遅れ，大きさは $2\sin(\pi/n)$ 倍となる．図 8.14 は，相電流と線電流との関係を示す．

8.3 Y 結線と △ 結線の等価変換

3 相回路の場合，負荷は Y か △ のいずれかの形に結線され，電源も同様に結線される．したがって，Y 結線と △ 結線とが等価に変換できれば，解析が容易となる．

8.3.1 負荷の △–Y 等価変換

いま，図 8.15 に示すように Y および △ 結線した負荷を考える．端子 a, b, c の電圧 $\dot{V}_a, \dot{V}_b, \dot{V}_c$ が与えられ，それらの端子に流入する電流 $\dot{I}_a, \dot{I}_b, \dot{I}_c$ の大きさならびに位相が変わらなければ，Y および △ 結線した負荷は，入力側からみて互いに等価であるという．

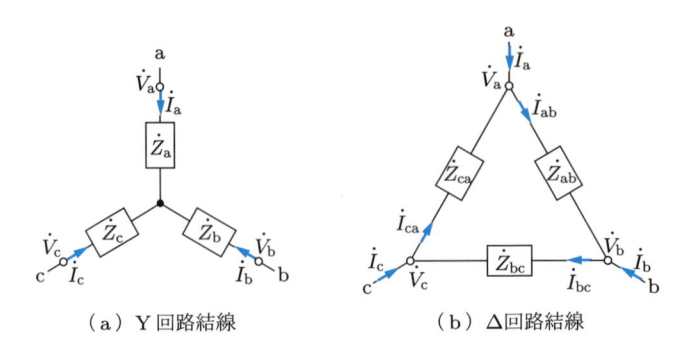

（a）Y 回路結線　　　　　（b）△ 回路結線

図 8.15 負荷インピーダンス回路の Y および △ 結線

8.3 Y 結線と △ 結線の等価変換

図 (b) のように，△ 結線インピーダンスを $\dot{Z}_{ab}, \dot{Z}_{bc}, \dot{Z}_{ca}$ とし，これを図 (a) の Y 結線インピーダンス $\dot{Z}_a, \dot{Z}_b, \dot{Z}_c$ に変換する．端子 ab 間について，Y 結線のインピーダンス $\dot{Z}_a + \dot{Z}_b$ は，△ 結線の $\dot{Z}_{ab}$ と $(\dot{Z}_{bc} + \dot{Z}_{ca})$ の並列インピーダンスに等しい．すなわち，

$$\dot{Z}_a + \dot{Z}_b = \frac{1}{1/\dot{Z}_{ab} + 1/(\dot{Z}_{bc} + \dot{Z}_{ca})} = \frac{\dot{Z}_{ab}(\dot{Z}_{bc} + \dot{Z}_{ca})}{\dot{Z}_{ab} + \dot{Z}_{bc} + \dot{Z}_{ca}}$$

端子 bc 間および ca 間についても同様に，

$$\dot{Z}_b + \dot{Z}_c = \frac{\dot{Z}_{bc}(\dot{Z}_{ca} + \dot{Z}_{ab})}{\dot{Z}_{ab} + \dot{Z}_{bc} + \dot{Z}_{ca}}, \quad \dot{Z}_c + \dot{Z}_a = \frac{\dot{Z}_{ca}(\dot{Z}_{ab} + \dot{Z}_{bc})}{\dot{Z}_{ab} + \dot{Z}_{bc} + \dot{Z}_{ca}}$$

となる．これらの関係より，変換式が次のように求められる．

$$\left.\begin{aligned}\dot{Z}_a &= \frac{\dot{Z}_{ab}\dot{Z}_{ca}}{\dot{Z}_{ab} + \dot{Z}_{bc} + \dot{Z}_{ca}} \\ \dot{Z}_b &= \frac{\dot{Z}_{bc}\dot{Z}_{ab}}{\dot{Z}_{ab} + \dot{Z}_{bc} + \dot{Z}_{ca}} \\ \dot{Z}_c &= \frac{\dot{Z}_{ca}\dot{Z}_{bc}}{\dot{Z}_{ab} + \dot{Z}_{bc} + \dot{Z}_{ca}}\end{aligned}\right\} \quad (8.17)$$

次に，図 8.16 に示すように，Y および △ 結線した互いに等価な負荷を考える．端子 bc 間の電圧を 0 と仮定すると，bc は短絡でき，図 8.17 のようになる．△ 回路と Y 回路とが等価であることから，端子 a–bc 間の △ 回路のアドミタンス $(\dot{Y}_{ab} + \dot{Y}_{ca})$ は，Y 回路のアドミタンスと比較すると，次のようになる．

$$\dot{Y}_{ab} + \dot{Y}_{ca} = \frac{1}{1/\dot{Y}_a + 1/(\dot{Y}_b + \dot{Y}_c)} = \frac{\dot{Y}_a(\dot{Y}_b + \dot{Y}_c)}{\dot{Y}_a + \dot{Y}_b + \dot{Y}_c}$$

同様に，端子 b–ca 間，c–ab 間についても

$$\dot{Y}_{bc} + \dot{Y}_{ab} = \frac{\dot{Y}_b(\dot{Y}_c + \dot{Y}_a)}{\dot{Y}_a + \dot{Y}_b + \dot{Y}_c}, \quad \dot{Y}_{ca} + \dot{Y}_{bc} = \frac{\dot{Y}_c(\dot{Y}_a + \dot{Y}_b)}{\dot{Y}_a + \dot{Y}_b + \dot{Y}_c}$$

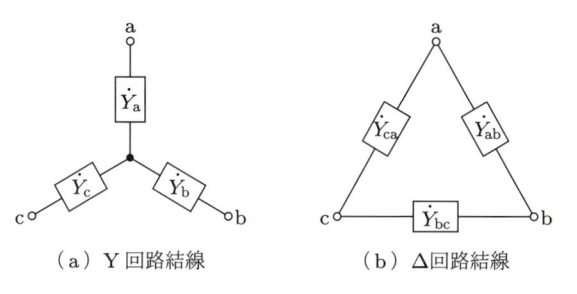

（a）Y 回路結線　　　　（b）△回路結線

図 8.16　負荷のアドミタンス回路の Y および △ 結線

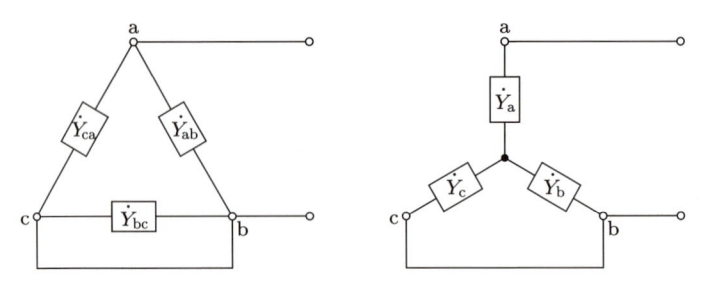

図 8.17　a–bc 間のアドミタンス等価変換回路

が得られる．これらの式から，次のようになる．

$$\left.\begin{array}{l} \dot{Y}_{ab} = \dfrac{\dot{Y}_a \dot{Y}_b}{\dot{Y}_a + \dot{Y}_b + \dot{Y}_c} \\[2mm] \dot{Y}_{bc} = \dfrac{\dot{Y}_b \dot{Y}_c}{\dot{Y}_a + \dot{Y}_b + \dot{Y}_c} \\[2mm] \dot{Y}_{ca} = \dfrac{\dot{Y}_c \dot{Y}_a}{\dot{Y}_a + \dot{Y}_b + \dot{Y}_c} \end{array}\right\} \quad (8.18)$$

8.3.2　電源回路の Δ–Y 等価変換

図 8.18(a) に示すように，起電力が $\dot{E}_{ab}, \dot{E}_{bc}, \dot{E}_{ca}$ で，それぞれの起電力の内部インピーダンスが $\dot{Z}_{ab}, \dot{Z}_{bc}, \dot{Z}_{ca}$ の電源を Δ 結線した非対称な Δ 形電源回路を，それと等価な図 (b) の非対称 Y 形電源回路へ変換する．図 (a) において，各相の流れる電流を $\dot{I}_{ab}, \dot{I}_{bc}, \dot{I}_{ca}$ とすると，各線間電圧は

$$\left.\begin{array}{l} \dot{V}_{ab} = \dot{E}_{ab} - \dot{Z}_{ab} \dot{I}_{ab} \\ \dot{V}_{bc} = \dot{E}_{bc} - \dot{Z}_{bc} \dot{I}_{bc} \\ \dot{V}_{ca} = \dot{E}_{ca} - \dot{Z}_{ca} \dot{I}_{ca} \end{array}\right\} \quad (8.19)$$

となるが，非対称な電源であるから，Δ 形の閉回路条件を満足するためには，一般に閉路電流 $\dot{I}_0$ を考慮しなければならない．そこで，$\dot{I}_0$ を図 (a) のような向きに定義し，また，図に示すように各相起電力が負荷へ供給する電流を $\dot{I}'_{ab}, \dot{I}'_{bc}, \dot{I}'_{ca}$ とすると，

$$\dot{I}_{ab} = \dot{I}'_{ab} + \dot{I}_0, \quad \dot{I}_{bc} = \dot{I}'_{bc} + \dot{I}_0, \quad \dot{I}_{ca} = \dot{I}'_{ca} + \dot{I}_0 \quad (8.20)$$

と示される．そして，

$$\dot{V}_{ab} + \dot{V}_{bc} + \dot{V}_{ca} = 0 \quad (8.21)$$

でなければならないから，

8.3 Y結線と△結線の等価変換

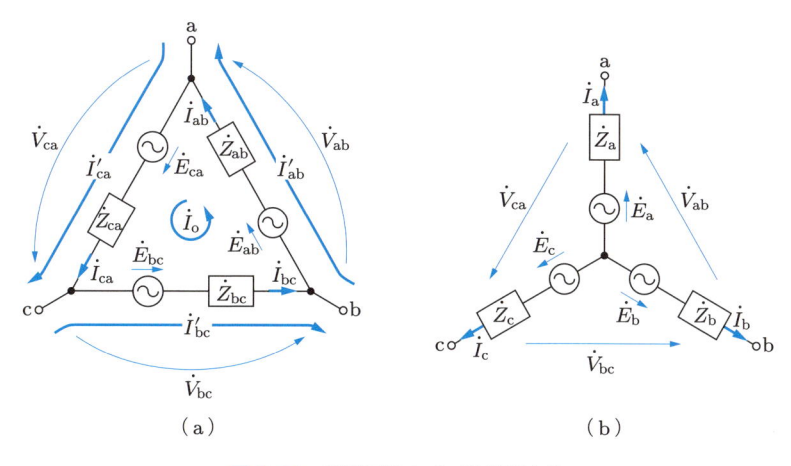

(a)   (b)

図 8.18　電源回路の △–Y 等価変換

$$\dot{E}_{ab} + \dot{E}_{bc} + \dot{E}_{ca} - (\dot{Z}_{ab}\dot{I}'_{ab} + \dot{Z}_{bc}\dot{I}'_{bc} + \dot{Z}_{ca}\dot{I}'_{ca}) - (\dot{Z}_{ab} + \dot{Z}_{bc} + \dot{Z}_{ca})\dot{I}_0 = 0 \tag{8.22}$$

となり，

$$\dot{I}_0 = \frac{\dot{E}_{ab} + \dot{E}_{bc} + \dot{E}_{ca} - (\dot{Z}_{ab}\dot{I}'_{ab} + \dot{Z}_{bc}\dot{I}'_{bc} + \dot{Z}_{ca}\dot{I}'_{ca})}{\dot{Z}_{ab} + Z_{bc} + Z_{ca}} \tag{8.23}$$

となる．ここで，図 (a) の各端子からの線電流を $\dot{I}_a, \dot{I}_b, \dot{I}_c$ とすれば，

$$\dot{I}_a = \dot{I}'_{ab} - \dot{I}'_{ca}, \quad \dot{I}_b = \dot{I}'_{bc} - \dot{I}'_{ab}, \quad \dot{I}_c = \dot{I}'_{ca} - \dot{I}'_{bc} \tag{8.24}$$

であるから，式 (8.19)，(8.23)，(8.24) より式 (8.25) の第 1 式となる．第 2, 3 式も同様にして，

$$\left.\begin{aligned}
\dot{V}_{ab} &= \frac{\dot{Z}_{ca}\dot{E}_{ab} - \dot{Z}_{ab}\dot{E}_{ca}}{\dot{Z}_{ab} + \dot{Z}_{bc} + \dot{Z}_{ca}} - \frac{\dot{Z}_{ab}\dot{E}_{bc} - \dot{Z}_{bc}\dot{E}_{ab}}{\dot{Z}_{ab} + \dot{Z}_{bc} + \dot{Z}_{ca}} - \frac{\dot{Z}_{ca}\dot{Z}_{ab}\dot{I}_a - \dot{Z}_{bc}\dot{Z}_{ab}\dot{I}_b}{\dot{Z}_{ab} + \dot{Z}_{bc} + \dot{Z}_{ca}} \\
\dot{V}_{bc} &= \frac{\dot{Z}_{ab}\dot{E}_{bc} - \dot{Z}_{bc}\dot{E}_{ab}}{\dot{Z}_{ab} + \dot{Z}_{bc} + \dot{Z}_{ca}} - \frac{\dot{Z}_{bc}\dot{E}_{ca} - \dot{Z}_{ca}\dot{E}_{bc}}{\dot{Z}_{ab} + \dot{Z}_{bc} + \dot{Z}_{ca}} - \frac{\dot{Z}_{ab}\dot{Z}_{bc}\dot{I}_b - \dot{Z}_{ca}\dot{Z}_{bc}\dot{I}_c}{\dot{Z}_{ab} + \dot{Z}_{bc} + \dot{Z}_{ca}} \\
\dot{V}_{ca} &= \frac{\dot{Z}_{bc}\dot{E}_{ca} - \dot{Z}_{ca}\dot{E}_{bc}}{\dot{Z}_{ab} + \dot{Z}_{bc} + \dot{Z}_{ca}} - \frac{\dot{Z}_{ca}\dot{E}_{ab} - \dot{Z}_{ab}\dot{E}_{ca}}{\dot{Z}_{ab} + \dot{Z}_{bc} + \dot{Z}_{ca}} - \frac{\dot{Z}_{bc}\dot{Z}_{ca}\dot{I}_c - \dot{Z}_{ab}\dot{Z}_{ca}\dot{I}_a}{\dot{Z}_{ab} + \dot{Z}_{bc} + \dot{Z}_{ca}}
\end{aligned}\right\} \tag{8.25}$$

となる．一方，図 (b) の Y 形電源回路については，端子電圧は次のようになる．

$$
\left.\begin{aligned}
\dot{V}_{ab} &= (\dot{E}_a - \dot{Z}_a \dot{I}_a) - (\dot{E}_b - \dot{Z}_b \dot{I}_b) \\
&= \dot{E}_a - \dot{E}_b - (\dot{Z}_a \dot{I}_a - \dot{Z}_b \dot{I}_b) \\
\dot{V}_{bc} &= \dot{E}_b - \dot{E}_c - (\dot{Z}_b \dot{I}_b - \dot{Z}_c \dot{I}_c) \\
\dot{V}_{ca} &= \dot{E}_c - \dot{E}_a - (\dot{Z}_c \dot{I}_c - \dot{Z}_a \dot{I}_a)
\end{aligned}\right\} \quad (8.26)
$$

Δ および Y 形電源回路が等価であることより，式 (8.25) と式 (8.26) の各項は等しい．まず，等価 Y 形起電力は

$$
\left.\begin{aligned}
\dot{E}_a &= \frac{\dot{Z}_{ca}\dot{E}_{ab} - \dot{Z}_{ab}\dot{E}_{ca}}{\dot{Z}_{ab} + \dot{Z}_{bc} + \dot{Z}_{ca}} \\
\dot{E}_b &= \frac{\dot{Z}_{ab}\dot{E}_{bc} - \dot{Z}_{bc}\dot{E}_{ab}}{\dot{Z}_{ab} + \dot{Z}_{bc} + \dot{Z}_{ca}} \\
\dot{E}_c &= \frac{\dot{Z}_{bc}\dot{E}_{ca} - \dot{Z}_{ca}\dot{E}_{bc}}{\dot{Z}_{ab} + \dot{Z}_{bc} + \dot{Z}_{ca}}
\end{aligned}\right\} \quad (8.27)
$$

となる．次に，等価 Y 形電源の各組の内部インピーダンスは

$$
\left.\begin{aligned}
\dot{Z}_a &= \frac{\dot{Z}_{ab}\dot{Z}_{ca}}{\dot{Z}_{ab} + \dot{Z}_{bc} + \dot{Z}_{ca}} \\
\dot{Z}_b &= \frac{\dot{Z}_{bc}\dot{Z}_{ab}}{\dot{Z}_{ab} + \dot{Z}_{bc} + \dot{Z}_{ca}} \\
\dot{Z}_c &= \frac{\dot{Z}_{ca}\dot{Z}_{bc}}{\dot{Z}_{ab} + \dot{Z}_{bc} + \dot{Z}_{ca}}
\end{aligned}\right\} \quad (8.28)
$$

となる．これは，式 (8.17) より負荷インピーダンスの変換と等しい．

8.4 3相回路の解析

8.4.1 対称 Y 形起電力と平衡 Y 形負荷

図 8.19 は，対称 Y 形起電力と平衡 Y 形負荷からなる **3 相回路** を示す．なお，電源と負荷の各中性点は中性線によって接続され，そこを流れる電流を I_0 とする．

電源の起電力を $\dot{E}_a = \dot{E}$, $\dot{E}_b = a^2 \dot{E}$, $\dot{E}_c = a\dot{E}$ とすると，各相を流れる電流は

$$
\left.\begin{aligned}
\dot{I}_a &= \frac{\dot{E}_a}{\dot{Z}} = \frac{\dot{E}}{\dot{Z}} \\
\dot{I}_b &= \frac{\dot{E}_b}{\dot{Z}} = \frac{a^2 \dot{E}}{\dot{Z}} = a^2 \dot{I}_a \\
\dot{I}_c &= \frac{\dot{E}_c}{\dot{Z}} = \frac{a\dot{E}}{\dot{Z}} = a\dot{I}_a
\end{aligned}\right\} \quad (8.29)
$$

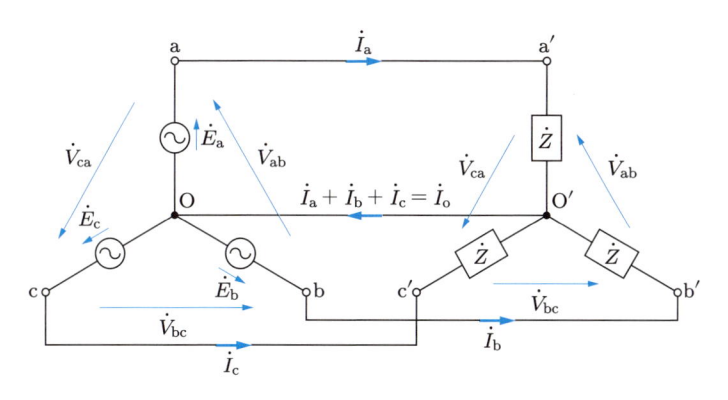

図 8.19 対称 3 相 Y 形起電力と平衡 Y 形負荷の回路

となり，対称 3 相交流電流となる．また，

$$\dot{I}_0 = \dot{I}_a + \dot{I}_b + \dot{I}_c = \dot{I}_a(1 + a^2 + a) = 0 \tag{8.30}$$

となるので，中性線には電流は流れない．

また，各端子間の線電圧は

$$\left.\begin{array}{l}\dot{V}_{ab} = \dot{E}_a - \dot{E}_b = (1 - a^2)\dot{E} = \sqrt{3}Ee^{j(\pi/6)} \\ \dot{V}_{bc} = a^2\dot{V}_{ab} \\ \dot{V}_{ca} = a\dot{V}_{ab}\end{array}\right\} \tag{8.31}$$

となる．負荷 $\dot{Z}$ の偏角を ϕ としたときの，以上に述べた電圧・電流の関係を図 8.20 に示す．結局，対称 Y 形起電力と平衡 Y 形負荷からなる 3 相回路は，a 相について，単相回路の場合と同様にして電流を求め，b 相，c 相については，それぞれ $2\pi/3$ ずつ位相をずらせばよい．

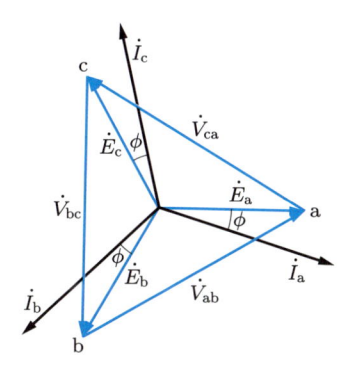

図 8.20 対称 3 相 Y 形起電力と平衡 Y 形負荷のベクトル図

例題 8.2 対称 Y 形起電力の相電圧が 200 V，平衡 Y 形負荷の抵抗が $6\,\Omega$，誘導リアクタンスが $8\,\Omega$ のとき，相電流を求めよ．

解 a 相を基準にとる．

$$\dot{I}_a = \frac{\dot{E}_a}{\dot{Z}} = \frac{200}{6+j8} = 12 - j16 = 20\angle(-0.927)$$

$$\dot{I}_b = a^2 \dot{I}_a = 20\angle(-3.02), \quad \dot{I}_c = a\dot{I}_a = 20\angle(-5.12)$$

8.4.2 対称 Y 形起電力と平衡 Δ 形負荷

図 8.21 は，対称 Y 形起電力と平衡 Δ 形負荷よりなる 3 相回路を示す．$\dot{E}_a$ を基準にとり，$\dot{E}_a = \dot{E}$ とする．式 (8.31) を用いて，負荷の相電流は

$$\left.\begin{aligned}\dot{I}_{ab} &= \frac{\dot{V}_{ab}}{\dot{Z}} = \frac{\sqrt{3}\dot{E}}{\dot{Z}} e^{j(\pi/6)} \\ \dot{I}_{bc} &= a^2 \dot{I}_{ab}, \quad \dot{I}_{ca} = a\dot{I}_{ab}\end{aligned}\right\} \tag{8.32}$$

となる．また，線電流は

$$\left.\begin{aligned}\dot{I}_a &= \dot{I}_{ab} - \dot{I}_{ca} = (1-a)\dot{I}_{ab} \\ &= (1-a)\frac{\dot{V}_{ab}}{\dot{Z}} = (1-a)\frac{\sqrt{3}\dot{E}}{\dot{Z}} e^{j(\pi/6)} = \frac{3\dot{E}}{\dot{Z}} \\ \dot{I}_b &= a^2 \dot{I}_a, \quad \dot{I}_c = a\dot{I}_a\end{aligned}\right\} \tag{8.33}$$

となる．式 (8.29) と式 (8.33) を比較すると，Y 形負荷の $\dot{Z}$ と Δ 形負荷の $\dot{Z}/3$ とが等価になる（式 (8.17) より Δ–Y 変換を求めよ）．結局，Y–Δ 接続の場合は，Δ を Y に変換すれば Y–Y 接続となり，8.4.1 項と同じことになる．負荷 $\dot{Z}$ の偏角を ϕ としたときの，以上に述べた電圧・電流の関係を図 8.22 に示す．

8.4.1 項および 8.4.2 項に述べた接続方法のほかに，Δ–Y 接続および Δ–Δ 接続が

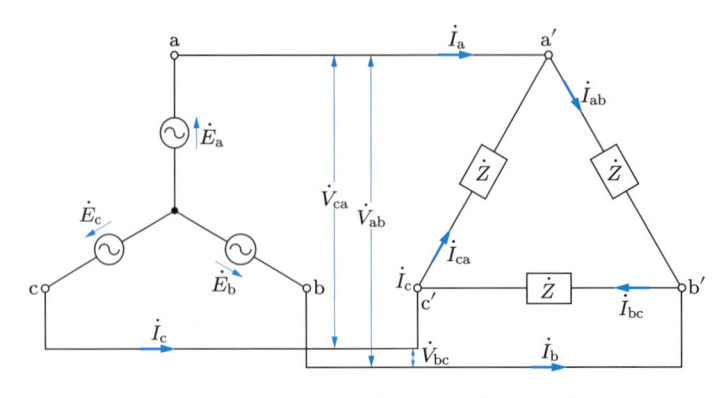

図 8.21 対称 3 相 Y 形起電力と平衡 Δ 形負荷

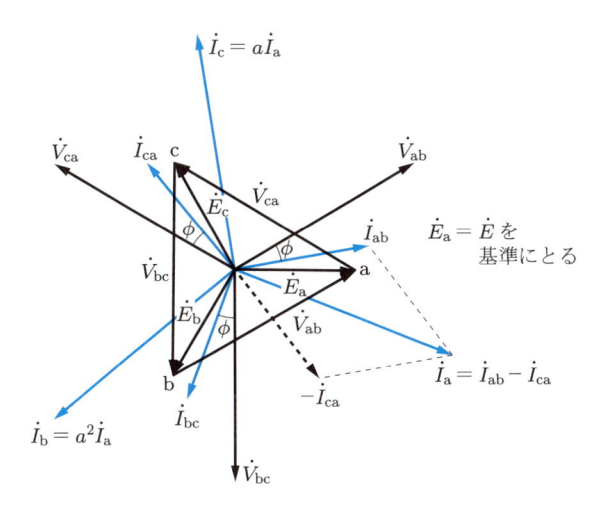

図 8.22 対称 3 相 Y 形起電力と △ 形負荷のベクトル図

あるが，△–Y 変換を行えばいずれも 8.4.1 項と同じことである．

8.4.3 非対称 Y 形起電力と不平衡 Y 形負荷

図 8.23 は，非対称 Y 形起電力と不平衡 Y 形負荷からなる 3 相回路を示す．中性点 OO′ をインピーダンス $\dot{Z}_N$ を通して接続し，線路のインピーダンスを Z_a''', Z_b''', Z_c''' として点 O で接地する．各部の電圧・電流を図のように定め，

$$\left.\begin{array}{l}\dot{Z}_a = \dot{Z}_a' + \dot{Z}_a'' + \dot{Z}_a''' \\ \dot{Z}_b = \dot{Z}_b' + \dot{Z}_b'' + \dot{Z}_b''' \\ \dot{Z}_c = \dot{Z}_c' + \dot{Z}_c'' + \dot{Z}_c'''\end{array}\right\} \tag{8.34}$$

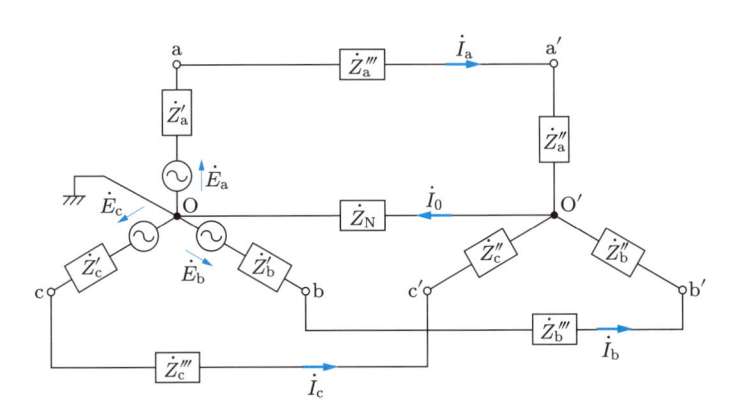

図 8.23 非対称 Y 形起電力と不平衡 Y 形負荷（中性点間接続，接地）

とおく．Oaa′O′O, Obb′O′O, Occ′O′O 回路で，それぞれ

$$\left.\begin{array}{l}\dot{Z}_a\dot{I}_a + \dot{Z}_N\dot{I}_0 = \dot{E}_a \\ \dot{Z}_b\dot{I}_b + \dot{Z}_N\dot{I}_0 = \dot{E}_b \\ \dot{Z}_c\dot{I}_c + \dot{Z}_N\dot{I}_0 = \dot{E}_c \end{array}\right\} \tag{8.35}$$

が得られ，また，

$$\dot{I}_a + \dot{I}_b + \dot{I}_c = \dot{I}_0$$

である．これらの式から $\dot{I}_0$ を求めると，

$$\dot{I}_0 = \frac{\dot{Y}_a\dot{E}_a + \dot{Y}_b\dot{E}_b + \dot{Y}_c\dot{E}_c}{1 + \dot{Z}_N(\dot{Y}_a + \dot{Y}_b + \dot{Y}_c)} \tag{8.36}$$

ただし，

$$\dot{Z}_a = \frac{1}{\dot{Y}_a}, \quad \dot{Z}_b = \frac{1}{\dot{Y}_b}, \quad \dot{Z}_c = \frac{1}{\dot{Y}_c}$$

となる．また，中性点 O′ の電位は，$\dot{Z}_N = 1/\dot{Y}_N$ とすると，

$$\dot{V}_0 = \dot{I}_0\dot{Z}_N = \frac{\dot{Y}_a\dot{E}_a + \dot{Y}_b\dot{E}_b + \dot{Y}_c\dot{E}_c}{\dot{Y}_a + \dot{Y}_b + \dot{Y}_c + \dot{Y}_N} \tag{8.37}$$

となる．各線電流は，式 (8.37) を式 (8.35) に代入すれば求められる．また，中性点 OO′ の接続がないときは，$\dot{Y}_N = 0$ とすると，次のようになる．

$$\dot{V}_0 = \frac{\dot{Y}_a\dot{E}_a + \dot{Y}_b\dot{E}_b + \dot{Y}_c\dot{E}_c}{\dot{Y}_a + \dot{Y}_b + \dot{Y}_c} \tag{8.38}$$

8.5 多相交流回路の電力

8.5.1 対称 3 相起電力と平衡 3 相負荷回路の電力

図 8.24(a) は，対称 Y 形起電力と平衡 Y 形負荷よりなる 3 相回路を示す．いま，負荷 $\dot{Z}$ の力率を $\cos\phi$ とすれば，a 相の平均電力 $P_a = E_aI_a\cos\phi$ となり，ほかの 2 相の平均電力も P_a に等しいので，3 相全体では

$$P = 3E_aI_a\cos\phi \tag{8.39}$$

となり，線電圧 V_{ab} を用いると，

$$P = \sqrt{3}V_{ab}I_a\cos\phi \tag{8.40}$$

となる．

図 (b) は，対称 Δ 形起電力と平衡 Δ 形負荷よりなる 3 相回路を示す．負荷 $\dot{Z}$ の

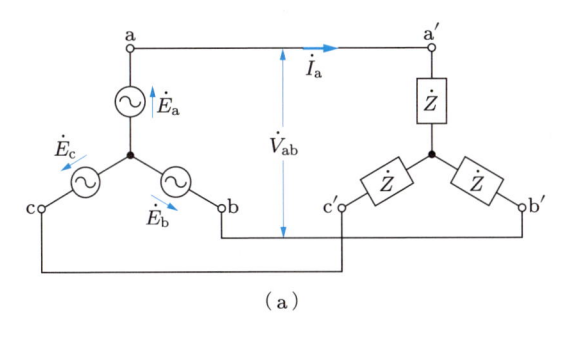

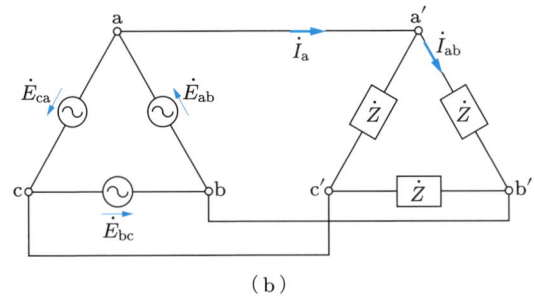

図 8.24　対称 3 相電圧と平衡負荷の電力

力率を $\cos\phi$ とすると，1 相あたりの平均電力 $P_{ab} = E_{ab}I_{ab}\cos\phi$ となり，3 相全体では

$$P = 3E_{ab}I_{ab}\cos\phi \tag{8.41}$$

となる．線電流 I_a を用いると，次のようになる．

$$P = \sqrt{3}E_{ab}I_a\cos\phi \tag{8.42}$$

式 (8.40) および式 (8.42) より，3 相電力は，線電圧 V，線電流 I を用いれば，負荷の接続が Y 形でも Δ 形でも

$$P = \sqrt{3}VI\cos\phi \tag{8.43}$$

となる．

8.5.2　ブロンデルの定理

n 相系で線路数を n，各線の電位を $\dot{V}_k$，線電流を $\dot{I}_k$ とすると，平均電力 $\dot{P}$ は，式 (4.79) により，

$$\dot{P} = P - jQ = \sum_{k=1}^{n}\overline{V}_k\dot{I}_k \tag{8.44}$$

で表すことができる．ここで，

$$P = \sum_{k=1}^{n} V_k I_k \cos\phi_k, \quad Q = \sum_{k=1}^{n} V_k I_k \sin\phi_k$$

とする．

n 本の線路では，キルヒホッフの法則により $\sum_{k=1}^{n} \dot{I}_k = 0$ が成立するので，式 (8.44) の右辺に $-\overline{V}_n \sum_{k=1}^{n} \dot{I}_k = 0$ を加えると，$\dot{P}$ は

$$\begin{aligned}
\dot{P} &= \sum_{k=1}^{n} \overline{V}_k \dot{I}_k - \overline{V}_n \sum_{k=1}^{n} \dot{I}_k \\
&= (\overline{V}_1 - \overline{V}_n)\dot{I}_1 + (\overline{V}_2 - \overline{V}_n)\dot{I}_2 + \cdots + (\overline{V}_n - \overline{V}_n)\dot{I}_n \\
&= \sum_{k=1}^{n-1} (\overline{V}_k - \overline{V}_n)\dot{I}_k
\end{aligned} \quad (8.45)$$

となる．したがって，図 8.25 のようにして，線路数 n より 1 個少ない電力計で全電力を測定できる．これを**ブロンデル** (Blondel) **の定理**という．3 相 3 線式の場合，2 個の電力計で電力を測定できる．

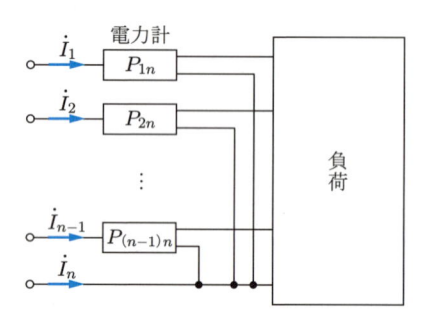

図 8.25　n 相の電力測定における電力計の個数と結線図

8.6　対称多相交流による回転磁界

8.6.1　対称 3 相交流による回転磁界

図 8.26 に示すように，巻数の等しい 3 個のコイルを互いに $2\pi/3$ なる角度で配置し，対称 3 相交流電流を流すとき，中心に発生する磁界を考える．コイル a, b, c を流れる電流をそれぞれ $i_\mathrm{a}, i_\mathrm{b}, i_\mathrm{c}$ とし，それらの最大値を I_m とすれば，

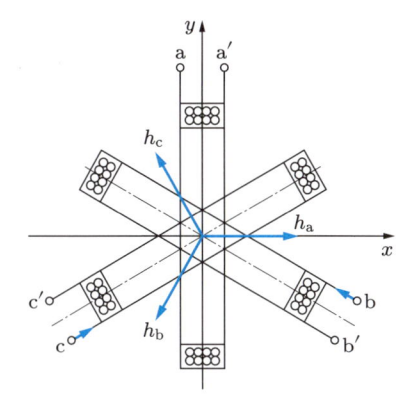

図 8.26 コイルに 3 相交流電流を流してできる磁界

$$i_\mathrm{a} = I_m \sin \omega t, \quad i_\mathrm{b} = I_m \sin\left(\omega t - \frac{2\pi}{3}\right), \quad i_\mathrm{c} = I_m \sin\left(\omega t - \frac{4\pi}{3}\right) \tag{8.46}$$

となる．これらの電流によりコイルに生じる磁界 h_a, h_b, h_c は，それらの最大値を H_m とすれば，

$$h_\mathrm{a} = H_m \sin \omega t, \quad h_\mathrm{b} = H_m \sin\left(\omega t - \frac{2\pi}{3}\right), \quad h_\mathrm{c} = H_m \sin\left(\omega t - \frac{4\pi}{3}\right)$$

となる．h_a の方向と x 軸を一致させれば，h_b および h_c の方向は x 軸とそれぞれ $2\pi/3$ および $4\pi/3$ の角度をなす．したがって，y 軸方向成分に j を付して表すと，h_a, h_b および h_c は，

$$\left.\begin{aligned}
h_\mathrm{a} &= H_m \sin \omega t = \frac{H_m}{2} \frac{e^{j\omega t} - e^{-j\omega t}}{j} \\
h_\mathrm{b} &= H_m \sin\left(\omega t - \frac{2\pi}{3}\right) e^{-j(2\pi/3)} \\
&= \frac{H_m}{2} \frac{e^{j(\omega t - 2\pi/3)} - e^{-j(\omega t - 2\pi/3)}}{j} e^{-j(2\pi/3)} \\
h_\mathrm{c} &= H_m \sin\left(\omega t - \frac{4\pi}{3}\right) e^{-j(4\pi/3)} \\
&= \frac{H_m}{2} \frac{e^{j(\omega t - 4\pi/3)} - e^{-j(\omega t - 4\pi/3)}}{j} e^{-j(4\pi/3)}
\end{aligned}\right\} \tag{8.47}$$

となる．式 (8.47) より，h_a, h_b および h_c の合成磁界 $\dot{H}$ は，

$$\dot{H} = h_\mathrm{a} + h_\mathrm{b} + h_\mathrm{c}$$

$$= \frac{H_m}{2j}\{e^{j\omega t} - e^{-j\omega t} + e^{j(\omega t - 4\pi/3)} - e^{-j\omega t} + e^{j(\omega t - 8\pi/3)} - e^{-j\omega t}\}$$

$$= \frac{H_m}{2j}\left[e^{j\omega t}\{1 + e^{-j(4\pi/3)} + e^{-j(8\pi/3)}\} - 3e^{-j\omega t}\right]$$

$$= \frac{H_m}{2j}\left\{e^{j\omega t}\left(1 - \frac{1}{2} + j\frac{\sqrt{3}}{2} - \frac{1}{2} - j\frac{\sqrt{3}}{2}\right) - 3e^{-j\omega t}\right\}$$

$$= \frac{3}{2}jH_m e^{-j\omega t} \tag{8.48}$$

となる．式 (8.48) より，対称 3 相交流による合成磁界 $\dot{H}$ は，図 8.27 に示すように，その大きさが一定 ($3H_m/2$) で，その方向が時計方向に角速度 ω で回転する回転磁界となる．

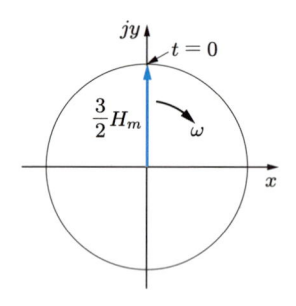

図 8.27 合成磁界 $3H_m/2$ の回転磁界

8.6.2 対称 2 相交流による回転磁界

対称 3 相交流を図 8.28 の変圧器（スコット結線）の端子 a, b, c に加えると，端子 1–1′, 2–2′ に大きさが等しく，位相差 $\pi/2$ の対称 2 相交流電圧が発生する．図 8.29 のように二つの等しいコイルを互いに直角に配置し，端子 1–1′ および 2–2′ の対称 2 相交流電圧を加えると，電流 i_1 および i_2 には

$$i_1 = I_m \sin\omega t, \quad i_2 = I_m \sin\left(\omega t - \frac{\pi}{2}\right) = -I_m \cos\omega t \tag{8.49}$$

が流れ，i_1 および i_2 に比例する磁界 h_1 および h_2 が発生する．すなわち，

$$h_1 = H_m \sin\omega t, \quad h_2 = -H_m \cos\omega t \tag{8.50}$$

となる．したがって，8.6.1 項と同様に，y 方向の成分に j を付して表すと，合成磁界 $\dot{H}$ は，

図 8.28 対称 3 相交流より対称 2 相交流を得るスコット結線変圧器

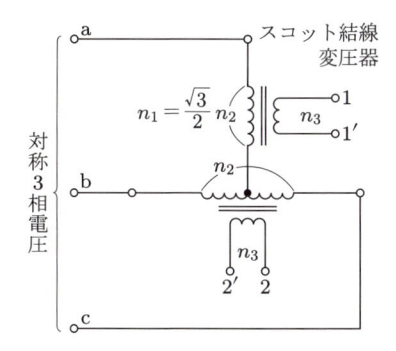

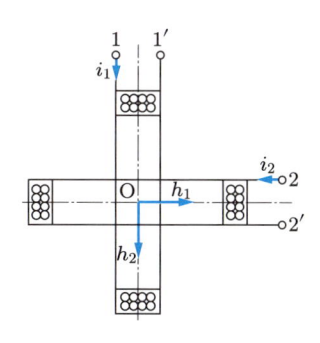

図 8.29 コイルに対称 2 相交流電流を流してできる磁界

$$\dot{H} = h_1 + jh_2 = H_m \sin\omega t - jH_m \cos\omega t$$
$$= -jH_m(j\sin\omega t + \cos\omega t) = -jH_m e^{j\omega t} \tag{8.51}$$

となる．上式より，図 8.30 のように合成磁界 $\dot{H}$ の大きさは一定（H_m）で，その方向は角速度 ω で反時計方向に回転する．

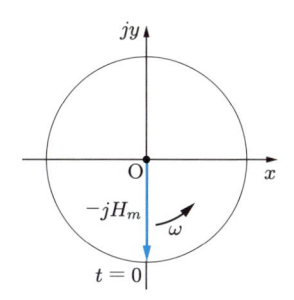

図 8.30 対称 2 相交流による回転磁界

8.7 対称 3 相起電力に含まれる高調波

8.7.1 対称 3 相発電機の起電力に含まれる高調波

対称 3 相発電機の電圧は，基本波のほかに奇数高調波を含む．いま，a 相の起電力の瞬時値を e_a とし，b 相および c 相の起電力の瞬時値を e_b および e_c とすれば，$n = 1, 2, 3, \cdots$ として，

$$
\left.\begin{aligned}
e_{\mathrm{a}} &= \sqrt{2}\{E_1 \sin(\omega t + \phi_1) + E_3 \sin(3\omega t + \phi_3) \\
&\quad + E_5 \sin(5\omega t + \phi_5) + \cdots \} \\
&= \sqrt{2} \sum_{n=1}^{\infty} E_{2n-1} \sin\{(2n-1)\omega t + \phi_{2n-1}\} \\
e_{\mathrm{b}} &= \sqrt{2} \sum_{n=1}^{\infty} E_{2n-1} \sin\left\{(2n-1)\left(\omega t - \frac{2\pi}{3}\right) + \phi_{2n-1}\right\} \\
e_{\mathrm{c}} &= \sqrt{2} \sum_{n=1}^{\infty} E_{2n-1} \sin\left\{(2n-1)\left(\omega t - \frac{4\pi}{3}\right) + \phi_{2n-1}\right\}
\end{aligned}\right\} \quad (8.52)
$$

となる．各相の奇数高調波のうち，$2n-1 = 3m\ (m = 1, 2, 3, \cdots)$ の条件を満たす第 $3m$ 高調波成分は

$$
\left.\begin{aligned}
e_{\mathrm{a}} &= \sqrt{2} \sum_{m=1}^{\infty} E_{3m} \sin(3m\omega t + \phi_{3m}) \\
e_{\mathrm{b}} &= \sqrt{2} \sum_{m=1}^{\infty} E_{3m} \sin(3m\omega t - 2m\pi + \phi_{3m}) \\
e_{\mathrm{c}} &= \sqrt{2} \sum_{m=1}^{\infty} E_{3m} \sin(3m\omega t - 4m\pi + \phi_{3m})
\end{aligned}\right\} \quad (8.53)
$$

となる．したがって，第 3, 9, 15, $\cdots$ 高調波（$2n-1 = 3m$ より）は，各相とも等しくなる．

また，各相の奇数高調波のうち，$2n-1 = 3m+1\ (m = 1, 2, \cdots)$ の条件を満たす第 $(3m+1)$ 高調波成分は，

$$
\left.\begin{aligned}
e_{\mathrm{a}} &= \sqrt{2} \sum_{m=1}^{\infty} E_{3m+1} \sin\{(3m+1)\omega t + \phi_{3m+1}\} \\
e_{\mathrm{b}} &= \sqrt{2} \sum_{m=1}^{\infty} E_{3m+1} \sin\left\{(3m+1)\omega t - \frac{2\pi}{3} - 2m\pi + \phi_{3m+1}\right\} \\
e_{\mathrm{c}} &= \sqrt{2} \sum_{m=1}^{\infty} E_{3m+1} \sin\left\{(3m+1)\omega t - \frac{4\pi}{3} - 4m\pi + \phi_{3m+1}\right\}
\end{aligned}\right\}
$$
$$(8.54)$$

となる．上式より，e_{b} および e_{c} は，e_{a} に対し，それぞれ $2\pi/3$ および $4\pi/3$ 遅れとなる．すなわち，第 7, 13, 19, $\cdots$ 高調波（$2n-1 = 3m+1$ より）は，基本波と同じ相回転の対称 3 相電圧となる．

さらに，各相の奇数高調波のうち，$2n-1 = 3m+2\ (m = 1, 2, 3, \cdots)$ の条件を満

たす第 $(3m+2)$ 高調波は，

$$\left.\begin{aligned} e_\mathrm{a} &= \sqrt{2} \sum_{m=1}^{\infty} E_{3m+2} \sin\{(3m+2)\omega t + \phi_{3m+2}\} \\ e_\mathrm{b} &= \sqrt{2} \sum_{m=1}^{\infty} E_{3m+2} \sin\left\{(3m+2)\omega t - \frac{4\pi}{3} - 2m\pi + \phi_{3m+2}\right\} \\ e_\mathrm{c} &= \sqrt{2} \sum_{m=1}^{\infty} E_{3m+2} \sin\left\{(3m+2)\omega t - \frac{2\pi}{3} - 2(2m+1)\pi + \phi_{3m+2}\right\} \end{aligned}\right\} \tag{8.55}$$

となる．上式より，e_b および e_c の位相は，e_a よりそれぞれ $4\pi/3$ および $2\pi/3$ 遅れる．すなわち，第 5, 11, 17, $\cdots$ 高調波（$2n-1 = 3m+2$ より）は，基本波と逆の相回転をする対称 3 相電圧となる．

8.7.2 発電機の結線と高調波

発電機が Y 形結線の場合，第 3, 9, 15, $\cdots$ 高調波（第 $3m$ 高調波成分）は，8.7.1 項で述べたように各組とも等しくなるので，線電圧には現れない．いま，第 n 高調波電圧を V_n（実効値）とすれば，線電圧の実効値と相電圧のそれとの比は，

$$\frac{V_\mathrm{ab}}{E_\mathrm{a}} = \sqrt{3} \frac{\sqrt{{V_1}^2 + {V_5}^2 + {V_7}^2 + {V_{11}}^2 + \cdots}}{\sqrt{{V_1}^2 + {V_3}^2 + {V_5}^2 + {V_7}^2 + {V_9}^2 + {V_{11}}^2 + \cdots}} \tag{8.56}$$

となる．したがって，発電機の中性点 O と負荷の中性点 O′ を結ぶ中性線がない場合，第 $3m$ 高調波成分の電流は流れない．しかし，中性線がある場合は，中性線を通して第 $3m$ 高調波成分の電流が流れる．

また，発電機が Δ 形結線の場合，第 $3m$ 高調波成分の電圧が同一方向となるので，循環電流が流れ，発電機巻線の温度上昇のもととなる．

8.8 対称座標法

対称多相回路の解析は，8.4.1 項などで述べたように単相回路の計算に帰着するが，非対称の起電力あるいは不平衡負荷を含む回路の解析は，8.4.3 項で述べたように，一般にかなり煩雑な計算を伴う．そこで，非対称の起電力や電流を対称な起電力や電流に分解して計算を行う**対称座標法** (method of symmetrical coordinates) を用いる．

8.8.1 対称座標法による非対称 3 相電流の表示

いま，図 8.31 のように，中性点が接地された 3 相発電機から非対称な線電流 $\dot{I}_\mathrm{a}$,

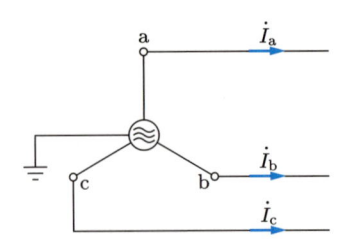

図 8.31　中性点接地された 3 相発電機の不平衡 3 相負荷電流の回路

$\dot{I}_\mathrm{b}, \dot{I}_\mathrm{c}$ が流出しているとする．ここで，$\dot{I}_\mathrm{a}, \dot{I}_\mathrm{b}, \dot{I}_\mathrm{c}$ を対称な電流成分に分解するため，次式で定義される電流 $\dot{I}_\mathrm{a0}, \dot{I}_\mathrm{a1}, \dot{I}_\mathrm{a2}$ を導入する．すなわち，

$$\left.\begin{aligned}\dot{I}_\mathrm{a0} &= \frac{1}{3}(\dot{I}_\mathrm{a} + \dot{I}_\mathrm{b} + \dot{I}_c) \\ \dot{I}_\mathrm{a1} &= \frac{1}{3}(\dot{I}_\mathrm{a} + a\dot{I}_\mathrm{b} + a^2\dot{I}_\mathrm{c}) \\ \dot{I}_\mathrm{a2} &= \frac{1}{3}(\dot{I}_\mathrm{a} + a^2\dot{I}_\mathrm{b} + a\dot{I}_\mathrm{c})\end{aligned}\right\} \tag{8.57}$$

とする．式 (8.57) より，$\dot{I}_\mathrm{a}, \dot{I}_\mathrm{b}, \dot{I}_\mathrm{c}$ を $\dot{I}_\mathrm{a0}, \dot{I}_\mathrm{a1}, \dot{I}_\mathrm{a2}$ で表すと，

$$\left.\begin{aligned}\dot{I}_\mathrm{a} &= \dot{I}_\mathrm{a0} + \dot{I}_\mathrm{a1} + \dot{I}_\mathrm{a2} \\ \dot{I}_\mathrm{b} &= \dot{I}_\mathrm{a0} + a^2\dot{I}_\mathrm{a1} + a\dot{I}_\mathrm{a2} \\ \dot{I}_\mathrm{c} &= \dot{I}_\mathrm{a0} + a\dot{I}_\mathrm{a1} + a^2 I_\mathrm{a2}\end{aligned}\right\} \tag{8.58}$$

となる．式 (8.58) より，非対称 3 相電流 $\dot{I}_\mathrm{a}, \dot{I}_\mathrm{b}, \dot{I}_\mathrm{c}$ は各相とも大きさと位相が等しい電流 $\dot{I}_\mathrm{a0}$，図 8.32 に示すように正の相回転をもつ対称 3 相電流 $\dot{I}_\mathrm{a1}$，および図 8.33 に示すように $\dot{I}_\mathrm{a1}$ と逆の相回転をもつ電流 $\dot{I}_\mathrm{a2}$ の和として表される．$\dot{I}_\mathrm{a0}, \dot{I}_\mathrm{a1}$ および $\dot{I}_\mathrm{a2}$ をそれぞれ**零相電流** (zero phase sequence current)，**正相電流** (positive phase sequence current) および**逆相電流** (negative phase sequence current) という．

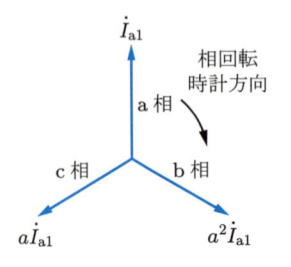

図 8.32　正相電流の相回転を示すベクトル図

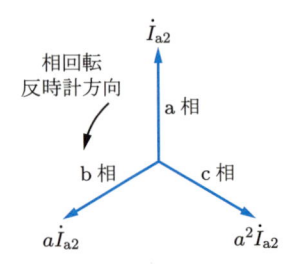

図 8.33　逆相電流の相回転を示すベクトル図

なお，3相電流の不平衡の度合いを，逆相電流と正相電流の大きさの比 $|\dot{I}_{a2}|/|\dot{I}_{a1}|$ で表し，これを**不平衡率** (unbalance factor) という．

以上のように，$\dot{I}_{a0}, \dot{I}_{a1}$ および $\dot{I}_{a2}$ は a 相を基準に表すので，便宜上 $\dot{I}_0, \dot{I}_1$ および $\dot{I}_2$ と書く．

また，式 (8.57) および式 (8.58) を行列で表すと，

$$\begin{bmatrix} \dot{I}_0 \\ \dot{I}_1 \\ \dot{I}_2 \end{bmatrix} = \frac{1}{3} \begin{bmatrix} 1 & 1 & 1 \\ 1 & a & a^2 \\ 1 & a^2 & a \end{bmatrix} \begin{bmatrix} \dot{I}_a \\ \dot{I}_b \\ \dot{I}_c \end{bmatrix} \tag{8.59}$$

$$\begin{bmatrix} \dot{I}_a \\ \dot{I}_b \\ \dot{I}_c \end{bmatrix} = \begin{bmatrix} 1 & 1 & 1 \\ 1 & a^2 & a \\ 1 & a & a^2 \end{bmatrix} \begin{bmatrix} \dot{I}_0 \\ \dot{I}_1 \\ \dot{I}_2 \end{bmatrix} \tag{8.60}$$

となる．なお，非対称 3 相起電力 $\dot{E}_a, \dot{E}_b, \dot{E}_c$ も，零相分 $\dot{E}_0$，正相分 $\dot{E}_1$，逆相分 $\dot{E}_2$ の 3 個の対称分起電力の和で示すと，

$$\begin{bmatrix} \dot{E}_a \\ \dot{E}_b \\ \dot{E}_c \end{bmatrix} = \begin{bmatrix} 1 & 1 & 1 \\ 1 & a^2 & a \\ 1 & a & a^2 \end{bmatrix} \begin{bmatrix} \dot{E}_0 \\ \dot{E}_1 \\ \dot{E}_2 \end{bmatrix} \tag{8.61}$$

$$\begin{bmatrix} \dot{E}_0 \\ \dot{E}_1 \\ \dot{E}_2 \end{bmatrix} = \begin{bmatrix} 1 & 1 & 1 \\ 1 & a & a^2 \\ 1 & a^2 & a \end{bmatrix} \begin{bmatrix} \dot{E}_a \\ \dot{E}_b \\ \dot{E}_c \end{bmatrix} \tag{8.62}$$

のように表すことができる．

8.8.2 中性点を接地した Y 形アドミタンスの対称分

図 8.34 において，各線電流は，

$$\dot{I}_a = \dot{Y}_a \dot{V}_a, \quad \dot{I}_b = \dot{Y}_b \dot{V}_b, \quad \dot{I}_c = \dot{Y}_c \dot{V}_c$$

となる．これを行列で表せば，次式となる．

$$\begin{bmatrix} \dot{I}_a \\ \dot{I}_b \\ \dot{I}_c \end{bmatrix} = \begin{bmatrix} \dot{Y}_a & 0 & 0 \\ 0 & \dot{Y}_b & 0 \\ 0 & 0 & \dot{Y}_c \end{bmatrix} \begin{bmatrix} \dot{V}_a \\ \dot{V}_b \\ \dot{V}_c \end{bmatrix} \tag{8.63}$$

ここで，$\dot{V}_a, \dot{V}_b, \dot{V}_c$ の対称分を $\dot{V}_0, \dot{V}_1, \dot{V}_2$ とすれば，線電流の対称分は，

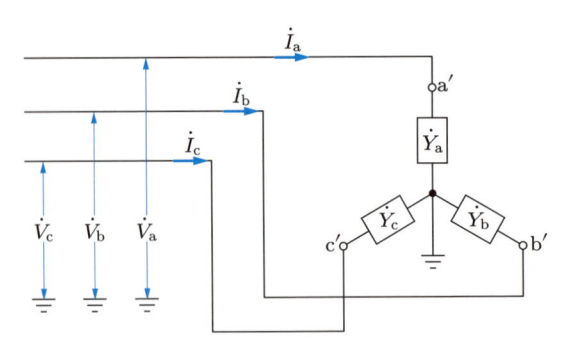

図 8.34 中性点接地した不平衡 Y 形アドミタンスの回路

$$
\begin{bmatrix} \dot{I}_0 \\ \dot{I}_1 \\ \dot{I}_2 \end{bmatrix} = \begin{bmatrix} 1 & 1 & 1 \\ 1 & a^2 & a \\ 1 & a & a^2 \end{bmatrix}^{-1} \begin{bmatrix} \dot{Y}_a & 0 & 0 \\ 0 & \dot{Y}_b & 0 \\ 0 & 0 & \dot{Y}_c \end{bmatrix} \begin{bmatrix} 1 & 1 & 1 \\ 1 & a^2 & a \\ 1 & a & a^2 \end{bmatrix} \begin{bmatrix} \dot{V}_0 \\ \dot{V}_1 \\ \dot{V}_2 \end{bmatrix}
$$
(8.64)

となる．ここで，

$$
\begin{bmatrix} \dot{Y}_0 \\ \dot{Y}_1 \\ \dot{Y}_2 \end{bmatrix} = \frac{1}{3} \begin{bmatrix} 1 & 1 & 1 \\ 1 & a & a^2 \\ 1 & a^2 & a \end{bmatrix} \begin{bmatrix} \dot{Y}_a \\ \dot{Y}_b \\ \dot{Y}_c \end{bmatrix}
$$
(8.65)

とおけば，式 (8.64) は次のようになる．

$$
\begin{bmatrix} \dot{I}_0 \\ \dot{I}_1 \\ \dot{I}_2 \end{bmatrix} = \begin{bmatrix} \dot{Y}_0 & \dot{Y}_2 & \dot{Y}_1 \\ \dot{Y}_1 & \dot{Y}_0 & \dot{Y}_2 \\ \dot{Y}_2 & \dot{Y}_1 & \dot{Y}_0 \end{bmatrix} \begin{bmatrix} \dot{V}_0 \\ \dot{V}_1 \\ \dot{V}_2 \end{bmatrix}
$$
(8.66)

8.8.3　3 相交流発電機の基本式

3 相交流発電機に不平衡負荷がかかり，a, b, c 相に $\dot{I}_a, \dot{I}_b, \dot{I}_c$ なる非対称電流が流れているとき，発電機の電圧降下を考える．図 8.35(a) のように，対称な発電機の a 巻線に $\dot{I}_1$，b 巻線に $a^2\dot{I}_1$，c 巻線に $a\dot{I}_1$ が流れたとき，各巻線における電圧降下は，いずれも大きさは等しく，相互の位相差が $2\pi/3$ なる対称 3 相電圧となる．各巻線の電圧降下は電流に比例するので，その比例定数を $\dot{Z}_1$ とすると，電圧降下は a 相では $\dot{Z}_1\dot{I}_1$，b 相では $a^2\dot{Z}_1\dot{I}_1$，c 相では $a\dot{Z}_1\dot{I}_1$ となる．次に，同じ発電機に，図 (b) のように，相回転が逆な電流 $\dot{I}_2, a\dot{I}_2$ および $a^2\dot{I}_2$ が流れた場合，その電圧降下もまた大きさが等しく，位相差が $2\pi/3$ ずつ異なった対称 3 相電圧となる．この場合も電圧降下

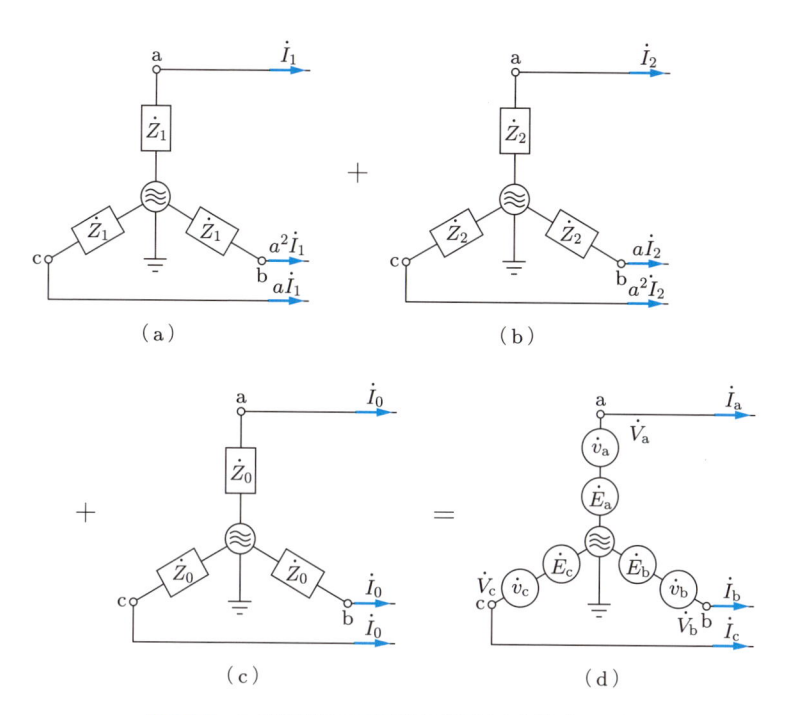

図 8.35 3相発電機の不平衡負荷電流と対称分の関係

は電流に比例するから，その比例定数を $\dot{Z}_2$ とすれば，電圧降下は，a 相では $\dot{Z}_2\dot{I}_2$，b 相では $a\dot{Z}_2\dot{I}_2$，c 相では $a^2\dot{Z}_2\dot{I}_2$ となる．さらに，図 (c) のように，a, b, c 相の各巻線に $\dot{I}_0$ が流れた場合，各相の電圧降下を $\dot{Z}_0\dot{I}_0$ とする．そこで，以上の 3 種類の電流を同時に流すと，そのときの各相の電圧降下 $\dot{v}_a, \dot{v}_b, \dot{v}_c$ はそれぞれ，

$$v_a = \dot{Z}_0\dot{I}_0 + \dot{Z}_1\dot{I}_1 + \dot{Z}_2\dot{I}_2$$

$$v_b = \dot{Z}_0\dot{I}_0 + a^2\dot{Z}_1\dot{I}_1 + a\dot{Z}_2\dot{I}_2$$

$$v_c = \dot{Z}_0\dot{I}_0 + a\dot{Z}_1\dot{I}_1 + a^2\dot{Z}_2\dot{I}_2$$

となり，これを行列で表せば，

$$\begin{bmatrix} \dot{v}_a \\ \dot{v}_b \\ \dot{v}_c \end{bmatrix} = \begin{bmatrix} 1 & 1 & 1 \\ 1 & a^2 & a \\ 1 & a & a^2 \end{bmatrix} \begin{bmatrix} \dot{Z}_0\dot{I}_0 \\ \dot{Z}_1\dot{I}_1 \\ \dot{Z}_2\dot{I}_2 \end{bmatrix} \tag{8.67}$$

となる．いま，a, b, c 相の誘起起電力をそれぞれ $\dot{E}_a, \dot{E}_b, \dot{E}_c$ とすれば，端子電圧 $\dot{V}_a, \dot{V}_b, \dot{V}_c$ は，

$$\begin{bmatrix} \dot{V}_a \\ \dot{V}_b \\ \dot{V}_c \end{bmatrix} = \begin{bmatrix} \dot{E}_a \\ \dot{E}_b \\ \dot{E}_c \end{bmatrix} - \begin{bmatrix} \dot{v}_a \\ \dot{v}_b \\ \dot{v}_c \end{bmatrix} \tag{8.68}$$

となる．したがって，$\dot{V}_a, \dot{V}_b, \dot{V}_c$ の対称分 $\dot{V}_0, \dot{V}_1, \dot{V}_2$ は，

$$\begin{bmatrix} \dot{V}_0 \\ \dot{V}_1 \\ \dot{V}_2 \end{bmatrix} = \begin{bmatrix} 1 & 1 & 1 \\ 1 & a^2 & a \\ 1 & a & a^2 \end{bmatrix}^{-1} \begin{bmatrix} \dot{V}_a \\ \dot{V}_b \\ \dot{V}_c \end{bmatrix}$$

$$= \begin{bmatrix} 1 & 1 & 1 \\ 1 & a^2 & a \\ 1 & a & a^2 \end{bmatrix}^{-1} \left(\begin{bmatrix} \dot{E}_a \\ \dot{E}_b \\ \dot{E}_c \end{bmatrix} - \begin{bmatrix} \dot{v}_a \\ \dot{v}_b \\ \dot{v}_c \end{bmatrix} \right) \tag{8.69}$$

となり，$\dot{E}_a, \dot{E}_b, \dot{E}_c$ の対称分を $\dot{E}_0, \dot{E}_1, \dot{E}_2$ とし，式 (8.67) を式 (8.69) に代入すれば，

$$\begin{bmatrix} \dot{V}_0 \\ \dot{V}_1 \\ \dot{V}_2 \end{bmatrix} = \begin{bmatrix} 1 & 1 & 1 \\ 1 & a^2 & a \\ 1 & a & a^2 \end{bmatrix}^{-1} \left(\begin{bmatrix} 1 & 1 & 1 \\ 1 & a^2 & a \\ 1 & a & a^2 \end{bmatrix} \begin{bmatrix} \dot{E}_0 \\ \dot{E}_1 \\ \dot{E}_2 \end{bmatrix} \right.$$

$$\left. - \begin{bmatrix} 1 & 1 & 1 \\ 1 & a^2 & a \\ 1 & a & a^2 \end{bmatrix} \begin{bmatrix} \dot{Z}_0 \dot{I}_0 \\ \dot{Z}_1 \dot{I}_1 \\ \dot{Z}_2 \dot{I}_2 \end{bmatrix} \right)$$

$$= \begin{bmatrix} \dot{E}_0 \\ \dot{E}_1 \\ \dot{E}_2 \end{bmatrix} - \begin{bmatrix} \dot{Z}_0 \dot{I}_0 \\ \dot{Z}_1 \dot{I}_1 \\ \dot{Z}_2 \dot{I}_2 \end{bmatrix} = \begin{bmatrix} \dot{E}_0 - \dot{Z}_0 \dot{I}_0 \\ \dot{E}_1 - \dot{Z}_1 \dot{I}_1 \\ \dot{E}_2 - \dot{Z}_2 \dot{I}_2 \end{bmatrix} \tag{8.70}$$

となる．ここでは，発電機を対称としたので，誘起起電力 $\dot{E}_a, \dot{E}_b, \dot{E}_c$ は対称 3 相電圧であり，逆相分および零相分は 0 である．すなわち，$\dot{E}_2 = \dot{E}_0 = 0$，$\dot{E}_1 = \dot{E}_a$ である．したがって，式 (8.70) は

$$\begin{bmatrix} \dot{V}_0 \\ \dot{V}_1 \\ \dot{V}_2 \end{bmatrix} = \begin{bmatrix} -\dot{Z}_0 \dot{I}_0 \\ \dot{E}_a - \dot{Z}_1 \dot{I}_1 \\ -\dot{Z}_2 \dot{I}_2 \end{bmatrix} \tag{8.71}$$

となる．この式を 3 相交流発電機の基本式という．

例題 8.3 3相交流発電機（2000 kVA）の無負荷端子電圧を 6600 V，対称分インピーダンスを $\dot{Z}_0 = 0.6\angle 73° \, \Omega$，$\dot{Z}_1 = 4.5\angle 89° \, \Omega$，$\dot{Z}_2 = 1.5\angle 70° \, \Omega$ とし，非対称電流 $\dot{I}_\text{a} = 400 - j650$ A，$\dot{I}_\text{b} = -230 - j700$ A，$\dot{I}_\text{c} = -150 + j600$ A が流れているときの端子電圧を求めよ．

解 まず，電流の対称分を式 (8.59) より求めると，

$$\dot{I}_0 = 6.67 - j250 \text{ A}, \quad \dot{I}_1 = 572 - j223 \text{ A}, \quad \dot{I}_2 = -179 - j177 \text{ A}$$

となる．次に，端子電圧の対称分を $E_\text{a} = 6600/\sqrt{3}$ として，式 (8.71) より求めると，

$$\dot{V}_0 = -145 + j40 \text{ V}, \quad \dot{V}_1 = 2760 - j2550 \text{ V}, \quad \dot{V}_2 = -159 + j343 \text{ V}$$

となる．これらから，

$$\dot{V}_\text{a} = 2460 - j2170 \text{ V}, \quad \dot{V}_\text{b} = -3950 - j1380 \text{ V}, \quad \dot{V}_\text{c} = 1060 + j3670 \text{ V}$$

となる．したがって，端子電圧は次のようになる．

$$\dot{V}_\text{ab} = \dot{V}_\text{a} - \dot{V}_\text{b} = 6410 - j790 \text{ V}$$
$$\dot{V}_\text{bc} = \dot{V}_\text{b} - \dot{V}_\text{c} = -5010 - j5050 \text{ V}$$
$$\dot{V}_\text{ca} = \dot{V}_\text{c} - \dot{V}_\text{a} = -1400 + j5840 \text{ V}$$

8.8.4 3相交流発電機と不平衡回路

(a) 不平衡アドミタンスの場合：図 8.36 のように，中性点が接地された不平衡 Y 形アドミタンス $\dot{Y}_\text{a}, \dot{Y}_\text{b}, \dot{Y}_\text{c}$ が 3 相交流発電機に接続されているとき，線電流 $\dot{I}_\text{a}, \dot{I}_\text{b}, \dot{I}_\text{c}$ と端子電圧 $\dot{V}_\text{a}, \dot{V}_\text{b}, \dot{V}_\text{c}$ は，次のように求められる．線電流の対称分 $\dot{I}_0, \dot{I}_1, \dot{I}_2$ は，式 (8.66) に式 (8.71) を代入して，

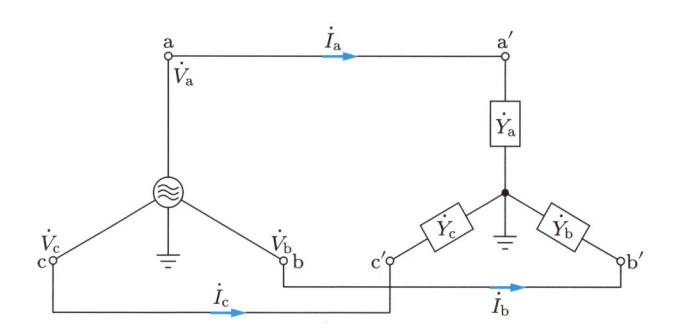

図 8.36 3相発電機と中性点接地した不平衡負荷アドミタンスの回路

$$\begin{bmatrix} \dot{I}_0 \\ \dot{I}_1 \\ \dot{I}_2 \end{bmatrix} = \begin{bmatrix} \dot{Y}_0 & \dot{Y}_2 & \dot{Y}_1 \\ \dot{Y}_1 & \dot{Y}_0 & \dot{Y}_2 \\ \dot{Y}_2 & \dot{Y}_1 & \dot{Y}_0 \end{bmatrix} \begin{bmatrix} -\dot{Z}_0 \dot{I}_0 \\ \dot{E}_a - \dot{Z}_1 \dot{I}_1 \\ -\dot{Z}_2 \dot{I}_2 \end{bmatrix} \tag{8.72}$$

となる．この式を $\dot{I}_0, \dot{I}_1, \dot{I}_2$ について整理すると，

$$\left.\begin{aligned} (1+\dot{Y}_0\dot{Z}_0)\dot{I}_0 + \quad \dot{Y}_2\dot{Z}_1\dot{I}_1 + \quad \dot{Y}_1\dot{Z}_2\dot{I}_2 &= \dot{Y}_2\dot{E}_a \\ \dot{Y}_1\dot{Z}_0\dot{I}_0 + (1+\dot{Y}_0\dot{Z}_1)\dot{I}_1 + \quad \dot{Y}_2\dot{Z}_2\dot{I}_2 &= \dot{Y}_0\dot{E}_a \\ \dot{Y}_2\dot{Z}_0\dot{I}_0 + \quad \dot{Y}_1\dot{Z}_1\dot{I}_1 + (1+\dot{Y}_0\dot{Z}_2)\dot{I}_2 &= \dot{Y}_1\dot{E}_a \end{aligned}\right\} \tag{8.73}$$

となる．したがって，$\dot{I}_0, \dot{I}_1, \dot{I}_2$ は，

$$\dot{I}_0 = \frac{\dot{\Delta}_0}{\dot{\Delta}}, \quad \dot{I}_1 = \frac{\dot{\Delta}_1}{\dot{\Delta}}, \quad \dot{I}_2 = \frac{\dot{\Delta}_2}{\dot{\Delta}} \tag{8.74}$$

ただし，

$$\dot{\Delta}_0 = \dot{E}_a \begin{vmatrix} \dot{Y}_2 & \dot{Y}_2\dot{Z}_1 & \dot{Y}_1\dot{Z}_2 \\ \dot{Y}_0 & 1+\dot{Y}_0\dot{Z}_1 & \dot{Y}_2\dot{Z}_2 \\ \dot{Y}_1 & \dot{Y}_1\dot{Z}_1 & 1+\dot{Y}_0\dot{Z}_2 \end{vmatrix}$$

$$\dot{\Delta}_1 = \dot{E}_a \begin{vmatrix} 1+\dot{Y}_0\dot{Z}_0 & \dot{Y}_2 & \dot{Y}_1\dot{Z}_2 \\ \dot{Y}_1\dot{Z}_0 & \dot{Y}_0 & \dot{Y}_2\dot{Z}_2 \\ \dot{Y}_2\dot{Z}_0 & \dot{Y}_1 & 1+\dot{Y}_0\dot{Z}_2 \end{vmatrix}$$

$$\dot{\Delta}_2 = \dot{E}_a \begin{vmatrix} 1+\dot{Y}_0\dot{Z}_0 & \dot{Y}_2\dot{Z}_1 & \dot{Y}_2 \\ \dot{Y}_1\dot{Z}_0 & 1+\dot{Y}_0\dot{Z}_1 & \dot{Y}_0 \\ \dot{Y}_2\dot{Z}_0 & \dot{Y}_1\dot{Z}_1 & \dot{Y}_1 \end{vmatrix}$$

$$\dot{\Delta} = \begin{vmatrix} 1+\dot{Y}_0\dot{Z}_0 & \dot{Y}_2\dot{Z}_1 & \dot{Y}_1\dot{Z}_2 \\ \dot{Y}_1\dot{Z}_0 & 1+\dot{Y}_0\dot{Z}_1 & \dot{Y}_2\dot{Z}_2 \\ \dot{Y}_2\dot{Z}_0 & \dot{Y}_1\dot{Z}_1 & 1+\dot{Y}_0\dot{Z}_2 \end{vmatrix}$$

となる．したがって，上式と式 (8.60) より，線電流 $\dot{I}_a, \dot{I}_b, \dot{I}_c$ は

$$\left.\begin{aligned} \dot{I}_a &= \frac{\dot{\Delta}_0 + \dot{\Delta}_1 + \dot{\Delta}_2}{\dot{\Delta}} \\ \dot{I}_b &= \frac{\dot{\Delta}_0 + a^2\dot{\Delta}_1 + a\dot{\Delta}_2}{\dot{\Delta}} \\ \dot{I}_c &= \frac{\dot{\Delta}_0 + a\dot{\Delta}_1 + a^2\dot{\Delta}_2}{\dot{\Delta}} \end{aligned}\right\} \tag{8.75}$$

となる．また，端子電圧 $\dot{V}_\mathrm{a}, \dot{V}_\mathrm{b}, \dot{V}_\mathrm{c}$ は，式 (8.68)，(8.67) より，

$$\left.\begin{aligned}\dot{V}_\mathrm{a} &= \dot{E}_\mathrm{a} - \dot{Z}_0 \dot{I}_0 - \dot{Z}_1 \dot{I}_1 - \dot{Z}_2 \dot{I}_2 \\ \dot{V}_\mathrm{b} &= a^2 \dot{E}_\mathrm{a} - \dot{Z}_0 \dot{I}_0 - a^2 \dot{Z}_1 \dot{I}_1 - a \dot{Z}_2 \dot{Z}_2 \\ \dot{V}_\mathrm{c} &= a \dot{E}_\mathrm{a} - \dot{Z}_0 \dot{I}_0 - a \dot{Z}_1 \dot{I}_1 - a^2 \dot{Z}_2 \dot{I}_2 \end{aligned}\right\} \tag{8.76}$$

となる．

(b) 1 線接地，2 線解放の場合： 図 8.37 のように，a 相接地が起こり，b, c 相が解放された場合，

$$\dot{I}_\mathrm{b} = \dot{I}_\mathrm{c} = 0, \quad \dot{V}_\mathrm{a} = 0 \tag{8.77}$$

となり，対称分で書くと，

$$\dot{I}_\mathrm{b} = \dot{I}_0 + a^2 \dot{I}_1 + a \dot{I}_2 = 0$$

$$\dot{I}_\mathrm{c} = \dot{I}_0 + a \dot{I}_1 + a^2 \dot{I}_2 = 0$$

となる．上式より，

$$\dot{I}_1 = \dot{I}_2$$

となり，したがって，

$$\dot{I}_0 = \dot{I}_1 = \dot{I}_2 \tag{8.78}$$

となる．次に，式 (8.77) の $\dot{V}_\mathrm{a}$ を対称分で表すと，

$$\dot{V}_\mathrm{a} = \dot{V}_0 + \dot{V}_1 + \dot{V}_2 = 0$$

となり，これに式 (8.71) を代入すると，

$$-\dot{Z}_0 \dot{I}_0 + \dot{E}_\mathrm{a} - \dot{Z}_1 \dot{I}_1 - \dot{Z}_2 \dot{I}_2 = 0$$

となる．ここで，式 (8.78) の関係を用いると，

$$\dot{E}_\mathrm{a} = (\dot{Z}_0 + \dot{Z}_1 + \dot{Z}_2) \dot{I}_0$$

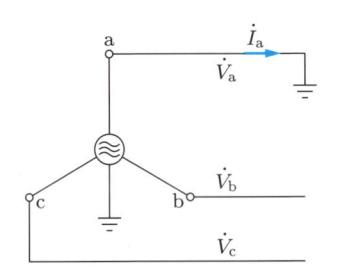

図 8.37　3 相発電機の 1 線接地，2 線解放の回路

∴ $\dot{I}_0 = \dot{I}_1 = \dot{I}_2 = \dfrac{\dot{E}_a}{\dot{Z}_0 + \dot{Z}_1 + \dot{Z}_2}$

となり，したがって，接地電流 $\dot{I}_a$ は，

$$\dot{I}_a = \dot{I}_0 + \dot{I}_1 + \dot{I}_2 = \dfrac{3\dot{E}_a}{\dot{Z}_0 + \dot{Z}_1 + \dot{Z}_2} \tag{8.79}$$

となる．また，式 (8.71) より，

$$\dot{V}_0 = -\dfrac{\dot{Z}_0 \dot{E}_a}{\dot{Z}_0 + \dot{Z}_1 + \dot{Z}_2}$$

$$\dot{V}_1 = \dfrac{(\dot{Z}_0 + \dot{Z}_2)\dot{E}_a}{\dot{Z}_0 + \dot{Z}_1 + \dot{Z}_2}$$

$$\dot{V}_2 = -\dfrac{\dot{Z}_2 \dot{E}_a}{\dot{Z}_0 + \dot{Z}_1 + \dot{Z}_2}$$

となる．したがって，解放端の電位は次のようになる．

$$\left.\begin{aligned}\dot{V}_b &= \dot{V}_0 + a^2 \dot{V}_1 + a\dot{V}_2 = \dfrac{(a^2 - 1)\dot{Z}_0 + (a^2 - a)\dot{Z}_2}{\dot{Z}_0 + \dot{Z}_1 + \dot{Z}_2}\dot{E}_a \\ \dot{V}_c &= \dot{V}_0 + a\dot{V}_1 + a^2\dot{V}_2 = \dfrac{(a - 1)\dot{Z}_0 + (a - a^2)\dot{Z}_2}{\dot{Z}_0 + \dot{Z}_1 + \dot{Z}_2}\dot{E}_a\end{aligned}\right\} \tag{8.80}$$

(c) 2線接地，1線解放の場合： この場合の条件は，

$$\dot{V}_b = \dot{V}_c = 0, \quad \dot{I}_a = 0 \tag{8.81}$$

となる．(b) の場合と同様に計算して，接地電流 $\dot{I}_b$, $\dot{I}_c$ および解放端電圧 $\dot{V}_a$ は，

$$\left.\begin{aligned}\dot{I}_b &= \dfrac{(a^2 - a)\dot{Z}_0 + (a^2 - 1)\dot{Z}_2}{\dot{Z}_1(\dot{Z}_0 + \dot{Z}_2) + \dot{Z}_0 \dot{Z}_2}\dot{E}_a \\ \dot{I}_c &= \dfrac{(a - a^2)\dot{Z}_0 + (a - 1)\dot{Z}_2}{\dot{Z}_1(\dot{Z}_0 + \dot{Z}_2) + \dot{Z}_0 \dot{Z}_2}\dot{E}_a \\ \dot{V}_a &= \dfrac{3\dot{Z}_0 \dot{Z}_2}{\dot{Z}_1(\dot{Z}_0 + \dot{Z}_2) + \dot{Z}_0 \dot{Z}_2}\dot{E}_a\end{aligned}\right\} \tag{8.82}$$

となる．

(d) 2線短絡，1線解放の場合： この場合の条件は，

$$\dot{V}_b = \dot{V}_c, \quad \dot{I}_b = -\dot{I}_c, \quad \dot{I}_a = 0 \tag{8.83}$$

となる．(b) の場合と同様に計算して，短絡電流は

$$\dot{I}_\mathrm{b} = -\dot{I}_\mathrm{c} = \frac{a^2 - a}{\dot{Z}_1 + \dot{Z}_2} \dot{E}_\mathrm{a} \tag{8.84}$$

となり，解放端および短絡端の電位は次のようになる．

$$\dot{V}_\mathrm{a} = \frac{2\dot{Z}_2}{\dot{Z}_1 + \dot{Z}_2} \dot{E}_\mathrm{a}, \quad \dot{V}_\mathrm{b} = \dot{V}_\mathrm{c} = \frac{-\dot{Z}_2}{\dot{Z}_1 + \dot{Z}_2} \dot{E}_\mathrm{a} \tag{8.85}$$

(e) **3相発電機の3線短絡の場合**：この場合の条件は，

$$\dot{I}_\mathrm{a} + \dot{I}_\mathrm{b} + \dot{I}_\mathrm{c} = 0, \quad \dot{V}_\mathrm{a} = \dot{V}_\mathrm{b} = \dot{V}_\mathrm{c} \tag{8.86}$$

となる．(b) の場合と同様に計算して，短絡電流は，

$$\dot{I}_\mathrm{a} = \frac{\dot{E}_\mathrm{a}}{\dot{Z}_1}, \quad \dot{I}_\mathrm{b} = \frac{a^2 \dot{E}_\mathrm{a}}{\dot{Z}_1}, \quad \dot{I}_\mathrm{c} = \frac{a \dot{E}_\mathrm{a}}{\dot{Z}_1} \tag{8.87}$$

となり，短絡端電圧は次のようになる．

$$\dot{V}_\mathrm{a} = \dot{V}_\mathrm{b} = \dot{V}_\mathrm{c} = 0 \tag{8.88}$$

演習問題

8.1 問図 8.1 のような平衡3相回路の負荷において，誘導性リアクタンス X_L [Ω] に流れる電流の大きさを I_L [A]，容量性リアクタンス X_C [Ω] に流れる電流の大きさを I_C [A] とするとき，次の (a) および (b) に答えよ．（平 13，III）

(a) X_L による Δ 結線の負荷をこれと等価な Y 結線の負荷に変換したとき，変換後の1相の誘導性リアクタンス X'_L に流れる電流 I'_L [A] の大きさとして，正しいものは次のうちどれか．

(1) $\sqrt{3}I_L$　(2) $\sqrt{2}I_L$　(3) I_L　(4) $\frac{1}{\sqrt{2}}I_L$　(5) $\frac{1}{\sqrt{3}}I_L$

(b) 図の回路において電流 I_L と電流 I_C が $I_L = (2/\sqrt{3})I_C$ の関係にあるとき，X_L [Ω] の値として，正しいのは次のうちどれか．

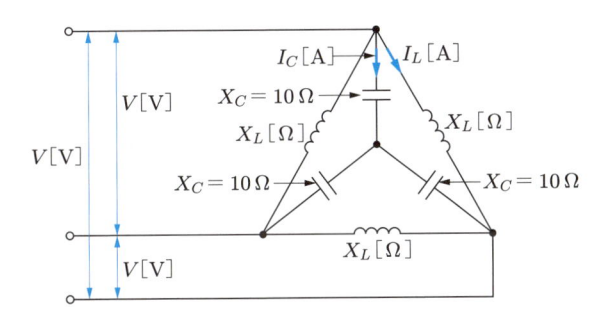

問図 8.1

(1) 5　　(2) 10　　(3) 15　　(4) 20　　(5) 25

8.2 問図 8.2 のように，三つの交流電圧源から構成される回路において，各相の電圧 $\dot{E}_\mathrm{a}$ [V]，$\dot{E}_\mathrm{b}$ [V] および $\dot{E}_\mathrm{c}$ [V] は，それぞれ次のように与えられる．

$$\dot{E}_\mathrm{a} = 200\angle 0\,\mathrm{V}, \quad \dot{E}_\mathrm{b} = 200\angle\left(-\frac{2\pi}{3}\right)\,\mathrm{V}, \quad \dot{E}_\mathrm{c} = 200\angle\frac{\pi}{3}\,\mathrm{V}$$

このとき，図中の線電圧 $\dot{V}_\mathrm{ca}$ [V] と $\dot{V}_\mathrm{bc}$ [V] の大きさ（スカラ量）の値として，正しいものを組み合わせたのは次表のうちどれか．（平 14, Ⅲ）

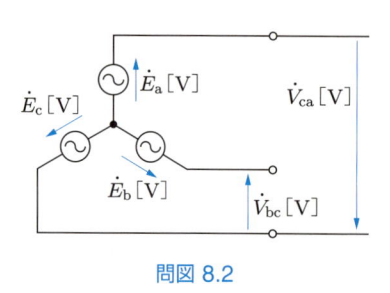

問図 8.2

	線電圧 $\dot{V}_\mathrm{ac}$ [V] の大きさ	線電圧 $\dot{V}_\mathrm{bc}$ [V] の大きさ
(1)	200	0
(2)	$200\sqrt{3}$	$200\sqrt{3}$
(3)	$200\sqrt{2}$	$400\sqrt{2}$
(4)	$200\sqrt{3}$	400
(5)	200	400

8.3 問図 8.3 の対称 3 相交流電源の各相の電圧は，それぞれ $\dot{E}_\mathrm{a} = 200\angle 0\,\mathrm{V}$，$\dot{E}_\mathrm{b} = 200\angle(-2\pi/3)\,\mathrm{V}$ および $\dot{E}_\mathrm{c} = 200\angle(-4\pi/3)\,\mathrm{V}$ である．この電源には抵抗 $40\,\Omega$ を △ 結線した 3 相平衡負荷が接続されている．このとき，線電圧 $\dot{V}_\mathrm{ab}$ [Ω] と線電流 $\dot{I}_\mathrm{a}$ [A] の大きさ（スカラ量）の値として，もっとも近いものを組み合わせたのは次表のうちどれか．（平 15, Ⅲ）

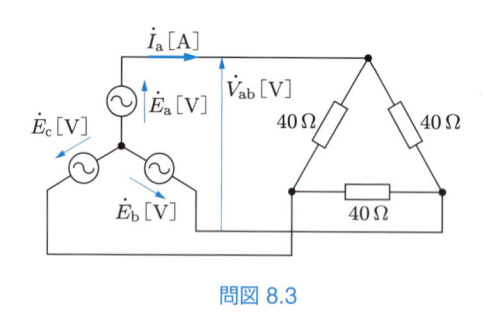

問図 8.3

	線電圧 $\dot{V}_\mathrm{ab}$ [V] の大きさ	線電流 $\dot{I}_\mathrm{a}$ [A] の大きさ
(1)	283	5
(2)	283	8.7
(3)	346	8.7
(4)	346	15
(5)	400	15

8.4 問図 8.4 のように，対称 3 相交流電源から遅れ力率 0.8，消費電力 50 kW の平衡 3 相負荷に電力が供給されている．電力計 P の電圧コイルと電流コイルを図のように接続するとき，電力計 P の指示する値を求めよ．ただし，相回転は a → b → c とする．（平 2, 電管）

8.5 抵抗 R [Ω]，誘導性リアクタンス X [Ω] からなる平衡 3 相負荷（力率 80％）に対称 3 相交流電源を接続した回路がある．次の (a) および (b) に答えよ．（平 18, Ⅲ）

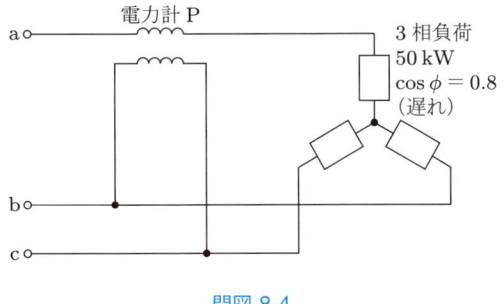

問図 8.4

(a) 問図 8.5(a) のように，Y 結線した平衡 3 相負荷に線電圧 210 V の 3 相電圧を加えたとき，回路を流れる電流 I は $14/\sqrt{3}$ A であった．負荷の誘導性リアクタンスの値として，正しいのは次のうちどれか．
(1) 4 (2) 5 (3) 9 (4) 12 (5) 15

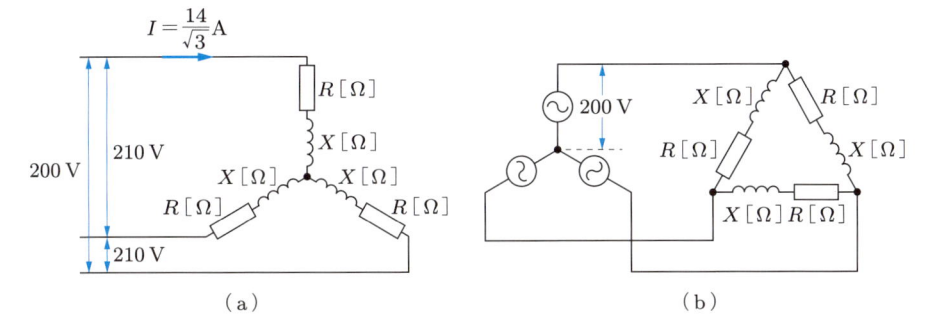

問図 8.5

(b) 問図の各相の負荷を使って Δ 結線し，問図 (b) のように相電圧 200 V の対称 3 相電源に接続した．この平衡 3 相負荷の全消費電力 [kW] の値として，正しいのは次のうちどれか．
(1) 8 (2) 11.1 (3) 13.9 (4) 19.2 (5) 33.3

8.6 問図 8.6 のように，二つの抵抗 R [Ω] と一つの誘導性リアクタンス X [Ω] とを星形結線にした 3 相負荷に，対称 3 相交流電圧 V [V] を加えたときの各相の電流および負荷の消費電力を求めよ．ただし，相回転は a → b → c とする．（平元，電管）

8.7 問図 8.7 のような抵抗 R と静電容量 C からなる不平衡 Y 形負荷に対称 3 相電圧を加えるとき，相回転を a → b → c とし，$R = 1/\omega C$ とすれば，$|\dot{V}_{a0}| > |\dot{V}_{c0}| > |\dot{V}_{b0}|$ となることを示せ．ただし，$\dot{V}_{a0}, \dot{V}_{b0}, \dot{V}_{c0}$ は中性点と各端子間の電圧である．

8.8 問図 8.8 のような対称 3 相交流電源に，3 相不平衡負荷が接続されている 3 相 4 線式交流回路がある．次の各問に答えよ．ただし，相回転は a → b → c とし，負荷以外の

問図 8.6　　　　　　　　　問図 8.7

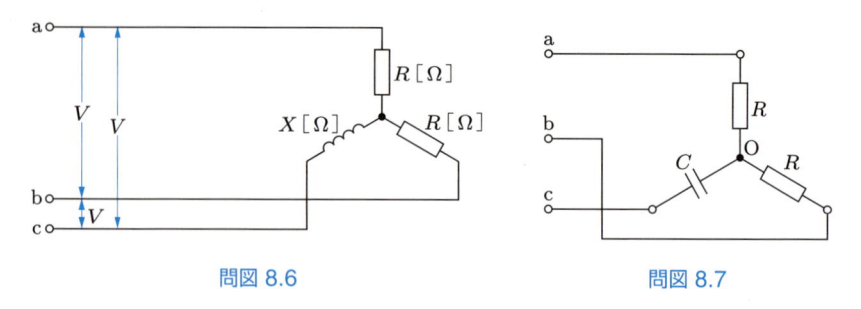

インピーダンスは無視するものとする．(平 4, 電管)
(a) スイッチ S が閉じているとき，a, b, c の各相に流れる電流 $\dot{I}_\mathrm{a}, \dot{I}_\mathrm{b}, \dot{I}_\mathrm{c}$，中性線に流れる電流 $\dot{I}_0$ および負荷の消費電力 P を求めよ．
(b) スイッチ S が開いているとき，S の両極間の電圧 $\dot{V}_0$，各相に流れる電流 $\dot{I}_\mathrm{a}, \dot{I}_\mathrm{b}, \dot{I}_\mathrm{c}$，および負荷の消費電力 P を求めよ．

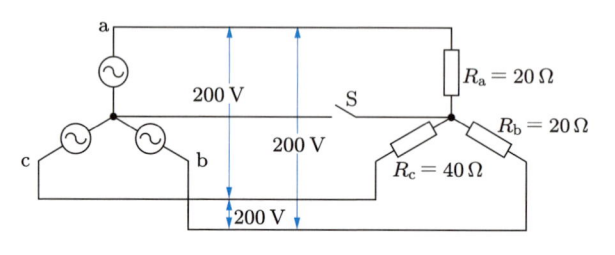

問図 8.8

8.9　問図 8.9 のような平衡 Y 形負荷と対称 Y 形起電力からなる 3 相回路において，c 相が断線したときの a 相の電流は，断線前の電流の何 % になるか．

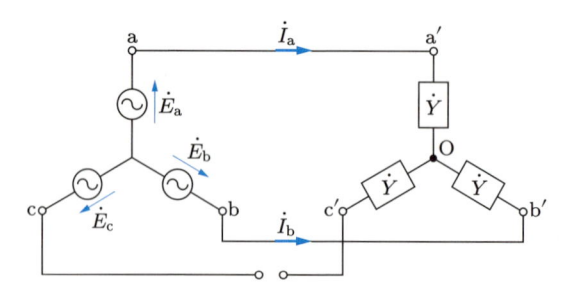

問図 8.9

8.10　対称 3 相電圧 200 V を Y 形負荷に加えるとき，各相の負荷インピーダンスを
$$\dot{Z}_\mathrm{a} = 2 + j5\,\Omega, \quad \dot{Z}_\mathrm{b} = 3 + j4\,\Omega, \quad \dot{Z}_\mathrm{c} = 4 + j6\,\Omega$$
として，各相の電流と負荷の中性点の対地電圧を求めよ．ただし，電源の中性点は接地

するものとする．

8.11 ある 3 相回路の線電圧を 120 V，100 V，100 V とし，電圧の不平衡率を求めよ．

8.12 対称分インピーダンスが $\dot{Z}_0 = 8.3\angle 70°\,\Omega$，$\dot{Z}_1 = 123\angle 89°\,\Omega$，$\dot{Z}_2 = 11\angle 70°\,\Omega$ なる 3 相交流発電機（100 V，50 Hz，10 kVA）の a 相を接地したとき，a 相の電流および b，c 相の電圧を求めよ．

8.13 非対称 3 相 Δ 形起電力 $\dot{E}_{ab}, \dot{E}_{bc}, \dot{E}_{ca}$ が対称 3 相 Δ 形起電力 $\dot{E}'_{ab}, \dot{E}'_{bc}, \dot{E}'_{ca}$ と，これと相回転の逆な対称 3 相 Δ 形起電力 $\dot{E}''_{ab}, \dot{E}''_{bc}, \dot{E}''_{ca}$ の和になることを示せ．

8.14 問図 8.10 のような接続において，S なる単相電源により端子 a, b, c に平衡交流電圧を得ようとする．C を与えられたものとして，R および r の値を求めよ．ただし，電源の周波数を f とし，また，a, b, c には電流を通さないものとする．

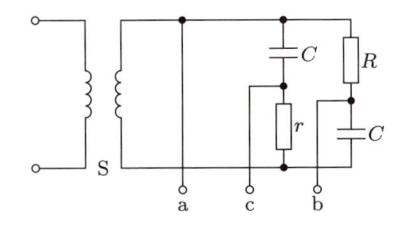

問図 8.10

8.15 3 相 3 線式回路において，線電流の大きさ I_a, I_b, I_c を知り，電流ベクトル $\dot{I}_a, \dot{I}_b, \dot{I}_c$ を複素量で表せ．

8.16 平衡 3 相回路について，次の (a) および (b) に答えよ．（平 19，III）

(a) 問図 8.11(a) のように，抵抗 R とコイル L からなる平衡 3 相負荷に，線電圧 200 V，周波数 50 Hz の対称 3 相交流電源を接続したところ，3 相負荷全体の有効電力は $P = 2.4\,\text{kW}$ で，無効電力は $Q = 3.2\,\text{kvar}$ であった．負荷電流 I [A]

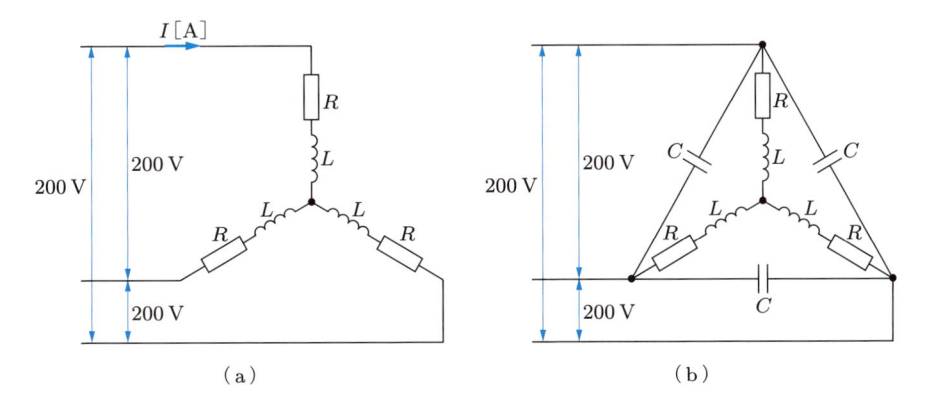

(a)   (b)

問図 8.11

の値として，もっとも近いのは次のうちどれか．

(1) 2.3　　(2) 4.0　　(3) 6.9　　(4) 9.2　　(5) 11.5

(b) 問図 (a) に示す回路の各線間に，同じ静電容量のコンデンサ C を問図 (b) に示すように接続した．このとき，3 相電源からみた力率が 1 となった．このコンデンサ C の静電容量 [μF] の値として，もっとも近いのは次のうちどれか．

(1) 48.8　　(2) 63.4　　(3) 84.6　　(4) 105.7　　(5) 146.5

8.17 問図 8.12 のように，相電圧 200 V の対称 3 相交流電源に，複素インピーダンス $\dot{Z} = 5\sqrt{3} + j5\,\Omega$ の負荷が Y 結線された平衡 3 相負荷を接続した回路がある．次の (a) および (b) に答えよ．（平 24, Ⅲ）

(a) 電流 $\dot{I}_1$ [A] の値として，もっとも近いものを次の (1)〜(5) のうちから一つ選べ．

(1) $20.00\angle\left(-\dfrac{\pi}{3}\right)$　　(2) $20.00\angle\left(-\dfrac{\pi}{6}\right)$　　(3) $16.51\angle\left(-\dfrac{\pi}{6}\right)$

(4) $11.55\angle\left(-\dfrac{\pi}{3}\right)$　　(5) $11.55\angle\left(-\dfrac{\pi}{6}\right)$

(b) 電流 $\dot{I}_{ab}$ [A] の値として，もっとも近いものを次の (1)〜(5) のうちから一つ選べ．

(1) $20.00\angle\left(-\dfrac{\pi}{6}\right)$　　(2) $11.55\angle\left(-\dfrac{\pi}{3}\right)$　　(3) $11.55\angle\left(-\dfrac{\pi}{6}\right)$

(4) $6.67\angle\left(-\dfrac{\pi}{3}\right)$　　(5) $6.67\angle\left(-\dfrac{\pi}{6}\right)$

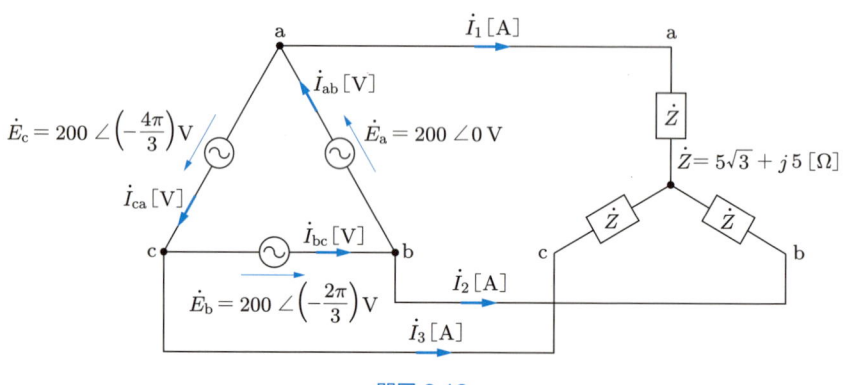

問図 8.12

8.18 問図 8.13 のように，R [Ω] の抵抗，静電容量 C [F] のコンデンサ，インダクタンス L [H] のコイルからなる平衡 3 相負荷に線電圧 V [V] の対称 3 相交流電源を接続した回路がある．次の (a) および (b) に答えよ．ただし，交流電源電圧の角周波数は ω [rad/s] とする．（平 23, Ⅲ）

(a) 3 相電源からみた平衡 3 相負荷の力率が 1 になったとき，インダクタンス L [H] のコイルと静電容量 C [F] のコンデンサの関係を示す式として，正しいものを次の (1)〜(5) のうちから一つ選べ．

(1) $L = \dfrac{3C^2R^2}{1+9(\omega CR)^2}$ (2) $L = \dfrac{3CR^2}{1+9(\omega CR)^2}$

(3) $L = \dfrac{3C^2R}{1+9(\omega CR)^2}$ (4) $L = \dfrac{9CR^2}{1+9(\omega CR)^2}$

(5) $L = \dfrac{R}{1+9(\omega CR)^2}$

(b) 平衡3相負荷の力率が1になったとき，静電容量 C [F] のコンデンサの端子電圧 [V] の値を示す式として，正しいものを次の (1)〜(5) のうちから一つ選べ．

(1) $\sqrt{3}V\sqrt{1+9(\omega CR)^2}$ (2) $V\sqrt{1+9(\omega CR)^2}$

(3) $\dfrac{V\sqrt{1+9(\omega CR)^2}}{\sqrt{3}}$ (4) $\dfrac{\sqrt{3}V}{\sqrt{1+9(\omega CR)^2}}$

(5) $\dfrac{V}{\sqrt{1+9(\omega CR)^2}}$

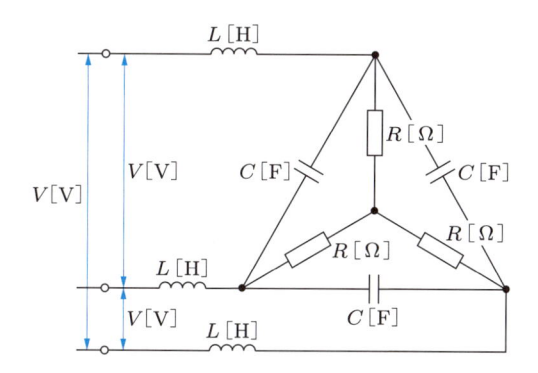

問図 8.13

第9章 分布定数回路

前章までは，回路の長さが電磁波の波長に比べて十分短い場合で，回路定数を1箇所に集中しているものとした，いわゆる集中定数回路を取り扱ってきた．これに対し，電力線や通信線路のように，線路の長さが波長に比較して長い場合には，回路定数が線路に沿って分布しているものとして，各点の電圧・電流を求める必要がある．このような回路を**分布定数回路**とよぶ．この章では，そのような回路の取り扱いについて述べる．

9.1 基礎方程式と特性インピーダンスおよび伝搬定数

9.1.1 分布定数回路の基礎方程式

図 9.1 のように，分布定数回路の1点を原点とし，原点より距離 x の点の時間 t における電圧および電流を，それぞれ $v(x,t)$ および $i(x,t)$ とする．また，原点より距離 $x+\mathrm{d}x$ の点の時間 t における電圧および電流を，それぞれ $v(x+\mathrm{d}x,t)$ および $i(x+\mathrm{d}x,t)$ とし，単位長あたりの抵抗，インダクタンス，静電容量および漏れコンダクタンスをそれぞれ R, L, C および G とすると，

$$-\mathrm{d}v(x,t) = v(x,t) - v(x+\mathrm{d}x,t) = R\,\mathrm{d}x\,i(x,t) + L\,\mathrm{d}x\frac{\partial i(x,t)}{\partial t} \quad (9.1)$$

$$-\mathrm{d}i(x,t) = i(x,t) - i(x+\mathrm{d}x,t) = G\,\mathrm{d}x\,v(x,t) + C\,\mathrm{d}x\frac{\partial v(x,t)}{\partial t} \quad (9.2)$$

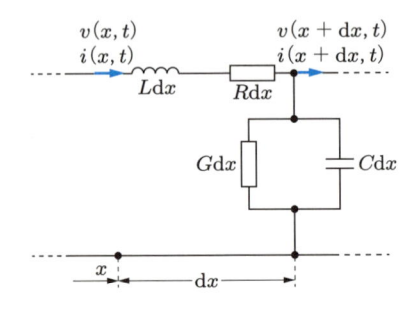

図 9.1 分布定数回路 $\mathrm{d}x$ 間の電圧・電流

となり，

$$-\frac{\partial v}{\partial x} = Ri + L\frac{\partial i}{\partial t} \tag{9.3}$$

$$-\frac{\partial i}{\partial x} = Gv + C\frac{\partial v}{\partial t} \tag{9.4}$$

が得られる．両式より，v または i に関する方程式を導くと，

$$\frac{\partial^2 v}{\partial x^2} = LC\frac{\partial^2 v}{\partial t^2} + (LG + CR)\frac{\partial v}{\partial t} + RGv \tag{9.5}$$

$$\frac{\partial^2 i}{\partial x^2} = LC\frac{\partial^2 i}{\partial t^2} + (LG + CR)\frac{\partial i}{\partial t} + RGi \tag{9.6}$$

が得られ，これらを**波動方程式** (wave equation) または**電信方程式** (telegraph equation) とよび，**分布定数回路の基礎方程式**となる．

式 (9.3) および式 (9.4) において，電圧および電流が正弦波で与えられたときは，微分記号 $\partial/\partial t$ を $j\omega$ とおき，x のみの関数として一般解を求めることができる．すなわち，

$$v(x,t) = V_x e^{j\omega t} = \dot{V}_x, \quad i(x,t) = I_x e^{j\omega t} = \dot{I}_x$$

とおくと，式 (9.3) より，

$$-\frac{\partial V_x e^{j\omega t}}{\partial x} = RI_x e^{j\omega t} + j\omega L I_x e^{j\omega t}$$

となり，

$$-\frac{d\dot{V}_x}{dx} = (R + j\omega L)\dot{I}_x = \dot{Z}\dot{I}_x \tag{9.7}$$

ただし，$\dot{Z} = R + j\omega L$

となる．

式 (9.7) を x で微分すると，

$$\frac{d^2\dot{V}_x}{dx^2} = -\dot{Z}\frac{d\dot{I}_x}{dx} \tag{9.8}$$

となる．また，式 (9.4) より，$\dot{Y} = G + j\omega C$ とおくと，

$$-\frac{d\dot{I}_x}{dx} = \dot{Y}\dot{V}_x \tag{9.9}$$

$$\frac{d^2\dot{I}_x}{dx^2} = -\dot{Y}\frac{d\dot{V}_x}{dx} \tag{9.10}$$

が得られ，式 (9.8) と式 (9.9)，式 (9.7) と式 (9.10) から，次式が得られる．

$$\frac{\mathrm{d}^2 \dot{V}_x}{\mathrm{d}x^2} = \dot{Y}\dot{Z}\dot{V}_x \tag{9.11}$$

$$\frac{\mathrm{d}^2 \dot{I}_x}{\mathrm{d}x^2} = \dot{Y}\dot{Z}\dot{I}_x \tag{9.12}$$

9.1.2 指数関数による基礎方程式の解

いま，基礎方程式の解を次のように仮定する．

$$\dot{V}_x = \dot{A}e^{-\dot{\gamma}x} \tag{9.13}$$

$$\dot{I}_x = \dot{C}e^{-\dot{\gamma}x} \tag{9.14}$$

式 (9.13) を式 (9.11) に代入すると，

$$\dot{A}\dot{\gamma}^2 e^{-\dot{\gamma}x} = \dot{Y}\dot{Z}\dot{A}e^{-\dot{\gamma}x}$$

となり，したがって，

$$\dot{\gamma} = \pm\sqrt{\dot{Z}\dot{Y}} \tag{9.15}$$

となる．また，式 (9.14) を式 (9.12) に代入しても式 (9.15) が得られる．したがって，基礎方程式の一般解は

$$\dot{V}_x = \dot{A}e^{-\dot{\gamma}x} + \dot{B}e^{\dot{\gamma}x} \tag{9.16}$$

$$\dot{I}_x = \dot{C}e^{-\dot{\gamma}x} + \dot{D}e^{\dot{\gamma}x} \tag{9.17}$$

となる．式 (9.16) を x で微分すると，

$$\frac{\mathrm{d}\dot{V}_x}{\mathrm{d}x} = -\dot{A}\dot{\gamma}e^{-\dot{\gamma}x} + \dot{B}\dot{\gamma}e^{\dot{\gamma}x} \tag{9.18}$$

となり，式 (9.7) に式 (9.17) を代入すると，

$$-\frac{\mathrm{d}\dot{V}_x}{\mathrm{d}x} = \dot{Z}(\dot{C}e^{-\dot{\gamma}x} + \dot{D}e^{\dot{\gamma}x}) \tag{9.19}$$

となる．式 (9.18) および式 (9.19) ならびに $\dot{\gamma} = \pm\sqrt{\dot{Z}\dot{Y}}$ を用いると，

$$\frac{\dot{A}}{\dot{C}} = \pm\sqrt{\frac{\dot{Z}}{\dot{Y}}}, \quad \frac{\dot{B}}{\dot{D}} = \mp\sqrt{\frac{\dot{Z}}{\dot{Y}}}$$

が得られる．この結果を式 (9.17) に代入すると，基礎方程式の一般解は

$$\dot{V}_x = \dot{A}e^{-\dot{\gamma}x} + \dot{B}e^{\dot{\gamma}x} \tag{9.20}$$

$$\dot{I}_x = \sqrt{\frac{\dot{Y}}{\dot{Z}}}\left(\dot{A}e^{-\dot{\gamma}x} - \dot{B}e^{\dot{\gamma}x}\right) \tag{9.21}$$

となる．
また，双曲線関数を用いると，式 (9.20) および式 (9.21) は次式で表される．
$$\dot{V}_x = \dot{A}' \cosh \dot{\gamma} x - \dot{B}' \sinh \dot{\gamma} x \tag{9.22}$$

$$\dot{I}_x = \sqrt{\frac{\dot{Y}}{\dot{Z}}} \left(\dot{B}' \cosh \dot{\gamma} x - \dot{A}' \sinh \dot{\gamma} x \right) \tag{9.23}$$

ただし，$\dot{A}' = \dot{A} + \dot{B}, \quad \dot{B}' = \dot{A} - \dot{B}$

9.1.3 特性インピーダンス

図 9.2 のように，原点に起電力 $\dot{E} = Ee^{j\omega t}$ があり，x 方向に半無限長線路が接続されているとする．式 (9.20)，(9.21) の第 2 項は，$x \to \infty$ で無限大となり物理的に存在しえないので，$\dot{B} = 0$ として取り扱う．すなわち，半無限長線路では

$$\left. \begin{array}{l} \dot{V}_x = \dot{A} e^{-\dot{\gamma} x} \\ \dot{I}_x = \sqrt{\dfrac{\dot{Y}}{\dot{Z}}} \, \dot{A} e^{-\dot{\gamma} x} \end{array} \right\} \tag{9.24}$$

となる．図 9.2 の任意の点 x において，右側のインピーダンス $\dot{Z}_0$ は

$$\dot{Z}_0 = \frac{\dot{V}_x}{\dot{I}_x} = \frac{\dot{A} e^{-\dot{\gamma} x}}{\sqrt{\dot{Y}/\dot{Z}} \, \dot{A} e^{-\dot{\gamma} x}} = \sqrt{\frac{\dot{Z}}{\dot{Y}}} = \sqrt{\frac{R + j\omega L}{G + j\omega C}}$$

$$= R_0 \pm j X_0 \tag{9.25}$$

となる．$\dot{Z}_0$ を線路の**特性インピーダンス** (characteristic impedance) または**サージインピーダンス** (surge impedance) とよぶ．式 (9.25) の符号は $R/L < G/C$ のとき正号，$R/L > G/C$ のとき負号となる．

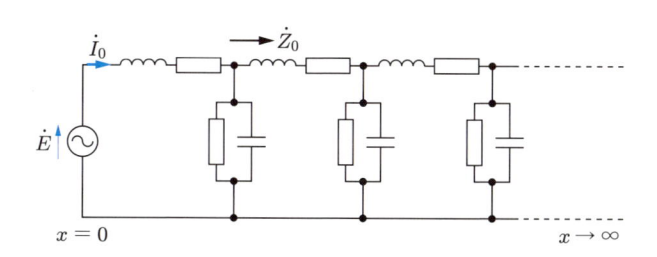

図 9.2 電源 $\dot{E}$ に半無限長の線路をつないだ回路

例題 9.1 線路の抵抗 R，インダクタンス L，静電容量 C がそれぞれ次のように与えられたとき，$\dot{Z}, \dot{Y}, \dot{Z}_0, \dot{\gamma}$ を求めよ．ただし，周波数 $f = 50\,\mathrm{Hz}$ とする．

$$R = 0.0947\,\Omega/\text{km}, \quad L = 1.31\,\text{mH/km}, \quad C = 0.00882\,\mu\text{F/km},$$
$$G = 0$$

解 次のようになる.
$$\dot{Z}_0 = 0.0947 + j0.412\,\Omega/\text{km}, \quad \dot{Y} = 2.77 \times 10^{-6}\,\text{S/km}$$
$$\dot{Z}_0 = 388.22 - j44.044\,\Omega, \quad \dot{\gamma} = (0.12199 + j1.0752) \times 10^{-3}$$

9.1.4 伝搬定数

式 (9.15) の $\dot{\gamma}$ を**伝搬定数** (propagation constant) とよび, その実数部を α, 虚数部を β とすれば,

$$\dot{\gamma} = \sqrt{\dot{Z}\dot{Y}} = \sqrt{(R+j\omega L)(G+j\omega C)} = \alpha + j\beta \tag{9.26}$$

$$\alpha = \sqrt{\frac{1}{2}\{\sqrt{(R^2+\omega^2 L^2)(G^2+\omega^2 C^2)} - (\omega^2 LC - RG)\}} \tag{9.27}$$

$$\beta = \sqrt{\frac{1}{2}\{\sqrt{(R^2+\omega^2 L^2)(G^2+\omega^2 C^2)} + (\omega^2 LC - RG)\}} \tag{9.28}$$

となる. α を**減衰定数** (attenuation constant) とよび, 単位は [Np/m] で表す. また, β を**位相定数** (phase constant) とよび, 単位は [rad/m] で表す.

いま, 図 9.2 のような半無限長線路を考え, 電圧の大きさを式 (9.24) より求めると,

$$|\dot{V}_x| = |\dot{A}|e^{-\alpha x} \tag{9.29}$$

となり, x の増加に従い, すなわち送電端から遠ざかるにつれて減衰する. 電流の大きさもこれと同様である. また, 式 (9.24) では $\dot{V}_x$ を x のみの関数として扱っているが, これを瞬時値として表すと,

$$v(x,t) = |\dot{A}|e^{-\alpha x}\sin(\omega t - \beta x + \theta_0) \tag{9.30}$$

となる. 図 9.3 は, 時刻 $t = 0$ と $t = t_1$ における電圧の瞬時値を示す. 式 (9.30) より明らかなように, ある時刻において, 距離 x なる点と距離 $x + 2\pi/\beta$ なる点の電圧の位相は等しい. この位相が等しい 2 点間の距離 $\lambda = 2\pi/\beta$ を波長という. また, 時刻 t, 距離 x なる点の全位相が時刻 $(t + \mathrm{d}t)$, 距離 $(x + \mathrm{d}x)$ なる点と変わらないとすれば,

$$\omega t - \beta x + \theta_0 = \omega(t + \mathrm{d}t) - \beta(x + \mathrm{d}x) + \theta_0$$

となる. したがって,

$$\frac{\mathrm{d}x}{\mathrm{d}t} = \frac{\omega}{\beta} = f\lambda \tag{9.31}$$

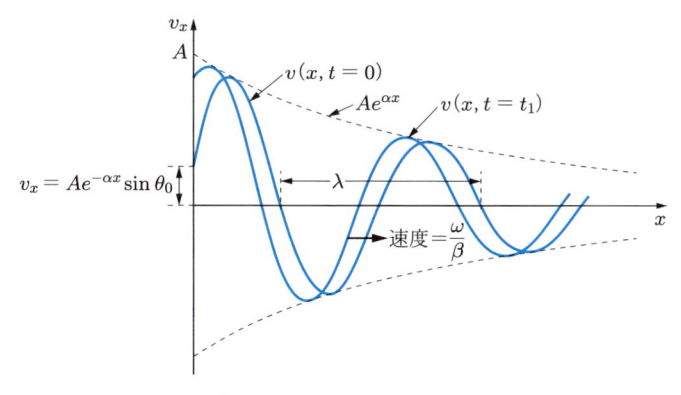

図 9.3　$\dot{V}_x$ の瞬時値 $v(x,t)$ の x 方向の波形

となる．ここで，f は周波数であり，ω/β を**位相速度** (phase velocity) という．

例題 9.2　1 km あたり $R = 3.23\,\Omega/\text{km}$, $L = 1.14\,\text{mH/km}$, $G = 0.249\,\mu\text{S/km}$, $C = 0.0026\,\mu\text{F/km}$ として，$\omega = 1000\,\text{rad·Hz}$ のときの減衰定数および位相定数を求めよ．
解　次のようになる．
$$\alpha = 1.86 \times 10^{-3}\,\text{Np/km}, \quad \beta = 2.36 \times 10^{-3}\,\text{rad/km}$$

9.1.5　無損失線路と無ひずみ線路

(a) 無損失線路： 図 9.1 のような分布定数回路において，$R = 0$, $G = 0$ の場合は式 (9.26)〜(9.28) より，

$$\left.\begin{array}{l} \dot{\gamma} = \sqrt{(j\omega L)(j\omega C)} = j\omega\sqrt{LC} \\ \alpha = 0, \quad \beta = \omega\sqrt{LC} \end{array}\right\} \tag{9.32}$$

が得られる．減衰定数 α は 0 で，電圧・電流の波は減衰しないで伝搬する．このような線路を**無損失線路**とよぶ．また，位相定数 β は ω に比例し，位相速度は，

$$\frac{dx}{dt} = \frac{\omega}{\beta} = \frac{\omega}{\omega\sqrt{LC}} = \frac{1}{\sqrt{LC}} \tag{9.33}$$

となり，ω に無関係に一定値となる．さらに，特性インピーダンスは

$$\dot{Z}_0 = \sqrt{\frac{L}{C}} \tag{9.34}$$

となる．

例題 9.3　無限長の無損失平行線路において，
$$L \fallingdotseq \frac{\mu_0}{\pi}\ln\frac{d}{a}\,[\text{H/m}], \quad C = \frac{\pi\varepsilon_0}{\ln(d/a)}\,[\text{F/m}]$$

ただし，d：平行線間隔 [m]，a：線路の半径 [m]

$$\mu_0 = 4\pi \times 10^{-7}\,\text{H/m}, \quad \varepsilon_0 = 1/(36\pi \times 10^9)\,\text{F/m}$$

とするとき，位相速度を求めよ．

解 位相速度は式 (9.33) で与えられるから，次のようになる．

$$\frac{\mathrm{d}x}{\mathrm{d}t} = \frac{1}{\sqrt{LC}} = \sqrt{9 \times 10^{16}} = 3 \times 10^8\,\text{m/s}$$

(b) 無ひずみ線路：式 (9.27) から明らかなように，ω が変わると α も変わるので振幅ひずみが生じ，式 (9.28) より ω が変わると β が直線的に変化しないので位相ひずみを生じる．このような線形ひずみは線路の R と G によって生じるものであるが，R と G があっても，

$$\frac{R}{L} = \frac{G}{C} \tag{9.35}$$

の関係が成立すると，送電端より送られた波形は線路で伝搬ひずみがなく，波形はそのまま減衰して，受電端に達する．式 (9.35) を無ひずみ条件という．いま，式 (9.35) を式 (9.26)〜(9.28) に代入すると，

$$\left. \begin{array}{l} \dot{\gamma} = \sqrt{RG} + j\omega\sqrt{LC} \\ \alpha = \sqrt{RG}, \quad \beta = \omega\sqrt{LC} \end{array} \right\} \tag{9.36}$$

が得られ，減衰定数 α は ω に無関係で，位相定数 β は ω に比例する．したがって，位相速度は ω に無関係となるので，波形のひずみは生じない．

例題 9.4 $L = 0.685\,\text{mH/km}$，$C = 0.00173\,\mu\text{F/km}$，$G = 0.045 \times 10^{-6}\,\text{S/km}$ の場合，無ひずみ条件を満足する R の値を求めよ．

解 式 (9.35) より R を求めればよい．$R = 0.0178\,\Omega/\text{km}$

9.2 各種の端子条件における電圧・電流

式 (9.22)，(9.23) において $\sqrt{\dot{Z}/\dot{Y}} = \dot{Z}_0$ とおくと，

$$\left. \begin{array}{l} \dot{V}_x = \dot{A}' \cosh \dot{\gamma}x - \dot{B}' \sinh \dot{\gamma}x \\ \dot{I}_x = \dfrac{1}{\dot{Z}_0}(\dot{B}' \cosh \dot{\gamma}x - \dot{A}' \sinh \dot{\gamma}x) \end{array} \right\} \tag{9.37}$$

となる．ここでは，送電端および受電端の種々の条件より，$\dot{A}'$，$\dot{B}'$ を定める．

9.2.1 送電端電圧 $\dot{V}_S$，電流 $\dot{I}_S$ が与えられた場合

図 9.4 に示すように，送電端電圧 $\dot{V}_S$ および電流 $\dot{I}_S$ が与えられた場合，線路の任意の点 x の電圧・電流を求める．

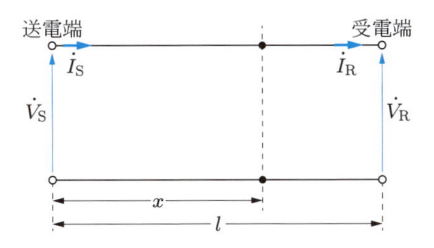

図 9.4 送・受電端電圧・電流を表す線路

式 (9.37) で，$x=0$ のとき，

$$\dot{V}_x = \dot{V}_S, \quad \dot{I}_x = \dot{I}_S \tag{9.38}$$

とすると，

$$\dot{A}' = \dot{V}_S, \quad \dot{B}' = \dot{Z}_0 \dot{I}_S \tag{9.39}$$

となる．したがって，次のようになる．

$$\left.\begin{array}{l} \dot{V}_x = \dot{V}_S \cosh \dot{\gamma} x - \dot{Z}_0 \dot{I}_S \sinh \dot{\gamma} x \\ \dot{I}_x = \dot{I}_S \cosh \dot{\gamma} x - \dfrac{\dot{V}_S}{\dot{Z}_0} \sinh \dot{\gamma} x \end{array}\right\} \tag{9.40}$$

9.2.2 受電端電圧 $\dot{V}_R$，電流 $\dot{I}_R$ が与えられた場合

図 9.4 において，受電端電圧 $\dot{V}_R$，電流 $\dot{I}_R$ が与えられ，送電端までの距離を l とする．また，$x=l$ のとき，$\dot{V}_x = \dot{V}_R, \dot{I}_x = \dot{I}_R$ とすると，式 (9.37) より，

$$\dot{V}_R = \dot{A}' \cosh \dot{\gamma} l - \dot{B}' \sinh \dot{\gamma} l \tag{9.41}$$

$$\dot{I}_R = \frac{1}{\dot{Z}_0}(\dot{B}' \cosh \dot{\gamma} l - \dot{A}' \sinh \dot{\gamma} l) \tag{9.42}$$

となる．両式より，$\cosh^2 \dot{\gamma} l - \sinh^2 \dot{\gamma} l = 1$ の関係を用いて $\dot{A}', \dot{B}'$ を求めると，

$$\dot{A}' = \dot{V}_R \cosh \dot{\gamma} l + \dot{Z}_0 \dot{I}_R \sinh \dot{\gamma} l, \quad \dot{B}' = \dot{Z}_0 \dot{I}_R \cosh \dot{\gamma} l + \dot{V}_R \sinh \dot{\gamma} l$$

が得られ，式 (9.37) より，次のようになる．

$$\dot{V}_x = \dot{V}_R \cosh \dot{\gamma}(l-x) + \dot{Z}_0 \dot{I}_R \sinh \dot{\gamma}(l-x) \tag{9.43}$$

$$\dot{I}_x = \dot{I}_R \cosh \dot{\gamma}(l-x) + \frac{\dot{V}_R}{\dot{Z}_0} \sinh \dot{\gamma}(l-x) \tag{9.44}$$

例題 9.5 長さ $\lambda/4$ の無損失線路の受電端に抵抗 $10\,\Omega$ を接続したとき,抵抗に電流が $20\,\text{mA}$ 流れた.送電端の電圧・電流を求めよ.線路の特性インピーダンスは $80\,\Omega$ とする.

解 $\dot{I}_\text{R} = 20 \times 10^{-3}\,\text{A}$, $\dot{V}_\text{R} = \dot{I}_\gamma \dot{Z}_\gamma = 200 \times 10^{-3}\,\text{V}$, $\dot{Z}_0 = 80\,\Omega$ を式 (9.43), (9.44) に代入し,$x = 0$, $l = \lambda/4$, $\dot{\gamma} = j\beta$ とおき,$\cosh j\beta\lambda/4 = 0$ および $\sinh j\beta\lambda/4 = j$ の関係を用いると,$\dot{V}_\text{S} = j1.6\,\text{V}$, $\dot{I}_\text{S} = j2.5 \times 10^{-3}\,\text{A}$, $\dot{Z} = \dot{V}_\text{S}/\dot{I}_\text{S} = 640\,\Omega$ となる.

9.2.3 送電端電圧 $\dot{V}_\text{S}$,受電端負荷 $\dot{Z}_\text{R}$ が与えられた場合

図 9.5 のように送電端電圧 $\dot{V}_\text{S}$ と受電端負荷 $\dot{Z}_\text{R}$ が与えられ,送・受電端の間の距離を l とする.また,$x = 0$ のとき $\dot{V}_x = \dot{V}_\text{S}$ とすると,式 (9.43) より,

$$\dot{V}_\text{S} = \dot{V}_\text{R} \cosh \dot{\gamma} l + \dot{Z}_0 \dot{I}_\text{R} \sinh \dot{\gamma} l \tag{9.45}$$

となり,また,

$$\dot{V}_\text{R} = \dot{Z}_\text{R} \dot{I}_\text{R} \tag{9.46}$$

であるので,式 (9.45), (9.46) を連立方程式として解いて,$\dot{I}_\text{R}$ と $\dot{V}_\text{R}$ を求め,式 (9.43),(9.44) に代入すると,次式が得られる.

$$\dot{V}_x = \dot{V}_\text{S} \frac{\dot{Z}_\text{R} \cosh \dot{\gamma}(l-x) + \dot{Z}_0 \sinh \dot{\gamma}(l-x)}{\dot{Z}_\text{R} \cosh \dot{\gamma} l + \dot{Z}_0 \sinh \dot{\gamma} l} \tag{9.47}$$

$$\dot{I}_x = \frac{\dot{V}_\text{S}}{\dot{Z}_0} \frac{\dot{Z}_0 \cosh \dot{\gamma}(l-x) + \dot{Z}_\text{R} \sinh \dot{\gamma}(l-x)}{\dot{Z}_\text{R} \cosh \dot{\gamma} l + \dot{Z}_0 \sinh \dot{\gamma} l} \tag{9.48}$$

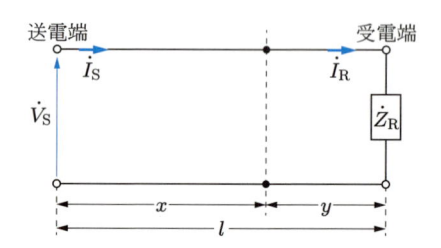

図 9.5 送電端電圧 $\dot{V}_\text{S}$ と受電端負荷 $\dot{Z}_\text{R}$ が与えられた線路

9.3 位置角

分布定数回路の受電端に,負荷 $\dot{Z}_\text{R}$ が接続された場合について考える.図 9.6 のように,送電端より距離 x の点 P の電圧および電流を $\dot{V}_\text{P}$ および $\dot{I}_\text{P}$ とすると,式 (9.43), (9.44) より,

$$\dot{V}_\text{P} = \dot{V}_\text{R} \cosh \dot{\gamma}(l-x) + \dot{Z}_0 \dot{I}_\text{R} \sinh \dot{\gamma}(l-x) \tag{9.49}$$

9.3 位置角

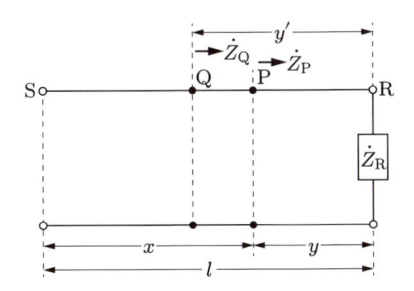

図 9.6 長さ l なる線路の受電端に負荷 $\dot{Z}_R$ がある場合の位置角

$$\dot{I}_P = \dot{I}_R \cosh \dot{\gamma}(l-x) + \frac{\dot{V}_R}{\dot{Z}_0} \sinh \dot{\gamma}(l-x) \tag{9.50}$$

となる．点 P の受電端からの距離は $(l-x) = y$ となり，また，$\dot{V}_R = \dot{Z}_R \dot{I}_R$ であるので，

$$\dot{V}_P = \dot{V}_R \left(\cosh \dot{\gamma} y + \frac{\dot{Z}_0}{\dot{Z}_R} \sinh \dot{\gamma} y \right) \tag{9.51}$$

$$\dot{I}_P = \dot{I}_R \left(\cosh \dot{\gamma} y + \frac{\dot{Z}_R}{\dot{Z}_0} \sinh \dot{\gamma} y \right) \tag{9.52}$$

となる．ここで，

$$\frac{\dot{Z}_R}{\dot{Z}_0} = \tanh \dot{\theta}_R, \quad \dot{\theta}_P = \dot{\gamma} y + \dot{\theta}_R \tag{9.53}$$

とおくと，

$$V_P = \dot{V}_R (\cosh \dot{\gamma} y + \coth \dot{\theta}_R \sinh \dot{\gamma} y)$$
$$= \frac{\dot{V}_R}{\sinh \dot{\theta}_R} (\cosh \dot{\gamma} y \sinh \dot{\theta}_R + \sinh \dot{\gamma} y \cosh \dot{\theta}_R)$$
$$= \dot{V}_R \frac{\sinh(\dot{\gamma} y + \dot{\theta}_R)}{\sinh \dot{\theta}_R} = \dot{V}_R \frac{\sinh \dot{\theta}_P}{\sinh \dot{\theta}_R} \tag{9.54}$$

$$\dot{I}_P = \dot{I}_R \left(\cosh \dot{\gamma} y + \frac{\dot{Z}_R}{\dot{Z}_0} \sinh \dot{\gamma} y \right)$$
$$= \dot{I}_R \frac{\cosh(\dot{\gamma} y + \dot{\theta}_R)}{\cosh \dot{\theta}_R} = \dot{I}_R \frac{\cosh \dot{\theta}_P}{\cosh \dot{\theta}_R} \tag{9.55}$$

が得られる．$\dot{\theta}_P$ を点 P の位置角，$\dot{\theta}_R$ を受電端の**位置角**とよぶ．このように，受電端 R より任意の距離の点 P の電圧・電流は位置角の関数として表せる．いま，受電端よ

り距離 y' の点 Q の電圧・電流を $\dot{V}_Q, \dot{I}_Q$ とすると，式 (9.54), (9.55) より，線路上の 2 点 P, Q の電圧比および電流比は次式で与えられる．

$$\frac{\dot{V}_Q}{\dot{V}_P} = \frac{\sinh\dot{\theta}_Q}{\sinh\dot{\theta}_P} \tag{9.56}$$

$$\frac{\dot{I}_Q}{\dot{I}_P} = \frac{\cosh\dot{\theta}_Q}{\cosh\dot{\theta}_P} \tag{9.57}$$

一方，点 P から受電端側をみたインピーダンスを $\dot{Z}_P$ とすると，式 (9.53)〜(9.55) を用いて，

$$\dot{Z}_P = \frac{\dot{V}_P}{\dot{I}_P} = \frac{\dot{V}_R \sinh\dot{\theta}_P}{\sinh\dot{\theta}_R} \frac{\cosh\dot{\theta}_R}{\dot{I}_R \cosh\dot{\theta}_P} = \dot{Z}_R \frac{\tanh\dot{\theta}_P}{\tanh\dot{\theta}_R}$$

$$= \dot{Z}_0 \tanh\dot{\theta}_P \tag{9.58}$$

となり，また，点 Q から受電端側をみたインピーダンス $\dot{Z}_Q$ は，式 (9.58) より，

$$\dot{Z}_Q = \dot{Z}_0 \tanh\dot{\theta}_Q \tag{9.59}$$

となるから，線路上の任意の 2 点のインピーダンス比は，次式で与えられる．

$$\frac{\dot{Z}_P}{\dot{Z}_Q} = \frac{\tanh\dot{\theta}_P}{\tanh\dot{\theta}_Q} \tag{9.60}$$

9.4 線路の共振

分布定数回路が無損失線路に近く，R, G が $\omega L, \omega C$ に対して小さいときは，

$$\dot{Z}_0 \fallingdotseq \sqrt{\frac{L}{C}}, \quad \dot{\gamma} \fallingdotseq j\omega\sqrt{LC}, \quad \alpha \fallingdotseq 0, \quad \beta \fallingdotseq \omega\sqrt{LC}$$

となり，式 (9.32) の条件に近づく．このような場合には線路に共振が生じることがある．

9.4.1 受電端短絡の場合

受電端が短絡の場合に，送電端からみたインピーダンスは

$$\dot{Z}_S = \dot{Z}_0 \tanh\dot{\gamma}l = j\sqrt{\frac{L}{C}} \tan\beta l \tag{9.61}$$

となり，$\dot{Z}_S$ はリアクタンス分のみとなる．

(a) $l = (n/2 + 1/4)\lambda$ の場合：$\beta l = (n + 1/2)\pi$ $(n = 0, 1, 2, \cdots)$ の場合は，

$\tan\beta l = \pm\infty$ となり,$\dot{Z}_\mathrm{S} = \pm j\infty$ となる.これは集中定数回路の並列共振または反共振に相当する.この場合,$\beta = 2\pi/\lambda$ より,線路長は

$$l = \frac{\pi}{\beta}\left(n + \frac{1}{2}\right) = \left(\frac{n}{2} + \frac{1}{4}\right)\lambda \quad (n = 0, 1, 2, \cdots) \tag{9.62}$$

周波数は

$$f = \frac{2n+1}{4l\sqrt{LC}} \quad (n = 0, 1, 2, \cdots) \tag{9.63}$$

となる.共振時の線路の電圧 $\dot{V}_\mathrm{P}$,電流 $\dot{I}_\mathrm{P}$ は次式となる.

$$\begin{aligned}\dot{V}_\mathrm{P} &= \frac{\dot{V}_\mathrm{S}\sinh\dot{\gamma}y}{\sinh\dot{\gamma}l} = \frac{\dot{V}_\mathrm{S}\sin\beta y}{\sin\beta l} = \frac{\dot{V}_\mathrm{S}\sin(n+1/2)(y/l)\pi}{\sin(n+1/2)\pi}\\ &= \pm\dot{V}_\mathrm{S}\sin\left(n + \frac{1}{2}\right)\frac{\pi y}{l}\end{aligned} \tag{9.64}$$

$$\begin{aligned}\dot{I}_\mathrm{P} &= \frac{\dot{V}_\mathrm{P}}{\dot{Z}_\mathrm{P}} = \frac{\dot{V}_\mathrm{S}\cosh\dot{\gamma}y}{\dot{Z}_0\sinh\dot{\gamma}l} = \frac{\dot{V}_\mathrm{S}\cos\beta y}{j\dot{Z}_0\sin\beta l}\\ &= \pm\frac{\dot{V}_\mathrm{S}}{j\dot{Z}_0}\cos\frac{(2n+1)\pi y}{2l}\end{aligned} \tag{9.65}$$

(ただし,n が偶数のとき $+$,奇数のとき $-$)

図 9.7 は $n = 1, l = 3\lambda/4$ のときの電圧・電流を示す.

(b) $l = (n/2)\lambda$ の場合:$\beta l = n\pi\ (n = 1, 2, \cdots)$ の場合は $\tan\beta l = 0$ となり,$\dot{Z}_\mathrm{S} = 0$ となる.これは集中定数回路の直列共振に相当する.この場合,$l = n\lambda/2$ あるいは $f = n/2l\sqrt{LC}$ となり,点 P の電圧および電流は

$$\begin{aligned}\dot{V}_\mathrm{P} &= \frac{\dot{V}_\mathrm{S}\sin\beta y}{\sin\beta l} = \frac{\dot{Z}_\mathrm{S}\dot{I}_\mathrm{S}\sin\beta y}{\sin\beta l} = \frac{j\dot{Z}_0\dot{I}_\mathrm{S}\tan\beta l\sin\beta y}{\sin\beta l}\\ &= \frac{j\dot{Z}_0\dot{I}_\mathrm{S}\sin\beta y}{\cos\beta l} = \pm j\dot{Z}_0\dot{I}_\mathrm{S}\sin\frac{n\pi y}{l}\end{aligned} \tag{9.66}$$

$$\dot{I}_\mathrm{P} = \frac{\dot{I}_\mathrm{S}\cosh\dot{\gamma}y}{\cosh\dot{\gamma}l} = \frac{\dot{I}_\mathrm{S}\cos\beta y}{\cos\beta l} = \pm\dot{I}_\mathrm{S}\cos\frac{n\pi y}{l} \tag{9.67}$$

(ただし,n が偶数のとき $+$,奇数のとき $-$)

となる.図 9.8 は $n = 1, l = \lambda/2$ のときの電圧・電流分布を示す.

9.4.2 受電端開放の場合

開放端における位置角は $j\pi/2$ なので,送電端の位置角は $(\dot{\gamma}l + j\pi/2)$ となり,送

図 9.7 受電端短絡，$l = 3\lambda/4$ の場合の共振の電圧・電流分布

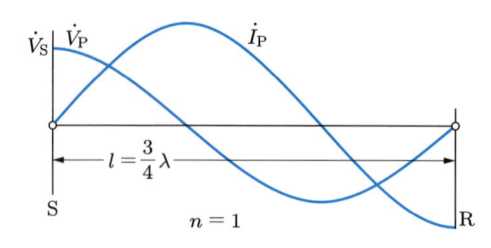

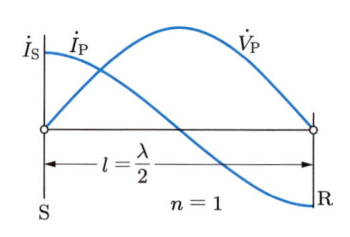

図 9.8 受電端短絡，$l = \lambda/2$ の場合の共振の電圧・電流分布

電端からみたインピーダンスは，

$$\dot{Z}_S = \dot{Z}_0 \tanh\left(\dot{\gamma}l + j\frac{\pi}{2}\right) = \dot{Z}_0 \cosh \dot{\gamma}l = -j\sqrt{\frac{L}{C}} \cot \beta l \tag{9.68}$$

となる．したがって，$\dot{Z}_S$ はリアクタンス分のみである．

(a) $l = (\pi/\beta)(n + 1/2)$ の場合： $\beta l = (n + 1/2)\pi$ $(n = 0, 1, 2, \cdots)$ の場合，$\cot \beta l = 0$ となる．したがって，$\dot{Z}_S = 0$ となる．これは集中定数回路の直列共振に相当する．この場合，$l = (\pi/\beta)(n+1/2) = (n/2+1/4)\lambda$ または $f = (2n+1)/4l\sqrt{LC}$ となり，任意の点 P の電圧・電流は 9.4.1 項と同様にして，

$$\dot{V}_P = \dot{V}_S \frac{\sinh(\dot{\gamma}y + j\pi/2)}{\sinh(\dot{\gamma}l + j\pi/2)} = \pm j\dot{Z}_0 \dot{I}_S \cos \frac{(n+1/2)\pi y}{l} \tag{9.69}$$

$$\dot{I}_P = \dot{I}_S \frac{\cosh(\dot{\gamma}y + j\pi/2)}{\cosh(\dot{\gamma}l + j\pi/2)} = \pm j\dot{I}_S \sin \frac{(n+1/2)\pi y}{l} \tag{9.70}$$

（ただし，n が偶数のとき $+$，奇数のとき $-$）

となる．図 9.9 は $n = 1, l = 3\lambda/4$ のときの電圧・電流分布を示す．

(b) $l = (n/2)\lambda$ の場合： $\beta l = n\pi$ $(n = 1, 2, 3, \cdots)$ の場合，$\cot \beta l = \pm \infty$，したがって $\dot{Z}_S = \pm j\infty$ となる．これは集中定数回路の並列共振に相当する．この場合，$l = n\lambda/2$ あるいは $f = n/2l\sqrt{LC}$ となり，任意の点 P の電圧・電流は，

$$\dot{V}_P = \dot{V}_S \frac{\sinh(\dot{\gamma}y + j\pi/2)}{\sinh(\dot{\gamma}l + j\pi/2)} = \dot{V}_S \cos \frac{n\pi y}{l} \tag{9.71}$$

$$\dot{I}_P = \dot{I}_S \frac{\cosh(\dot{\gamma}y + j\pi/2)}{\cosh(\dot{\gamma}l + j\pi/2)} = -\frac{\dot{V}_S}{j\dot{Z}_0} \sin \frac{n\pi y}{l} \tag{9.72}$$

となる．図 9.10 は，$n = 1, l = \lambda/2$ のときの電圧・電流分布を示す．

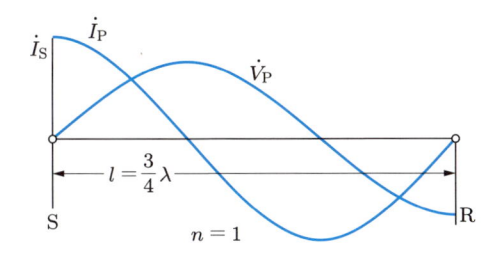

図 9.9 受電端開放，$l = 3\lambda/4$ の場合の共振の電圧・電流分布

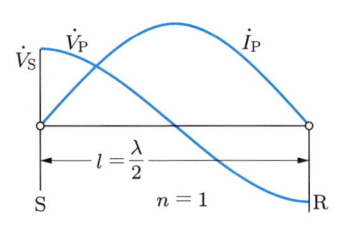

図 9.10 受電端開放，$l = \lambda/2$ の場合の共振の電圧・電流分布

9.5 反射波と透過波

半無限長線路では，電圧および電流は，式 (9.24) より x（電源を原点とする）が増加する方向にのみ伝搬する波（**進行波**：traveling wave）となる．しかし，進行波が特性インピーダンスの異なる線路との接続に到達した場合，あるいはそれまで伝搬してきた線路と異なったインピーダンス（集中定数）との接続点にくると，進行波（入射波）の一部は反射し（**反射波**：reflected wave），残部が透過（**透過波**：transmitted wave）する．このような入射波と反射波は線路上で重畳する．

9.5.1 反射係数

分布定数回路の基礎方程式の一般解は，9.1.2 項で述べたように，

$$\left. \begin{aligned} \dot{V}_x &= \dot{A}e^{-\dot{\gamma}x} + \dot{B}e^{\dot{\gamma}x} \\ \dot{I}_x &= \frac{1}{\dot{Z}_0}(\dot{A}e^{-\dot{\gamma}x} - \dot{B}e^{\dot{\gamma}x}) \end{aligned} \right\} \tag{9.73}$$

であった（$\sqrt{\dot{Y}/\dot{Z}} = \dot{Z}_0$ とした）．上式の右辺第 1 項は，前述のように x が増加する方向に伝搬する進行波を表した．さて，右辺第 2 項は，有限長線路において x が減少する方向に伝搬する反射波を表す．

長さ l の線路の受電端にインピーダンス $\dot{Z}_R$ を接続した場合の電圧および電流は，式 (9.73) で $x = l$ とおいて，次式となる．

$$\left. \begin{aligned} \dot{V}_R &= \dot{A}e^{-\dot{\gamma}l} + \dot{B}e^{\dot{\gamma}l} \\ \dot{I}_R &= \frac{1}{\dot{Z}_0}(\dot{A}e^{-\dot{\gamma}l} - \dot{B}e^{\dot{\gamma}l}) \end{aligned} \right\} \tag{9.74}$$

式 (9.74) より，受電端における電圧入射波は，

$$\dot{A}e^{-\dot{\gamma}l} = \frac{\dot{V}_\mathrm{R}}{2}\left(1 + \frac{\dot{Z}_0}{\dot{Z}_\mathrm{R}}\right)$$

となり，電圧反射波は，

$$\dot{B}e^{\dot{\gamma}l} = \frac{\dot{V}_\mathrm{R}}{2}\left(1 - \frac{\dot{Z}_0}{\dot{Z}_\mathrm{R}}\right)$$

となる．両者の比 m を**電圧反射係数**とよび，

$$\text{電圧反射係数} = \frac{\text{電圧反射波}}{\text{電圧入射波}} = m = \frac{\dot{Z}_\mathrm{R} - \dot{Z}_0}{\dot{Z}_\mathrm{R} + \dot{Z}_0} \tag{9.75}$$

となる．式 (9.74) より，同様に電流入射波は，

$$\frac{\dot{A}}{\dot{Z}_0}e^{-\dot{\gamma}l} = \frac{\dot{I}_\mathrm{R}}{2}\left(1 + \frac{\dot{Z}_\mathrm{R}}{\dot{Z}_0}\right)$$

電流反射波は，

$$-\frac{\dot{B}}{\dot{Z}_0}e^{\dot{\gamma}l} = \frac{\dot{I}_\mathrm{R}}{2}\left(1 - \frac{\dot{Z}_\mathrm{R}}{\dot{Z}_0}\right)$$

となる．したがって，電流反射係数は，

$$\text{電流反射係数} = \frac{\text{電流反射波}}{\text{電流入射波}} = \frac{\dot{Z}_0 - \dot{Z}_\mathrm{R}}{\dot{Z}_0 + \dot{Z}_\mathrm{R}} = -m \tag{9.76}$$

となる．たとえば，受電端開放 ($\dot{Z}_\mathrm{R} \to \infty$) の場合 $m = 1$，受電端短絡 ($\dot{Z}_\mathrm{R} = 0$) の場合 $m = -1$ となる．もし受電端に特性インピーダンス $\dot{Z}_0$ が接続 ($\dot{Z}_\mathrm{R} = \dot{Z}_0$) されると $m = 0$ となり，電圧・電流の両波とも無反射となる．このように $\dot{Z}_\mathrm{R}$ を調整することを，**インピーダンス整合** (impedance matching) という．

9.5.2 透過係数

図 9.11 のように，受電端 R に負荷 $\dot{Z}_\mathrm{R}$ のかわりに特性インピーダンス $\dot{Z}_0'$ の半無限長線路を接続したとする．この線路は半無限長であるから反射波はない．したがって，接続点 R において，電圧入射波と電圧反射波の和すなわち $\dot{V}_\mathrm{R}$ は，電圧透過波と等しい．したがって，式 (9.75) より，

$$\text{電圧透過係数} = \frac{\text{電圧透過波}}{\text{電圧入射波}} = \frac{2\dot{Z}_0'}{\dot{Z}_0' + \dot{Z}_0} = 1 + m \tag{9.77}$$

となる．同様に，電流入射波と電流反射波の租は電流透過波に等しいので，

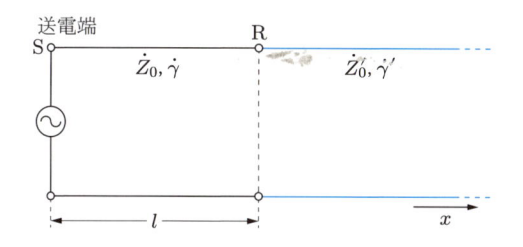

図 9.11 　有限長線路と半無限長線路の接続

$$\text{電流透過係数} = \frac{\text{電流透過波}}{\text{電流入射波}} = \frac{2\dot{Z}_0}{\dot{Z}_0' + \dot{Z}_0} = 1 - m \tag{9.78}$$

となる．

例題 9.6 　特性インピーダンスの異なる線路の接続点において，反射電圧 244 V，透過電圧 684 V であった．特性インピーダンスの比を求めよ．

解 　$\dot{Z}_1 : \dot{Z}_2 = 49 : 171$ となる．

9.5.3 　有限長線路の往復反射

有限長線路では，送受電端のインピーダンスが特性インピーダンスに等しくない場合，両端で反射が起こり定在波ができる．ここでは，図 9.12 のように長さ l の線路の一端 S に内部インピーダンスを無視できる電源が接続され，他端 R に反射係数 m なるインピーダンス $\dot{Z}_\text{R}$ が接続されている場合を考える．いま，点 S における電圧を $\dot{V}_\text{S}$ とすれば，これが点 R に達したときの電圧は $\dot{V}_\text{S} e^{-\dot{\gamma} l}$ となる．これにより，点 R に生じる反射波は $m\dot{V}_\text{S} e^{-\dot{\gamma} l}$ となり，この反射波が点 S（電圧反射係数は -1）に達したとき発生する反射波は $-m\dot{V}_\text{S} e^{-2\dot{\gamma} l}$ となる．このように点 S と点 R の間で反射が無限に繰り返されたとき，点 S の電圧の総和を $\dot{V}_\text{S}'$ とすれば，

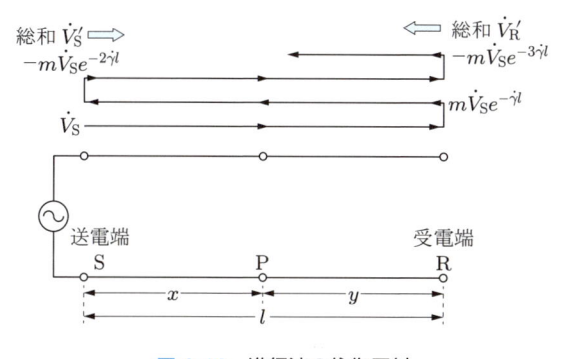

図 9.12 　進行波の往復反射

$$\dot{V}_S' = \dot{V}_S - m\dot{V}_S e^{-2\dot{\gamma}l} + m^2\dot{V}_S e^{-4\dot{\gamma}l} - m^3\dot{V}_S e^{-6\dot{\gamma}l} + \cdots$$
$$= \frac{\dot{V}_S}{1 + me^{-2\dot{\gamma}l}} \tag{9.79}$$

となり，点 S から距離 x なる点 P における $\dot{V}_S'$ に対応した電圧 $\dot{V}_{Px}$ は，

$$\dot{V}_{Px} = \dot{V}_S' e^{-\dot{\gamma}x} = \frac{\dot{V}_S e^{-\dot{\gamma}x}}{1 + me^{-2\dot{\gamma}l}} \tag{9.80}$$

となる．同様に，点 R の電圧の総和を $\dot{V}_R'$ とすれば，

$$\dot{V}_R' = m\dot{V}_S e^{-\dot{\gamma}l} - m^2\dot{V}_S e^{-3\dot{\gamma}l} + m^3\dot{V}_S e^{-5\dot{\gamma}l} - \cdots$$
$$= \frac{m\dot{V}_S e^{-\dot{\gamma}l}}{1 + me^{-2\dot{\gamma}l}} \tag{9.81}$$

となり，$\dot{V}_R'$ に対応した点 P の電圧 $\dot{V}_{Py}'$ は

$$\dot{V}_{Py} = \dot{V}_R' e^{-\dot{\gamma}(l-x)} = \frac{m\dot{V}_S e^{-\dot{\gamma}(2l-x)}}{1 + me^{-2\dot{\gamma}l}} \tag{9.82}$$

となる．したがって，点 P の電圧 $\dot{V}_P$ は

$$\dot{V}_P = \dot{V}_{Px} + \dot{V}_{Py} = \dot{V}_S \left\{ \frac{e^{-\dot{\gamma}x} + me^{-\dot{\gamma}(2l-x)}}{1 + me^{-\dot{\gamma}l}} \right\} \tag{9.83}$$

となる．式 (9.83) に $m = (\dot{Z}_R - \dot{Z}_0)/(\dot{Z}_R + \dot{Z}_0)$ を代入すれば，

$$\dot{V}_P = \dot{V}_S \frac{(\dot{Z}_R + \dot{Z}_0)e^{-\dot{\gamma}x} + (\dot{Z}_R - \dot{Z}_0)e^{-\dot{\gamma}(2l-x)}}{(\dot{Z}_R + \dot{Z}_0) + (Z_R - Z_0)e^{-2\dot{\gamma}l}}$$
$$= \dot{V}_S \frac{\dot{Z}_R \cosh\dot{\gamma}(l-x) + \dot{Z}_0 \sinh\dot{\gamma}(l-x)}{\dot{Z}_R \cosh\dot{\gamma}l + Z_0 \sinh\dot{\gamma}l} \tag{9.84}$$

となり，式 (9.47) と一致する．

演習問題

9.1 長さ $l\,[\mathrm{km}]$ の同心ケーブルの受電端に無誘導抵抗 $R_2\,[\Omega]$ を接続したとき，送電端で測定したインピーダンスを求めよ．ただし，1 km あたりの抵抗を $R\,[\Omega/\mathrm{km}]$，容量サセプタンスを $B\,[\mathrm{S/km}]$ とし，その他の定数は無視する．

9.2 長さ 500 km の線路がある．受電端を短絡した場合，送電端からみたインピーダンスが $j300\,\Omega$，また，受電端を開放した場合，送電端からみたアドミタンスが $j2.5 \times 10^{-3}\,\mathrm{S}$ であった．この線路の特性インピーダンスおよび伝搬定数を求めよ．

9.3 長さ $l\,[\mathrm{km}]$ の長距離電送線路がある．受電端を開放してアドミタンスを測定したところ $a\,[\mathrm{S}]$，受電端を短絡してインピーダンスを測定したところ $b\,[\Omega]$ となった．角周波数

をωとして1kmあたりのインダクタンスおよびキャパシタンスを求めよ．

9.4 終端に抵抗負荷 $5R$ を接続した線路の負荷における電圧反射係数を求めよ．ただし線路の単位長あたりのインダクタンスを $L\,[\mathrm{H}]$，容量を $C\,[\mathrm{F}]$ とし，線路は無損失であるとする．

9.5 線路においてインダクタンス $L = 0.57\,\mathrm{mH/km}$，容量 $C = 0.00144\,\mathrm{\mu F/km}$，抵抗 $R = 1.017\,\Omega/\mathrm{km}$，$G = 0$ が与えられているとき，$60\,\mathrm{Hz}$ における直列インピーダンス $\dot{Z}$，並列アドミタンス $\dot{Y}$，特性インピーダンス $\dot{Z}_0$ および伝搬定数 $\dot{\gamma}$ を求めよ．

9.6 単位長あたりの抵抗 R，漏れコンダクタンス G なる長さ l の線路がある．いま，その一端に問図 9.1 のように直流起電力 E の電源を接続したとき，電源より流出する電流はいくらか．ただし，接地抵抗を R_e とする．

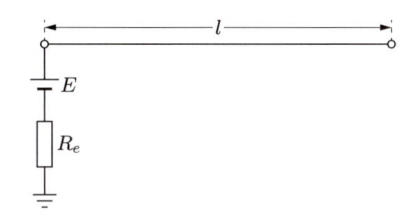

問図 9.1

付　録

A.1　行　列

ここでは，電気回路の計算に便利な行列に関する基礎的事項について述べる．

A.1.1　行列の定義

m 行 n 列の矩形に配列された mm 個の量の集まりを，m 行 n 列の**行列**といい，次のように表す．

$$\begin{bmatrix} a_{11} & a_{12} & \cdots & a_{1n} \\ a_{21} & a_{22} & \cdots & a_{2n} \\ \vdots & \vdots & \ddots & \vdots \\ a_{m1} & a_{m2} & \cdots & a_{mn} \end{bmatrix} = [a_{ij}] = [A] \tag{A.1}$$

ここで，量 a_{ij} を行列の要素 (element) という．

A.1.2　行列の相等

m 行 n 列の行列 $[A] = [a_{ij}]$ と $[B] = [b_{ij}]$ において

$$a_{ij} = b_{ij} \quad (i = 1, 2, \ldots, m,\ j = 1, 2, \ldots, n) \tag{A.2}$$

が成立するとき，これらの行列が等しいといい，次のように表す．

$$[A] = [B] \tag{A.3}$$

A.1.3　行列の加減

3 個の m 行 n 列行列を $[A] = [a_{ij}]$, $[B] = [b_{ij}]$, $[C] = [C_{ij}]$ とするとき，各行列の要素の間に

$$a_{ij} \pm b_{ij} = c_{ij} \tag{A.4}$$

なる関係があるとき，

$$[A] \pm [B] = [C] \tag{A.5}$$

A.1.4 行列の積

(a) 行列とスカラー量との積：m 行 n 列の行列を $[A] = [a_{ij}]$, $[B] = [b_{ij}]$ とし，k をスカラー量とするとき，各行列の要素の間に，

$$b_{ij} = k a_{ij} \tag{A.6}$$

なる関係があるとき，

$$[B] = k \cdot [A] \tag{A.7}$$

と表し，$[B]$ をスカラー量 k と行列 $[A]$ との積という．

(b) 2 個の行列の積：m 行 n 列の行列 $[A] = [a_{is}]$，n 行 l 列の行列 $[B] = [b_{sj}]$ および m 行 l 列の行列 $[C] = [c_{ij}]$ において，

$$c_{ij} = \sum_{s=1}^{n} a_{is} b_{sj} \tag{A.8}$$

なる関係があるとき，$[C]$ を $[A]$ と $[B]$ の積と定義し，次のように表す．

$$[C] = [A][B] \tag{A.9}$$

たとえば，3 行 3 列の行列の積は

$$[A][B] = \begin{bmatrix} a_{11} & a_{12} & a_{13} \\ a_{21} & a_{22} & a_{23} \\ a_{31} & a_{32} & a_{33} \end{bmatrix} \begin{bmatrix} b_{11} & b_{12} & b_{13} \\ b_{21} & b_{22} & b_{23} \\ b_{31} & b_{32} & b_{33} \end{bmatrix}$$

$$= \begin{bmatrix} a_{11}b_{11} + a_{12}b_{21} + a_{13}b_{31} & a_{11}b_{12} + a_{12}b_{22} + a_{13}b_{32} & a_{11}b_{13} + a_{12}b_{23} + a_{13}b_{33} \\ a_{21}b_{11} + a_{22}b_{21} + a_{23}b_{31} & a_{21}b_{12} + a_{22}b_{22} + a_{23}b_{32} & a_{21}b_{13} + a_{22}b_{23} + a_{23}b_{33} \\ a_{31}b_{11} + a_{32}b_{21} + a_{33}b_{31} & a_{31}b_{12} + a_{32}b_{22} + a_{33}b_{32} & a_{31}b_{13} + a_{32}b_{23} + a_{33}b_{33} \end{bmatrix}$$

となる．なお，一般に $[A][B] \neq [B][A]$ である．

A.1.5 逆行列

二つの n 行 n 列行列を $[A] = [a_{ij}]$，$[B] = [b_{ij}]$ とし，$[A]$ の行列式を $|A|$ とする．すなわち，

$$|A| = \begin{vmatrix} a_{11} & a_{12} & \cdots & a_{1n} \\ a_{21} & a_{22} & \cdots & a_{2n} \\ \vdots & \vdots & & \vdots \\ a_{n1} & a_{n2} & \cdots & a_{nn} \end{vmatrix} \neq 0 \tag{A.10}$$

とする．いま，行列式 $|A|$ の要素 a_{ij} の余因子を $(-1)^{ij}A_{ij}$ とするとき，

$$b_{ij} = \frac{(-1)^{i+j}A_{ji}}{|A|} \tag{A.11}$$

すなわち，

$$[B] = \frac{1}{|A|}\begin{bmatrix} A_{11} & -A_{21} & \cdots & (-1)^{n+1}A_{n1} \\ -A_{12} & A_{22} & \cdots & (-1)^{n+2}A_{n2} \\ \vdots & \vdots & & \vdots \\ (-1)^{n+1}A_{1n} & (-1)^{n+2}A_{2n} & \cdots & (-1)^{2n}A_{nn} \end{bmatrix}$$

のとき，$[B]$ を $[A]$ の**逆行列** (inverse matrix) といい，

$$[B] = [A]^{-1} \tag{A.12}$$

と表す．なお，逆行列には次の性質がある．

$$[A][A]^{-1} = [A]^{-1}[A] = 1 \tag{A.13}$$

$$([A]\cdot[B])^{-1} = [B]^{-1}[A]^{-1} \tag{A.14}$$

いま，3個の行列 $[X], [Y], [Z]$ の間に

$$[X][Y] = [Z] \tag{A.15}$$

なる関係があるとき，$[X]$ と $[Z]$ を与えて $[Y]$ を求める場合は，上式の両辺に左から $[X]^{-1}$ を乗じ，次のようになる．

$$[X]^{-1}[X][Y] = [Y] = [X]^{-1}[Z] \tag{A.16}$$

また，式 (A.15) より，$[Y]$ と $[Z]$ を与えて $[X]$ を求める場合は，式 (A.15) の両辺に右から $[Y]^{-1}$ を乗じ，次のようになる．

$$[X][Y][Y]^{-1} = [X] = [Z][Y]^{-1} \tag{A.17}$$

たとえば，n 個の独立な網目をもつ回路において，それぞれの網目に存在する起電力を $\dot{E}_i\ (i=1,2,\cdots,n)$，自己インピーダンスを $\dot{Z}_{ii}$，第 i 番目の網目と第 j 番目の網目の相互インピーダンスを $\dot{Z}_{ij}$ とするとき，この回路を流れる電流は次のようにして求める．

第 i 番目の網目を流れる電流を $\dot{I}_i$ とし，それぞれの網目にキルヒホッフの法則を適用すると，

$$\dot{Z}_{11}\dot{I}_1 + \dot{Z}_{12}\dot{I}_2 + \cdots + \dot{Z}_{1n}\dot{I}_n = \dot{E}_1$$

$$\dot{Z}_{21}\dot{I}_1 + \dot{Z}_{22}\dot{I}_2 + \cdots + \dot{Z}_{2n}\dot{I}_n = \dot{E}_2$$

$$\vdots$$

$$\dot{Z}_{n1}\dot{I}_1 + \dot{Z}_{n2}\dot{I}_2 + \cdots + \dot{Z}_{nn}\dot{I}_n = \dot{E}_n$$

となる．これを行列で表すと，

$$\begin{bmatrix} \dot{Z}_{11} & \dot{Z}_{12} & \cdots & \dot{Z}_{1n} \\ \dot{Z}_{21} & \dot{Z}_{22} & \cdots & \dot{Z}_{2n} \\ \vdots & \vdots & \ddots & \vdots \\ \dot{Z}_{n1} & \dot{Z}_{n2} & \cdots & \dot{Z}_{nn} \end{bmatrix} \begin{bmatrix} \dot{I}_1 \\ \dot{I}_2 \\ \vdots \\ \dot{I}_n \end{bmatrix} = \begin{bmatrix} \dot{E}_1 \\ \dot{E}_2 \\ \vdots \\ \dot{E}_n \end{bmatrix}$$

となる．したがって，回路を流れる電流は次のようになる．

$$\begin{bmatrix} \dot{I}_1 \\ \dot{I}_2 \\ \vdots \\ \dot{I}_n \end{bmatrix} = \begin{bmatrix} \dot{Z}_{11} & \dot{Z}_{12} & \cdots & \dot{Z}_{1n} \\ \dot{Z}_{21} & \dot{Z}_{22} & \cdots & \dot{Z}_{2n} \\ \vdots & \vdots & \ddots & \vdots \\ \dot{Z}_{n1} & \dot{Z}_{n2} & \cdots & \dot{Z}_{nn} \end{bmatrix} \begin{bmatrix} \dot{E}_1 \\ \dot{E}_2 \\ \vdots \\ \dot{E}_n \end{bmatrix}$$

A.2 指数関数・双曲線関数

A.2.1 指数関数と双曲線関数の関係

$$e^{\pm x} = \cosh x \pm \sinh x \tag{A.18}$$

$$e^{\pm jx} = \cos x \pm j \sin x \tag{A.19}$$

$$\cosh x = \frac{e^x + e^{-x}}{2} = \cosh(-x) \tag{A.20}$$

$$\sinh x = \frac{e^x - e^{-x}}{2} = -\sinh(-x) \tag{A.21}$$

$$\cos x = \frac{e^{jx} + e^{-jx}}{2} \tag{A.22}$$

$$\sin x = \frac{e^{jx} - e^{-jx}}{2j} \tag{A.23}$$

$$\sinh 0 = 0, \quad \cosh 0 = 1, \quad \tanh 0 = 0 \tag{A.24}$$

$$\sinh(\pm\infty) = \pm\infty, \quad \cosh(\pm\infty) = \pm\infty, \quad \tanh(\pm\infty) = \pm 1 \tag{A.25}$$

A.2.2 双曲線関数の公式

$$\cosh^2 x - \sinh^2 x = 1 \tag{A.26}$$

$$1 - \tanh^2 x = \mathrm{sech}^2 x = \frac{1}{\cosh^2 x} \tag{A.27}$$

$$\sinh 2x = 2\sinh x \cosh x \tag{A.28}$$

$$\cosh 2x = \cosh^2 x + \sinh^2 x = 2\cosh^2 x - 1 = 1 + 2\sinh^2 x \tag{A.29}$$

$$\sinh(x \pm y) = \sinh x \cosh y \pm \cosh x \sinh y \tag{A.30}$$

$$\cosh(x \pm y) = \cosh x \cosh y \pm \sinh x \sinh y \tag{A.31}$$

$$\sinh x \pm \sinh y = 2\sinh\frac{1}{2}(x \pm y)\cosh\frac{1}{2}(x \mp y) \tag{A.32}$$

$$\cosh x + \cosh y = 2\cosh\frac{1}{2}(x + y)\cosh\frac{1}{2}(x - y) \tag{A.33}$$

$$\cosh x - \cosh y = 2\sinh\frac{1}{2}(x + y)\sinh\frac{1}{2}(x - y) \tag{A.34}$$

$$\tanh(x \pm y) = \frac{\tanh x \pm \tanh y}{1 \pm \tanh x \tanh y} \tag{A.35}$$

$$\sinh x = x + \frac{x^3}{3!} + \frac{x^5}{5!} + \frac{x^7}{7!} + \cdots \tag{A.36}$$

$$\cosh x = 1 + \frac{x^2}{2!} + \frac{x^4}{4!} + \frac{x^6}{6!} + \cdots \tag{A.37}$$

A.2.3 双曲線関数と三角関数の関係

$$\sinh jx = j\sin x, \quad \cosh jx = \cos x, \quad \tanh jx = j\tan x \tag{A.38}$$

$$\sin jx = j\sinh x, \quad \cos jx = \cosh x, \quad \tan jx = j\tanh x \tag{A.39}$$

$$\sinh(x \pm jy) = \sinh x \cos y \pm j\cosh x \sin y = \pm j\sin(y \mp jx) \tag{A.40}$$

$$\cosh(x \pm jy) = \cosh x \cos y \pm j\sinh x \sin y = \cos(y \mp jx) \tag{A.41}$$

$$\tanh(x \pm jy) = \frac{\tanh x \pm j\tan y}{1 \pm j\tanh x \tan y} = \frac{\sinh 2x \pm j\sin 2y}{\cosh 2x + \cos 2y} \tag{A.42}$$

$$\cosh(x \pm jy) = \frac{1 \mp j\cosh x \cot y}{\cosh x \mp j\cot y} = \frac{\sinh 2x \mp j\sin 2y}{\cosh 2x - \cos 2y} \tag{A.43}$$

$$\sin(x \pm jy) = \sin x \cosh y \pm j\cos x \sinh y = \pm j\sinh(y \mp jx) \tag{A.44}$$

$$\cos(x \pm jy) = \cos x \cosh y \mp j\sin x \sinh y = \cosh(y \mp jx) \tag{A.45}$$

$$e^{\alpha+j\beta} = \cosh(\alpha + j\beta) + \sin(\alpha + j\beta)$$
$$= (\cosh\alpha + \sinh\alpha)(\cos\beta + j\sin\beta) \tag{A.46}$$

$$|e^{\alpha+j\beta}| = e^{\alpha} \tag{A.47}$$

演習問題解答

第 2 章

2.1 $R = 2.25\,\Omega$ のとき,

$$I_1 = \frac{E}{r + 2.25} = 3\,\text{A} \quad \therefore\ E = 3(r + 2.25) \quad \cdots ①$$

$R = 3.45\,\Omega$ のとき,

$$I_2 = \frac{E}{r + 3.45} = 2\,\text{A} \quad \therefore\ E = 2(r + 3.45) \quad \cdots ②$$

式①および②より, $r = 0.15$, $E = 7.20$ となる. 答:(4)

2.2 問図のブリッジ回路で $4/8 = 5/10$ で平衡状態であるので, $12\,[\Omega]$ には電流は流れない(2.1.2 項の式 (2.13) 参照). 全体の合成抵抗 R は,

$$\frac{9 \times 18}{9 + 18} + 3 = \frac{243}{27} \quad \cdots ①$$

$3\,\Omega$ に流れる電流 I は,

$$I = \frac{E}{3 + R} \quad \cdots ②$$

式①,②より, $E = 5.4$ となる. 答:(3)

2.3 解図 2.1 のように各部の電圧・電流を定め,負荷側から順次求める.

$$I_1 = \frac{1}{0.25} = 4\,\text{A} \quad \therefore\ E_b = (0.25 + 0.25)I_1 = 2\,\text{V}$$

$$I_2 = \frac{E_b}{0.5} = 4\,\text{A}, \quad I_3 = I_1 + I_2 = 8\,\text{A}$$

$$E_a = E_b + (I_3 \times 0.5) = 6\,\text{V}$$

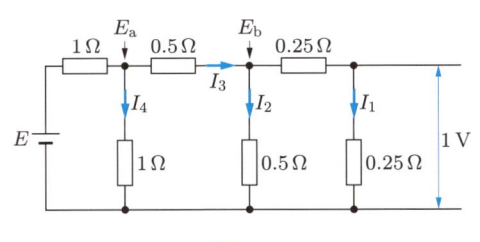

解図 2.1

左端の抵抗 1Ω を流れる電流 I は

$$I = I_3 + I_4 = 6 + 8 = 14\,\text{A}$$

電源電圧 E は

$$E = E_a + I \times 1 = 20\,\text{V} \quad \therefore\ 答：(2)$$

2.4 　問図 (a), (b) より,

$$R_1 + R_2 = \frac{30}{6}, \quad \frac{1}{1/R_1 + 1/R_2} = \frac{30}{25}$$

2 式より,

$$(R_1)^2 - 5R_1 + 6 = 0$$

R_1 は 2 または 3 となる.

$$R_1 = 2 \text{ のとき } R_2 = 3, \quad R_1 = 3 \text{ のとき } R_2 = 2$$

題意より小さい方の抵抗で, $R_2 = 2$ となる. 答：(4)

2.5 　抵抗 12Ω を流れる電流を I_1 [A], 電圧降下を V_1 [V] とすると, 抵抗 12Ω の消費電力が 27W であるので,

$$27 = \frac{(V_1)^2}{12} \quad \therefore\ V_1 = 18\,\text{V}$$

$$\therefore\ I_1 = \frac{18}{12} = 1.5\,\text{A}$$

また, 30Ω にかかる電圧 V は

$$V = 90 - V_1 = 72\,\text{V}$$

30Ω を流れる電流 I は

$$I = \frac{72}{30} = 2.4\,\text{A}$$

抵抗 R [Ω] に流れる電流 I_R [A] は

$$I_R = I - I_1 = 2.4 - 1.5 = 0.9 \quad \therefore\ R = \frac{V_1}{I_R} = 20\,\Omega$$

答：(5)

2.6 　$V_a = V_b$ より, ブリッジは平衡しているので, 式 (2.13) より,

$$\frac{16}{8} = \frac{r}{R} \quad \therefore\ r = 2R$$

抵抗 16Ω および 8Ω を流れる電流をそれぞれ I_1 [A] および I_2 [A] とすると,

$$I_1 + I_2 = 25\,\mathrm{A}, \quad I_1 = \frac{200}{16+r}\,[\mathrm{A}], \quad I_2 = \frac{200}{8+R}\,[\mathrm{A}]$$

以上より，$R = 4\,\Omega, r = 8\,\Omega$ となる．答：(4)

2.7 ブリッジの平衡条件より，$P/Q = S/R$ である．題意より，$P = 1\,\mathrm{k}\Omega = 1000\,\Omega$，$Q = 10\,\Omega$，$R = 100\,\Omega \sim 2\,\mathrm{k}\Omega$ である．

$$R = 100\,\Omega\,\text{のとき：}\quad S = \frac{(1000) \times (100)}{10} = 10000 = 10\,k\Omega$$

$$R = 2\,k\Omega\,\text{のとき：}\quad S = \frac{(1000)(2000)}{10} = 200\,k\Omega$$

よって，S は $10\,\mathrm{k}\Omega \sim 200\,\mathrm{k}\Omega$ となる．答：(4)

2.8 S を②側に閉じたとき，R_2 は短絡され，R_1 のみとなる．

$$100 = 5R_1 \quad \therefore\ R_1 = 20\,\Omega$$

S を開いたとき，R_1 と R_2 の直列回路となるので，

$$100 = 2(R_1 + R_2) \quad \therefore\ R_2 = 30\,\Omega$$

となる．S を①側に閉じたときの R_2 と r の合成抵抗を R' とする．

$$R' = \frac{1}{1/R_2 + 1/r} = \frac{R_2 r}{R_2 + r}$$

R_1 と R' の合成抵抗 R は，

$$R = R_1 + \frac{R_2 r}{R_2 + r} = 20 + \frac{30r}{30 + r}$$

S を①側に閉じたとき $2.5\,\mathrm{A}$ であるから，

$$20 + \frac{30r}{30 + r} = \frac{100}{2.5} \quad \therefore\ r = 60\,\Omega$$

答：(5)

2.9 電流計の指示値は，S を開閉しても変わらないので，ブリッジは平衡している．

$$R_4 = 4R_3 \quad \cdots ①$$

S を解放したときの電源側からみた合成抵抗を R_S とすると，

$$R_\mathrm{S} = \frac{E}{I} = \frac{E}{E/4} = 4\,\Omega \quad \cdots ②$$

一方，S を開いたときのブリッジの合成抵抗 R_o は，

$$R_\mathrm{o} = \frac{1}{1/(2 + R_3) + 1/(8 + R_4)} = 4$$

式①，②より R_3 を求めると，$3\,\Omega$ となる．答：(3)

2.10　R_1 を流れる電流を I_1 とすると，

$$I_1 = \frac{E}{R_1 + R_2 R_x/(R_2 + R_x)} \quad \cdots ①$$

また，R_x を流れる電流 I は，

$$I = \frac{R_2}{R_2 + R_x} I_1 \quad \cdots ②$$

式①，②より，

$$I = \frac{E}{\{(R_1 + R_2)/R_2\} R_x + R_1}$$

題意より，条件 1 と条件 2 のときに，R_x を流れる電流が等しくなることから，

$$R_x = 8\,\Omega \quad \therefore\ \text{答}：(4)$$

2.11　図 (a) の端子 ac を流れる電流は，

$$I_1 = \frac{100}{R_1 + R_2}, \quad R_2 I_1 = 20$$

$$\therefore\ R_2 = 0.25 R_1 \quad \cdots ①$$

図 (b) で $150\,\Omega$ を流れる電流は $15/150 = 0.1\,\text{A}$，R_2 を流れる電流は $15/R_2$ であるので，図 (b) の点 b にキルヒホッフの第 1 法則を適用すると，

$$\frac{85}{R_1} = 0.1 + \frac{15}{R_2} \quad \cdots ②$$

式①，②より，$R_1 = 250\,\Omega$ となる．図 (c) の $I = 100/R_1 = 0.4\,\text{A}$ となる．答：(4)

第 3 章

3.1　半波整流波は，$0 \leq \theta \leq \pi$ で $i = I_m \sin\theta$，$\pi \leq \theta \leq 2\pi$ で $i = 0$．

$$\therefore\ I = \sqrt{\frac{1}{2\pi} \int_0^\pi I_m{}^2 \sin^2\theta \,\mathrm{d}\theta} = \left[I_m \sqrt{\frac{1}{4\pi} \left(\theta - \frac{\sin 2\theta}{2} \right)} \right]_0^\pi = \frac{I_m}{2}$$

3.2　R, C, L を流れる電流をそれぞれ I_1, I_2, I_3 とすると，電源電圧 V に対して，I_1 は同相，I_2 は $\pi/2$ 遅れ，I_3 は $\pi/2$ 進むので，全電流 I は

$$I = \sqrt{I_1{}^2 + (I_2 - I_3)^2} = \sqrt{5^2 + (31.85 - 4.71)^2} = 27.6\,\text{A}$$

3.3　コイルを R と L の直列回路と考える．交流，直流に対して，それぞれ

$$10 = \frac{100}{\sqrt{R^2 + (\omega L)^2}}, \quad 20 = \frac{100}{R}$$

が成立する．これより，$L \fallingdotseq 0.027\,\mathrm{H}$，$R = 5\,\Omega$．

3.4 印加電圧の実効値は $100/\sqrt{2}$，また周波数 f は $\omega = 314$ より $50\,\mathrm{Hz}$．したがって，インピーダンス $Z = 5.9$ となり，電流は $(100/\sqrt{2})/5.9 = 11.99\,\mathrm{A}$．

3.5 電流を最大にするには，インピーダンスが最小であればよい．したがって，$\omega L = 1/\omega C$ より $f = 1007\,\mathrm{Hz}$．

3.6 誘導性リアクタンスを X とすると，無効電力 $Q = I^2 X$ より，

$$1200 = 10^2 \cdot X \quad \therefore\ X = 12$$

電流 $I = V/\sqrt{R^2 + X^2}$ より，

$$10 = \frac{200}{\sqrt{R^2 + 12^2}} \quad \therefore\ R = 16$$

答：(4)

3.7 周波数が $50\,\mathrm{Hz}$ のときのコンデンサのリアクタンスを X_1 とする．$50\,\mathrm{Hz}$ のときの力率が 80% であるから，

$$\cos\phi_1 = \frac{8}{\sqrt{8^2 + X_1^2}} = 0.8 \quad \therefore\ X_1 = 6\,\Omega$$

$25\,\mathrm{Hz}$ のときのリアクタンス X_2 は

$$X_2 = \frac{50}{25} X_1 = 12\,\Omega$$

力率 $\cos\phi_2$ は

$$\cos\phi_2 = \frac{8}{\sqrt{8^2 + 12^2}} \fallingdotseq 0.556 \quad \therefore\ 答：(3)$$

3.8 スイッチ S を開いたとき，および閉じたときの共振周波数を，それぞれ f_o および f_s とすると，

$$f_o = \frac{1}{2\pi\sqrt{LC_o}}, \quad f_s = \frac{1}{1/2\pi\sqrt{LC_s}}$$

ただし，C_o：S を開いたときの合成静電容量
C_s：S を閉じたときの合成静電容量

題意より，$f_o/f_s = 2$ であるので，$C_o/C_s = 3$．答：(5)

3.9 スイッチ S が開いているとき，消費電力 P_o は流れる電流を I_o とすると，

$$P_o = (I_o)^2 R = \left\{\frac{V}{\sqrt{R^2 + (\omega L)^2}}\right\}^2 R$$

スイッチ S が閉じているときの消費電力 P_s は，流れる電流を I_s とすると，

$$P_s = (I_s)^2 R = \left(\frac{V}{R}\right)^2 R = \frac{V^2}{R}$$

条件により $P_o = P_s/2$ であるので,

$$2R^2 = R^2 + (\omega L)^2 \quad \therefore \quad R^2 = (\omega L)^2$$

$$R = \omega L \quad \therefore \quad L = \frac{R}{\omega} = \frac{R}{2\pi f}$$

答：(2)

第 4 章

4.1 R_1 に流れる電流 $\dot{I}_1 = 10\,\mathrm{A}$ であるから, 電源電圧 V の大きさは, $V = I_1 R_1 = 100\,\mathrm{V}$ となる. R_2 に流れる電流 $\dot{I}_2$ は $\dot{I}_2 = V/(R + jX)$ であるから,

$$|\dot{I}_2| = \frac{100}{\sqrt{R^2 + X^2}} = \frac{100}{\sqrt{16^2 + 12^2}} = 5\,\mathrm{A}$$

R_2 で消費される電力 P_2 は, $P_2 = |\dot{I}_2|^2 \times R_2 = 400\,\mathrm{W}$ となる. 答：(3)

4.2 4.4.4 項の R–L 直列回路で式 (4.36) より, 電流の絶対値は V/Z, 位相は, 電圧より $\phi = \tan^{-1}(\omega L/R)$ [rad] 遅れる. 答：(5)

4.3 4.4.4 項の式 (4.36) より, 回路を流れる電流を I とすると, $\dot{V} = \dot{I}(R + jX_L)$, $\dot{Z} = R + jX_L$. この回路の力率は, $\cos\phi = R/\sqrt{R^2 + X_L^2}$. ここで, $R/X_L = 1/\sqrt{2}$ を用いると, $\cos\phi = (1/\sqrt{2})/\sqrt{3/2} = 1/\sqrt{3} \fallingdotseq 0.577$. 答：(3)

4.4 S が開いているときの電流 $\dot{I}_o$ は $\dot{I}_o = \dot{V}/(R + j\omega L)$. よって,

$$|I_o| = \frac{V}{\sqrt{R^2 + (\omega L)^2}} = \frac{V}{\sqrt{(3\omega L)^2 + (\omega L)^2}} = \frac{V}{2\omega L}\,[\mathrm{A}]$$

$$\tan\phi = \frac{\omega L}{R} = \frac{\omega L}{\sqrt{3}\omega L} = \frac{1}{\sqrt{3}} = \tan 30°$$

S が閉じているときの電流 $\dot{I}_s$ は $\dot{I}_s = \dot{V}/j\omega L$. よって, $|\dot{I}_s| = V/\omega L$. 回路素子は L のみであるので, $\phi_s = 90°$ (遅れ). よって, $I_o/I_s = 1/2, |\phi_o - \phi_s| = 60°$. 答：(2)

4.5 問図 (a), (b) の回路のインピーダンス $\dot{Z}_1, \dot{Z}_2$ は

$$\dot{Z}_1 = R + jX, \quad \dot{Z}_2 = (R + 11) + jX$$

$$\therefore \quad |\dot{Z}_1|^2 = R^2 + X^2, \quad |\dot{Z}_2|^2 = (R + 11)^2 + X^2$$

回路 (a) および回路 (b) の電流がそれぞれ $10\,\mathrm{A}$ および $5\,\mathrm{A}$ であるから,

$$|\dot{Z}_1| = \frac{100}{10} = 10\,\Omega, \quad |\dot{Z}_2| = \frac{100}{5} = 20\,\Omega$$

であり, これらより, $R = 8.1\,\Omega$ となる. 答：(2)

4.6 問図の $\dot{I}_L$ および $\dot{I}_C$ は，それぞれ

$$\dot{I}_L = \frac{V}{j\omega L} \quad \therefore \ |\dot{I}_L| = \frac{V}{\omega L}$$

$$\dot{I}_C = j\omega CV \quad \therefore \ |\dot{I}_C| = \omega CV$$

問図 (b) より，$\dot{I}_C > \dot{I}_L$ であるから，$\omega CV > V/\omega L$, $\omega L > 1/\omega C$ となる．答：(2)

4.7 各負荷のインピーダンスは，それぞれ $\dot{Z}_{ab} = 3 + j4$, $\dot{Z}_{bc} = 4 + j3$, $\dot{Z}_{ac} = 8 + j6$ であるので，

$$\left. \begin{aligned} \dot{I}_{ab} &= \frac{\dot{V}_{ab}}{3+j4} = 12 - j16 \,\mathrm{A} \\ \dot{I}_{bc} &= \frac{\dot{V}_{bc}}{4-j3} = 16 + j12 \,\mathrm{A} \\ \dot{I}_{ca} &= \frac{\dot{V}_{ca}}{8+j6} = 16 - j12 \,\mathrm{A} \end{aligned} \right\} \quad \cdots \text{①}$$

また，

$$\left. \begin{aligned} \dot{I}_a &= \dot{I}_{ab} + \dot{I}_{ac} \\ \dot{I}_b &= \dot{I}_{bc} - \dot{I}_{ab} \\ \dot{I}_c &= -(\dot{I}_{bc} + \dot{I}_{ac}) \end{aligned} \right\} \quad \cdots \text{②}$$

式①, ②より，$|\dot{I}_a| = 39.6 \,\mathrm{A}$, $|\dot{I}_b| = 28.3 \,\mathrm{A}$, $|\dot{I}_c| = 32 \,\mathrm{A}$ となり，$|\dot{I}_a| > |\dot{I}_b| > |\dot{I}_c|$ である．答：(2)

4.8 問図 (a) の r–L 直列回路のインピーダンスは $\dot{Z} = r + j\omega L$.

$$\dot{Y} = \frac{1}{\dot{Z}} = \frac{r}{r^2 + \omega^2 L^2} - j\frac{\omega L}{r^2 + \omega^2 L^2}$$

題意より，$r \ll \omega L$. よって，

$$\dot{Y} \fallingdotseq \frac{r}{\omega^2 L^2} - j\frac{1}{\omega L} \quad \cdots \text{①}$$

問図 (b) の R_p–L 並列回路のアドミタンス Y は

$$\dot{Y} = \frac{1}{R_p} - j\frac{1}{\omega L} \quad \cdots \text{②}$$

式①, ②より，$R_p = (\omega L)^2/r$ となる．答：(4)

4.9 X_L を流れる電流を $\dot{I}_L$ とすると，$\dot{I}_L = \dot{V}_C / jX_L$ である．また，問図の $\dot{I}_C$ は

$$\dot{I}_C = \frac{\dot{V}_C}{-jX_C} \quad \therefore \ \dot{I} = \dot{I}_L + \dot{I}_C = j\dot{V}_C \frac{(X_L - X_C)}{X_L X_C} = 0$$

から，$X_L = X_C$ で $\dot{I} = 0$ となる．よって，$V = V_C = X_L I_L = X_C I_C = 100$ となる．したがって，$I_C = V_C/X_C = V/X_L = 100/20 = 5\,\mathrm{A}$．答：(3)

4.10 4.4.4 項の複素数表示の R–L 直列回路の式 (4.36) より，

$$I = \frac{V}{\sqrt{R^2 + (\omega L)^2}} = \frac{V}{\sqrt{R^2 + X^2}} \quad \cdots ①$$

ただし，$X = \omega L$

無効電力 Q は $Q = I^2 X$ である．題意より，$Q = 1200\,\mathrm{var}$，$I = 10\,\mathrm{A}$ であるから，$X = 12\,\Omega$ となる．式①より，$10 = 200/(R+12)$ であるから，$R = 16\,\Omega$ となる．答：(4)

4.11 回路のインピーダンスは，$\dot{Z} = R + j\omega L - j/\omega C$ である．電源電圧 $\dot{V}$ と電流 $\dot{I}$ が同相であるから，直列共振である．よって，$\omega L = 1/\omega C$ から，$\omega = 1/\sqrt{LC} = 2.5 \times 10\,\mathrm{rad/s}$ となる．答：(4)

4.12 題意より，

$$v_1 = V\sin(\omega t + \phi)\,[\mathrm{V}], \quad v_2 = \sqrt{3}V\sin\left(\omega t + \phi + \frac{\pi}{2}\right)\,[\mathrm{V}]$$

ベクトル表示で，

$$\dot{V}_1 = V, \quad \dot{V}_2 = \sqrt{3}V\angle\frac{\pi}{2}$$

v_1 と v_2 の合成ベクトル $\dot{V}$ は，$\dot{V} = \dot{V}_1 + \dot{V}_2 = (1 + j\sqrt{3})V = 2V\angle(\pi/3)$ となるので，

$$v = 2V\sin\left(\omega t + \phi + \frac{\pi}{3}\right)$$

となる．上式で，(ア) 2 倍，(イ) $\pi/3$，(ウ) 進み，となる．答：(5)

4.13 電源電圧を基準にとり，$\dot{E} = E_m/\sqrt{2}$ とする．誘導リアクタンスを $\dot{Z}_L = j\omega L$，容量リアクタンスを $\dot{Z}_C = 1/j\omega C$ とする．回路を流れる電流 $\dot{I}$ は，

$$\dot{I} = \frac{\dot{E}}{\dot{Z}_L} + \frac{\dot{E}}{\dot{Z}_C} = \frac{E_m}{\sqrt{2}}\left(j\omega C + \frac{1}{j\omega L}\right) = j\frac{E_m}{\sqrt{2}}\left(\omega C - \frac{1}{\omega L}\right)$$

となる．$\dot{I} = 0$ となるためには，

$$\omega L = \frac{1}{\omega C} \quad \therefore\ \omega = \frac{1}{\sqrt{LC}}$$

であればよい．答：(1)

4.14 次のようになる．

$$\dot{V}_0 = \dot{V}_{\mathrm{bd}} - \dot{V}_{\mathrm{bc}} = \frac{(R + j/\omega C)\dot{V}}{2(R - j/\omega C)} = \frac{\dot{V}}{2}e^{j\phi}$$

ただし，$\phi = 2\tan^{-1}\dfrac{1}{\omega CR}$

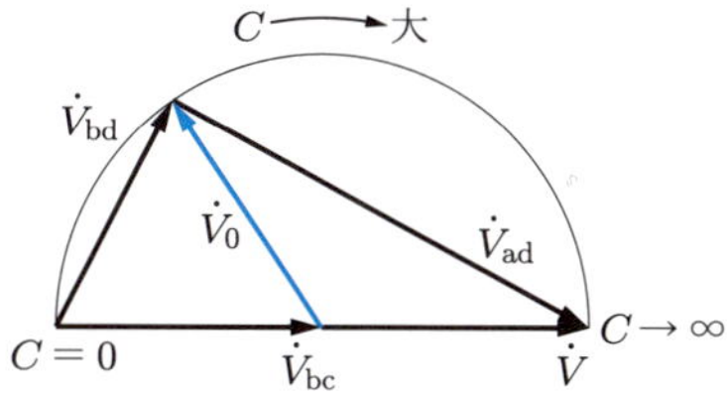

解図 4.1

$$\therefore\ \dot{V}_0 = \frac{\dot{V}}{2}e^{j\phi}, \quad |\dot{V}_0| = \frac{V}{2}$$

$C \to 0 \sim \infty$ に対して $\phi \to \pi \sim 0$ となり，解図 4.1 に示すようになる．

4.15 4.4.5 項の R–C 直列回路の式 (4.39) より，回路のインピーダンス $\dot{Z}$ の抵抗を R，容量リアクタンスを X_C とすると，$\phi = \tan(-X_C/R)$ となる．題意より，V と I の位相差は $\pi/3\,\mathrm{rad}$ であるので，$X_C/R = \tan(\pi/3)$ より，$X_C = 1000\sqrt{3}\,\Omega$ となる．よって，$X_C = 1/(\omega C \times 10^{-6}) = 1/(2\pi f C \times 10^{-6})$ となり，電源周波数 $f = 1000\,\mathrm{Hz}$ であるので，$C = 0.092\,\mu\mathrm{F}$ となる．答：(2)

4.16 次のようになる．

$$f_1 = \frac{1}{2\pi\sqrt{L(C_1 + C_0)}}, \quad f_2 = \frac{1}{2\pi\sqrt{L(C_2 + C_0)}}$$

$$\therefore\ C_0 = \frac{C_2{f_2}^2 - C_1{f_1}^2}{{f_1}^2 - {f_2}^2}$$

4.17 4.7.2 項の直列共振の式 (4.62) より，R–L–C 直列回路の合成インピーダンス $\dot{Z}$ は $\dot{Z} = R + j(\omega L - 1/\omega C)$ で，$\omega L = 1/\omega C$ のとき，$\dot{Z} = R$ となる．直列共振周波数を f_r，商用周波数 $\omega_r = 2\pi f_r$ とすると，$\omega_r L = 1/\omega_r C$ より，$f_r = 1/2\pi\sqrt{LC}$ となる．このとき回路を流れる電流 $I = V/R$ で最大となる．また，共振周波数より低い周波数 f_L のときは，角周波数 $\omega_L = 2\pi f_L$ とすると，

$$\omega_L L < \omega_r L, \quad \frac{1}{\omega_L C} > \frac{1}{\omega_r C}\ (= \omega_r L) \quad \therefore\ \omega_L L < \frac{1}{\omega_L C}$$

したがって，L と C の合成リアクタンスは容量性リアクタンスとなるので，電流 I は V より進み位相になる．

共振周波数より高い周波数 f_H のときは，角周波数を $\omega_H = 2\pi f_H$ とすると，

$$\omega_H L > \omega_r L, \quad \frac{1}{\omega_H C} < \frac{1}{\omega_r C}\ (= \omega_r L) \quad \therefore\ \omega_H L > \frac{1}{\omega_H C}$$

となり，L と C の合成リアクタンスは誘導性，電流 I は V より遅れ位相となる．答：(3)

4.18 等価回路は解図 4.2 のようになる．ab 間のインピーダンス $\dot{Z}$ は

$$\dot{Z} = j\omega M + \frac{1}{j\omega C} = \frac{1 - \omega^2 MC}{j\omega C}$$

$\omega^2 = 1/MC$ であれば $\dot{Z} = 0$ となり，cd 間には電流は流れない．

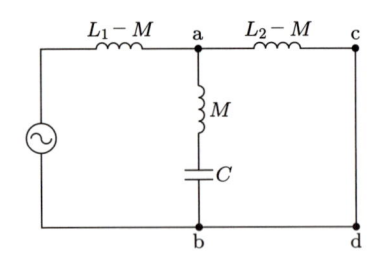

解図 4.2

4.19 電源側からみた回路の複素インピーダンス $\dot{Z}$ は

$$\dot{Z} = R + \frac{1}{j\omega RC} + \frac{R \times (1/j\omega C)}{R + (1/j\omega C)} \quad \therefore \text{ (1) 答：(ヲ)}$$

与えられた数値を代入すると，$\dot{Z} = 15 - j15$ となり，

$$|\dot{Z}| = 15\sqrt{2} \fallingdotseq 21.2\,\Omega \quad \therefore \text{ (2) 答：(ニ)}$$

$$\phi = \tan^{-1}\frac{15}{15} = \frac{\pi}{4}\,\text{rad} \quad \therefore \text{ (3) 答：(リ)}$$

電流を $i(t) = I_m \cos(10t + \phi)$ とおくと，

$$I_m = \frac{|\dot{V}|}{|\dot{Z}|} = \frac{100}{15^2} \fallingdotseq 4.71 \quad \therefore \text{ (4) 答：(ヌ)}$$

となり，$v(t)$ より $\pi/4\,\text{rad}$ 進む．(5) 答：(ヘ)

4.20 R–C 並列回路のアドミタンスは

$$\dot{Y} = \frac{1}{R} + j\omega C = \frac{1 + j\omega RC}{R} \quad \therefore \text{ (1) 答：(チ)}$$

題意で $\dot{I} = I\angle 0$ を基準としているので，ab 間の電圧 $\dot{V}$ は

$$\dot{V} = \dot{I}\dot{Z} = \frac{\dot{I}}{\dot{Y}} = \frac{R\dot{I}}{1 + j\omega RC} \quad \therefore \text{ (2) 答：(ル)}$$

抵抗 R に流れる電流 $\dot{I}_R$ は

$$\dot{I}_R = \frac{\dot{V}}{R} = \frac{1}{1 + j\omega RC} \quad \therefore \text{ (3) 答：(ハ)}$$

与えられた数値を上式に代入すると，$I = 10/\sqrt{2}\angle(\pi/4)$ となり，大きさが $10/\sqrt{2}$，$\dot{I} = I\angle 0$ を基準として位相は $\pi/4$ 遅れている．よって，

$$i_R = \frac{10}{\sqrt{2}} \cdot \sqrt{2}\cos\left(100t - \frac{\pi}{4}\right) = 10\cos\left(100t - \frac{\pi}{4}\right) \text{ [A]} \quad \therefore \text{(4) 答：(ワ)}$$

回路全体の消費電力 P は，$P = RI_R{}^2 = 100(10/\sqrt{2})^2 = 5000\,\text{W}$ となる．(5) 答：(ホ)

4.21 回路全体のインピーダンスは

$$\dot{Z} = (R + j\omega L) + \frac{R}{R + j\omega RC}$$

$$= \frac{R(2 + \omega^2 R^2 C^2)}{1 + \omega^2 R^2 C^2} + j\left(\omega L - \frac{\omega R^2 C}{1 + \omega^2 R^2 C^2}\right)$$

電源電圧 $\dot{V}$ と流れる電流 $\dot{I}$ が同相であるので，合成インピーダンス $\dot{Z}$ は純抵抗となり，$\dot{Z}$ の虚数部が 0 となる．よって，

$$\dot{Z} = \frac{R(2 + \omega^2 R^2 C^2)}{1 + \omega^2 R^2 C^2} \quad \therefore \text{(1) 答：(リ)}$$

また，虚数部を 0 とすると，

$$L = \frac{CR^2}{1 + \omega^2 C^2 R^2} \quad \therefore \text{(2) 答：(ヨ)}$$

コンデンサ C に流れる電流を $\dot{I}_3$ とすると，$\dot{I}_1 = \dot{I}_2 + \dot{I}_3$ で，また，

$$\dot{I}_2 R = \frac{\dot{I}_3}{j\omega C}, \quad \frac{\dot{I}_2}{\dot{I}_1} = \frac{\dot{I}_2}{\dot{I}_2 + \dot{I}_3} = \frac{1}{1 + j\omega RC}$$

よって，

$$\left|\frac{\dot{I}_2}{\dot{I}_1}\right|^2 = \frac{1}{1 + \omega^2 R^2 C^2} \quad \therefore \text{(3) 答：(ニ)}$$

題意より，I_1 が流れる抵抗 R の消費電力を P_1，I_2 が流れる抵抗 R の消費電力を P_2 とする．また，電圧源が R–L–C 回路に供給する電力を $P\,(= P_1 + P_2)$ とする．

$$\frac{P_2}{P} = \frac{P_2}{P_1 + P_2} = \frac{|I_2|^2 R}{|I_1|^2 R + |I_2|^2 R} = \frac{1}{2 + \omega^2 R^2 C^2} \quad \therefore \text{(4) 答：(ル)}$$

(2) より $\sqrt{L/C}$ を求めると，

$$\sqrt{\frac{L}{C}} = \frac{R}{\sqrt{1 + \omega^2 R^2 C^2}} < R \quad \therefore \text{(5) 答：(ヲ)}$$

第 5 章

5.1 テブナンの定理を適用する．
(a) 問図 (a) で，$30\,\Omega$ の両端の電圧は $100/(20+30) = 2\,\mathrm{V}$ であるので，問図 (b) の E_0 は $E_0 = 2 \times 30 = 60\,\mathrm{V}$ である．また，

$$R_0 = \frac{1}{1/20 + 1/30} = 12\,\Omega \quad \therefore\ 答：(2)$$

(b) 問図 (b) より，R を流れる電流 I および R の消費電力 P は

$$I = \frac{E_0}{R_0 + R} = \frac{60}{12 + R}, \quad P = I^2 R = 72$$

2 式より，

$$R^2 - 26R + 144 = 0 \quad \therefore\ R = 18\ \text{または}\ 8$$

問図より，$V = I \times R$ であるので，V は $36\,\mathrm{V}$ または $24\,\mathrm{V}$ となる．答：(1)

5.2 ブリッジの平衡条件式 (5.7) より，

$$\frac{R_p}{R_q} = \frac{R_x + j\omega L_x}{R_s + j\omega L_s} \quad \therefore\ R_p(R_s + j\omega L_s) = R_q(R_x + j\omega L_x) \quad \cdots ①$$

式①の実数部より，

$$R_p R_s = R_q R_x \quad \therefore\ R_x = \frac{R_p}{R_q} R_s$$

式①の虚数部より，

$$\omega R_p L_s = \omega R_q L_x \quad \therefore\ L_x = \frac{R_p}{R_q} L_s$$

答：(4)

5.3 ブリッジの平衡条件式 (5.7) より，

$$(R_1 + j\omega L)\left(R_4 + \frac{1}{j\omega C}\right) = R_2 R_3 \quad \cdots ①$$

となる．式①を整理すると，実数部より，$R_1 R_4 + L/C = R_2 R_3$ が得られ，

$$\frac{L}{C} = R_2 R_3 - R_1 R_4 \quad \cdots ② \quad \therefore\ (1)\ 答：(ハ)$$

また，式①の虚数部より，$\omega R_4 L - R_1/\omega C = 0$ が得られ，

$$\omega^2 = \frac{R_1}{R_4 L C} \quad \cdots ③ \quad \therefore\ (2)\ 答：(ヨ)$$

式③より，

$$R_1 = \omega^2 R_4 LC \quad \cdots ④$$

式④を式②に代入すると，$R_2 R_3 = \omega^2 R_4{}^2 LC + L/C$ となり，

$$L = \frac{R_2 R_3 C}{1 + \omega^2 R_4{}^2 C^2} \quad \cdots ⑤ \quad \therefore (3) \text{ 答}：(チ)$$

式④，⑤より，

$$R_1 = \frac{\omega^2 R_2 R_3 R_4 C^2}{1 + \omega^2 R_4{}^2 C^2} \quad \therefore (4) \text{ 答}：(ワ)$$

式③より，$\omega = \sqrt{R_1/R_4 LC}$ となり，

$$f = \frac{\sqrt{R_1}}{2\pi\sqrt{R_4 LC}} \quad \therefore (5) \text{ 答}：(ヘ)$$

5.4 ブリッジの平衡条件より $R = R_2 R_3/R_1, C = L_1/R_2 R_3$．

5.5 角周波数 ω_1 および ω_2 に対するインピーダンス Z_1 および Z_2 は，それぞれ

$$Z_1 = \sqrt{R^2 + \left(\frac{1}{\omega_1 C}\right)^2} = \sqrt{5}\,\Omega, \quad Z_2 = \sqrt{R^2 + \left(\frac{1}{\omega_2 C}\right)^2} = \sqrt{2}\,\Omega$$

となる．電圧源 $E_1 \cos\omega_1 t$ および $E_2 \cos\omega_2 t$ がそれぞれ単独に存在するときの電流 I_1 および I_2 は，$I_1 = E_1/Z_1 = 2\sqrt{5}, I_2 = E_2/Z_2 = 8\sqrt{2}$ となる．(1) 答：(ル)，(2) 答：(チ)

電圧源 $E_1 \cos\omega_1 t$ が単独で存在する場合，電流の位相角を ϕ_1 とすると，$\tan\phi_1 = (1/\omega_1 C)/R = 2$ となる．(3) 答：(ハ)

電圧源 $E_2 \cos\omega_2 t$ が単独で存在する場合の消費電力 P_1 および P_2 は，それぞれ

$$P_1 = \left(\frac{I}{\sqrt{2}}\right)^2 R = \left(\frac{2\sqrt{5}}{\sqrt{2}}\right)^2 \times 1 = 10\,\text{W} \quad \therefore (4) \text{ 答}：(ヘ)$$

$$P_2 = \left(\frac{I}{\sqrt{2}}\right)^2 R = \left(\frac{8\sqrt{2}}{\sqrt{2}}\right)^2 \times 1 = 64\,\text{W}$$

となり，回路全体の消費電力は $P_1 + P_2 = 74\,\text{W}$ となる．(5) 答：(ヌ)

5.6 問図 (b) で，$1\,\Omega$ と $4\,\Omega$ の直列回路に流れる電流 I_1 は $I_1 = 10/(1+4) = 2\,\text{A}$，また，$2\,\Omega$ と $3\,\Omega$ の直列回路に流れる電流 I_2 は $I_2 = (10-5)/(2+3) = 1\,\text{A}$ となる．よって，$V_{10} = 4I_1 = 8\,\text{V}, V_{20} = 3I_2 = 3\,\text{V}, V_{12} = V_{10} - V_{20} = 5\,\text{V}$ となる．(1) 答：(ヌ)，(2) 答：(ヲ)，(3) 答：(ハ)

次に，端子 1–2 に $5\,\Omega$ の抵抗を接続したときに流れる電流は，5.3.3 項のテブナンの定理を適用して求める．端子 1–2 からみた合成抵抗 R は，

$$R = \frac{1}{1 + 1/4} + \frac{1}{1/2 + 1/3} = 2\,\Omega \quad \therefore (4) \text{ 答}：(ト)$$

端子 1–2 に $5\,\Omega$ の抵抗を接続したときに流れる電流 I は，$I = 5/(2+5) = 5/7\,\text{A}$ となる．

(5) 答：(ヨ)

5.7 $\dot{V}_{cd} = \dot{V}_{ad} - \dot{V}_{bc} = 400/(4+j3) - 300/(3+j4) = 28$ となる．端子 cd からみたインピーダンス $\dot{Z}_{cd} = j12/(3+j4) + j12/(4+j3) = 84(1+j)/25$. テブナンの定理より，$\dot{I}_{cd} = 25(1-j)/6$.

第6章

6.1 (a) $\dot{A} = \dot{D} = 1 - 1/\omega^2 LC, \ \dot{B} = (2 - 1/\omega^2 LC)/j\omega C, \ \dot{C} = 1/j\omega L$
(b) $\dot{A} = \dot{D} = 1 - \omega^2 LC, \ \dot{B} = j\omega L, \ \dot{C} = j\omega C(2 - \omega^2 LC)$
(c) $\dot{A} = \dot{D} = (1 - \omega^2 LC)/(1 + \omega^2 LC), \ \dot{B} = j2\omega L/(1 + \omega^2 LC), \ \dot{C} = j2\omega C/(1 + \omega^2 LC)$

6.2 解図 6.1 の等価回路より，縦続接続として求める．

$$\begin{bmatrix} \dot{A} & \dot{B} \\ \dot{C} & \dot{D} \end{bmatrix} = \begin{bmatrix} 1 & 0 \\ j\omega C_1 & 1 \end{bmatrix} \begin{bmatrix} 1 & j\omega(L_2 - M) \\ 0 & 1 \end{bmatrix} \begin{bmatrix} 1 & 0 \\ 1/j\omega M & 1 \end{bmatrix} \begin{bmatrix} 1 & j\omega(L_2 - M) \\ 0 & 1 \end{bmatrix} \begin{bmatrix} 1 & 0 \\ j\omega C_2 & 1 \end{bmatrix}$$

$$= \frac{1}{M} \begin{bmatrix} L_1 \omega^2 C_2 (L_1 L_2 - M^2) & j\omega(L_1 L_2 - M^2) \\ j\{-1/\omega + \omega(L_1 C_1 + L_2 C_2) - \omega^3 C_1 C_2 (L_1 L_2 - M^2)\} & L_2 - \omega^2 C_1 (L_1 L_2 - M^2) \end{bmatrix}$$

6.3 (a) $\dot{Z}_{01} = \sqrt{L/C(1-\omega^2 LC)}, \ \dot{Z}_{02} = \sqrt{L(1-\omega^2 LC)/C}, \ \dot{\theta} = \cosh^{-1}\sqrt{1-\omega^2 LC}$
(b) $\dot{Z}_{01} = \dot{Z}_{02} = \sqrt{L(2-\omega^2 LC)/C}, \ \dot{\theta} = \tanh^{-1}\sqrt{\omega^2 LC(\omega^2 LC - 2)/(1-\omega^2 LC)^2}$
(c) 解図 6.2 のような π 形回路になる．

$$\dot{Z}_{01} = \dot{Z}_{02} = \sqrt{L/C(2-\omega^2 LC)}, \quad \dot{\theta} = \cosh^{-1}(1 - \omega^2 LC)$$

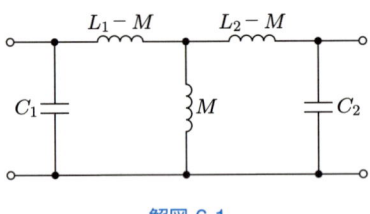

解図 6.1

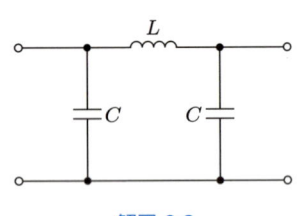

解図 6.2

6.4 $\dot{Z}_f = j(\omega L - 1/\omega C), \ \dot{Z}_s = j\omega L$. したがって，解図 6.3 のようになる．

6.5 解図 6.4(a), (b) に示す二端子対回路の並列接続とする．

$$\dot{Y}_{11} = \frac{1}{\dot{Z}_4} + \frac{\dot{Z}_2 + \dot{Z}_3}{\dot{Z}_1 \dot{Z}_2 + \dot{Z}_2 \dot{Z}_3 + \dot{Z}_3 \dot{Z}_1}$$

$$\dot{Y}_{12} = \dot{Y}_{21} = -\frac{1}{\dot{Z}_4} - \frac{\dot{Z}_2}{\dot{Z}_1 \dot{Z}_2 + \dot{Z}_2 \dot{Z}_3 + \dot{Z}_3 \dot{Z}_1}$$

$$\dot{Y}_{22} = \frac{1}{\dot{Z}_4} + \frac{\dot{Z}_1 + \dot{Z}_2}{\dot{Z}_1 \dot{Z}_2 + \dot{Z}_2 \dot{Z}_3 + \dot{Z}_3 \dot{Z}_1}$$

解図 6.3

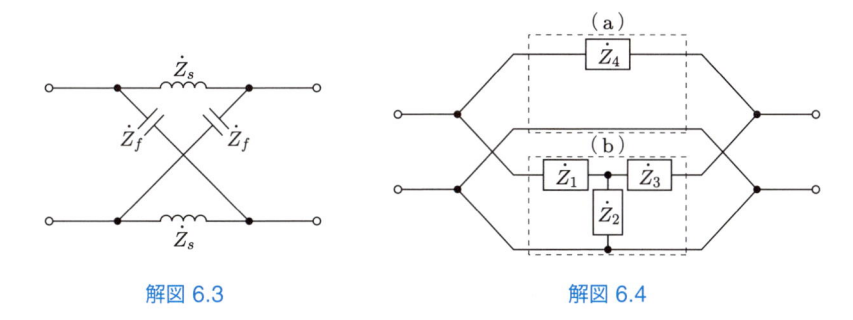

解図 6.4

第 7 章

7.1 式 (7.33) および式 (7.40) を満足するので，奇関数波でかつ対称波である．したがって，$a_0 = a_n = 0$，式 (7.41) より b_{2m-1} を求める．

$$f(x) = \frac{3V}{\pi}\left(\sin x + \frac{1}{5}\sin 5x + \frac{1}{7}\sin 7x + \cdots\right)$$

7.2 式 (7.40) を満足するので対称波である．したがって，式 (7.41) より，

$$a_0 = 0$$

$$a_{2m-1} = -\frac{4a\alpha(1+e^{-\alpha T/2})}{T\{\alpha^2 + (2m-1)^2\omega^2\}}$$

$$b_{2m-1} = \frac{4a(1+e^{-\alpha T/2})}{T}\left\{\frac{1}{(2m-1)\omega} - \frac{(2m-1)\omega}{\alpha^2 + (2m-1)^2\omega^2}\right\}$$

7.3 基本波，第 3 高調波，第 5 高調波について，それぞれ電流 I_1, I_2, I_3 を求め，全電流 I を式 (7.57) より算出すればよい．$I = 19.5\,\text{A}$.

7.4 基本波と第 5 高調波についてそれぞれの回路のインピーダンスを求め，これとそれぞれの高調波の電流との積を求め，その和をとればよい．

基本波について： $\dot{V}_1 = \dfrac{20}{\sqrt{2}} \times 10.2\angle\left(-\dfrac{\pi}{3} - 0.197\right)$ ∴ $v_1 = 204\sin(\omega t - 1.245)$

第 5 高調波について： $\dot{V}_5 = \dfrac{10}{\sqrt{2}} \times 21.3\angle\left(\dfrac{\pi}{6} + 1.082\right)$ ∴ $v_5 = 213\sin(5\omega t + 1.606)$

$$v = v_1 + v_5 = 204\sin(\omega t - 1.245) + 213\sin(5\omega t + 1.606)$$

7.5 直流分と交流分について，別々に電流を求めて計算する．

$$|\dot{I}| = \sqrt{\frac{E^2}{(R+r)^2} + \frac{V^2}{\left(R + \dfrac{r}{1+4\pi^2 f^2 r^2 C^2}\right)^2 + 4\pi^2 f^2\left(L - \dfrac{r^2 C}{1+4\pi^2 f^2 r^2 C^2}\right)^2}}$$

7.6 電圧計および電流計の読みはともに実効値であるから，V および I をそれぞれ式 (4.56) および式 (4.57) より求め，それらより，

$$C = \frac{I}{\omega V}\sqrt{\frac{1+h_3{}^2}{1+9h_3{}^2}}$$

7.7 基本波に対する合成インピーダンスを求め，消費電力 P_1 は電流の 2 乗とインピーダンスの実数部との積で求められる．同様にして，第 3 高調波合成インピーダンスより，第 3 高調波消費電力 P_3 を求める．全消費電力は両者の和となる．

$$P = \frac{\omega^2 L^2 r}{2}\left(\frac{I_1{}^2}{r^2+\omega^2 L^2} + \frac{9I_3{}^2}{r^2+9\omega^2 L^2}\right)$$

7.8 電圧の実効値 V および電流の実効値 I は，それぞれ式 (7.56) および式 (7.57) より，

$$V = \sqrt{V_1{}^2+V_3{}^2+V_5{}^2}, \quad I = \sqrt{I_1{}^2+I_3{}^3}$$

皮相電力 S は，式 (7.60) より，

$$S = VI = \sqrt{(V_1{}^2+V_3{}^2+V_5{}^2)(I_1{}^2+I_3{}^2)}$$

有効電力 P は，式 (7.58) より，

$$P = V_1 I_1 \cos\phi_1 + V_3 I_3 \cos\phi_3$$

力率 $\cos\phi$ は

$$\cos\phi = \frac{P}{S} = \frac{V_1 I_1 \cos\phi_1 + V_3 I_3 \cos\phi_3}{\sqrt{(V_1{}^2+V_3{}^2+V_5{}^2)(I_1{}^2+I_3{}^2)}}$$

第 8 章

8.1 (a) Δ 結線のとき流れる相電流 I_L [A] は $I_L = V/X_L$ である．Δ 結線の負荷を等価な Y 結線の負荷に変換すると，$X'_L = X_L/3$ となる．1 相の等価回路で考えると，Y 結線の線電流 I'_L，相電圧 $V' = V/\sqrt{3}$ より，$I'_L = (V/\sqrt{3})/X'_L = \sqrt{3}I_L$ となる．答：(1)
(b) Y 結線の I_C [A] と Δ 結線の I_L [A] は，それぞれ $I_C = (V/\sqrt{3})/X_C$, $I_L = V/X_L$ である．題意より，$I_L = (2/\sqrt{3})I_C$ であるので，$X_L = (3/2)X_C = 15\,\Omega$ となる．答：(3)

8.2 題意より，$\dot{E}_\mathrm{a} = 200\angle 0 = 200(\cos 0 + j\sin 0) = 200\,\mathrm{V}$．同様にして，$\dot{E}_\mathrm{b} = 200\angle(-2\pi/3) = -100 - j100\sqrt{3}\,\mathrm{V}$, $\dot{E}_\mathrm{c} = 200\angle(\pi/3) = 100 + j100\sqrt{3}\,\mathrm{V}$.

線電圧は，問図より，$\dot{V}_\mathrm{ca} = \dot{E}_\mathrm{c} - \dot{E}_\mathrm{a} = -100 + j100\sqrt{3}$. よって，$|\dot{V}_\mathrm{ca}| = \sqrt{(-100)^2 + (100\sqrt{3})^2} = 200\,\mathrm{V}$. 同様にして，$\dot{V}_\mathrm{bc} = -200 - j200\sqrt{3}\,\mathrm{V}$. よって，$|\dot{V}_\mathrm{bc}| = 400\,\mathrm{V}$. 答：(5)

8.3 電源電圧は，$\dot{E}_\mathrm{a} = 200\angle 0\,\mathrm{V}$, $\dot{E}_\mathrm{b} = 200\angle(-2\pi/3)\,\mathrm{V}$, $\dot{E}_\mathrm{c} = 200\angle(-4\pi/3)\,\mathrm{V}$ で与えられている．線電圧 $|\dot{V}_\mathrm{ab}|$ は，$|\dot{V}_\mathrm{ab}| = 3 \times |\dot{E}_\mathrm{a}| = \sqrt{3} \times 200 \fallingdotseq 345\,\mathrm{V}$ となる．Δ 結線の抵抗を Y 変換すると，式 (8.17) より，$R_\mathrm{Y} = R_\Delta/3 = 40/3\,\Omega$ となり，線電流 $|\dot{I}_\mathrm{a}|$ は $|\dot{I}_\mathrm{a}| = |\dot{E}_\mathrm{a}|/R_\mathrm{Y} = 15\,\mathrm{A}$ となる．答：(4)

8.4 解図 8.1(a) のように，電源の相電圧を $\dot{E}_a, \dot{E}_b, \dot{E}_c$，線電圧を $\dot{V}_{ab}, \dot{V}_{bc}, \dot{V}_{ca}$，各相を流れる電流を $\dot{I}_a, \dot{I}_b, \dot{I}_c$ とする．電力計の電流コイルに流れる線電流 $\dot{I}_a$ が，相電圧 $\dot{E}_a$ より位相が θ だけ遅れているとする．一方，電力計の電圧コイルにかかる電圧 $\dot{V}_{bc}$ は，相電圧 $\dot{E}_a$ より $\pi/6$ 位相が遅れる．これらの関係は，解図 (b) のベクトル図のようになる．解図で，$\dot{I}_a$ と $\dot{V}_{bc}$ との位相差は $\alpha = 2\pi/3 - (\theta + \pi/6) = (\pi/2) - \theta$ となる．電力計の指示する値を P とすると，

$$P = |\dot{V}_{bc}||\dot{I}_a|\cos\left(\frac{\pi}{2}-\theta\right) = VI\cos\left(\frac{\pi}{2}-\theta\right) = VI\sin\theta$$

一方，3 相電力は，$P' = \sqrt{3}VI\cos\theta$

$$\therefore \quad VI = \frac{P'}{\sqrt{3}\cos\theta}$$

$$\therefore \quad P = \frac{P'}{\sqrt{3}\cos\theta}\sin\theta = \frac{P'}{\sqrt{3}}\tan\theta$$

$$\tan\theta = \frac{\sqrt{1-\cos^2\theta}}{\cos\theta} = \frac{3}{4}$$

$$P = 21.65\,\text{kvar}$$

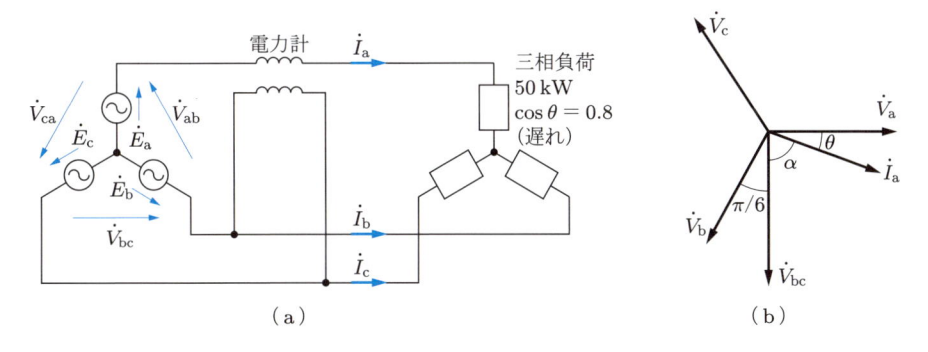

解図 8.1

8.5 (a) 問図 (a) で，負荷の 1 相のインピーダンスを $\dot{Z} = R + jX$ とすると，題意より，$|\dot{Z}| = |\dot{E}|/|\dot{I}|$，$|\dot{E}| = 210/\sqrt{3}$ V，$|\dot{I}| = 14/\sqrt{3}$ A で，$|\dot{Z}| = 15\,\Omega$ となる．力率 80% であるから，$R = 15 \times 0.8 = 12\,\Omega$，$X = \sqrt{Z^2 - R^2} = 9\,\Omega$ となる．答：(3)

(b) 問図 (b) の Δ 形負荷（抵抗 R，リアクタンス X）を Y 形負荷（抵抗 R'，誘導性リアクタンス X'）に変換すると，$R' = R/3 = 4\,\Omega$，$X' = X/3 = 3\,\Omega$ で，変換後のインピーダンス $\dot{Z}$ は，$|\dot{Z}| = \sqrt{4^2 + 3^2} = 5\,\Omega$ となる．流れる電流 I は，$I = 200/5 = 40$ A，全消費電力 P は，$P = 3I^2R = 19200$ W となる．答：(4)

8.6 問図の電源部分を解図 8.2 のように考える．解図において，中性点 NN′ 間の電圧を $\dot{V}_0$ とすると，

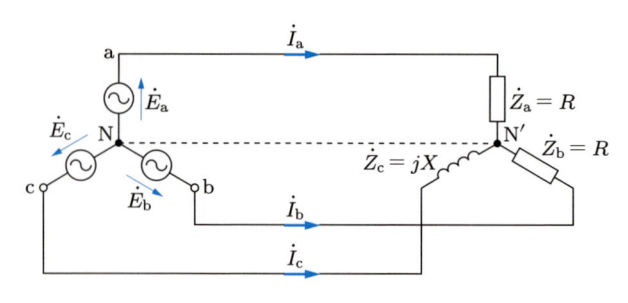

解図 8.2

$$\dot{I}_a = \frac{\dot{E}_a - \dot{V}_0}{\dot{Z}_a}, \quad \dot{I}_b = \frac{\dot{E}_b - \dot{V}_0}{\dot{Z}_b}, \quad \dot{I}_c = \frac{\dot{E}_c - \dot{V}_0}{\dot{Z}_c}, \quad \dot{I}_a + \dot{I}_b + \dot{I}_c = 0$$

これらの式から,

$$\dot{E}_0 = \frac{(\dot{E}_a/\dot{Z}_a) + (\dot{E}_b/\dot{Z}_b) + (\dot{E}_c/\dot{Z}_c)}{(1/\dot{Z}_a) + (1/\dot{Z}_b) + (1/\dot{Z}_c)}$$

ここで, $\dot{Z}_a = R, \dot{Z}_b = R, \dot{Z}_c = jX$ とすると,

$$\dot{E}_0 = \frac{aR - jaX}{R + j2X} \cdot \frac{V}{\sqrt{3}}$$

したがって, a 相の電流は

$$\dot{I}_a = \frac{\sqrt{3}R - X + j(-R + \sqrt{3}X)}{2R(R + j2X)}V, \quad |\dot{I}_a| = \frac{\sqrt{R^2 - \sqrt{3}RX + X^2}}{R\sqrt{R^2 + 4X^2}}V$$

同様にして,

$$|\dot{I}_b| = \frac{\sqrt{R^2 + \sqrt{3}RX + X^2}}{R\sqrt{R^2 + 4X^2}}V, \quad |\dot{I}_c| = \frac{\sqrt{3}V}{\sqrt{R^2 + 4X^2}}$$

消費電力 P は

$$P = |\dot{I}_a|^2 R + |\dot{I}_b|^2 R = \frac{2(R^2 + X^2)V^2}{R(R^2 + 4X^2)} \text{ [W]}$$

8.7 各端子に加える対称 3 相電圧を, $\dot{V}_a, \dot{V}_b, \dot{V}_c$, 流れる電流を $\dot{I}_a, \dot{I}_b, \dot{I}_c$ とし, 負荷の中性点の電圧を $\dot{V}_0$ とすれば,

$$\dot{I}_a + \dot{I}_b + \dot{I}_c = \frac{\dot{V}_a - \dot{V}_0}{R} + \frac{\dot{V}_b - \dot{V}_0}{R} + (\dot{V}_c - \dot{V}_0)j\omega C = 0$$

$$\therefore \dot{V}_0 = \frac{\dot{V}_a + \dot{V}_b + j\omega RC\dot{V}_c}{2 + j\omega RC}$$

したがって, 各端子と中性点 O との間の電圧 $\dot{V}_{a0} = \dot{V}_a - \dot{V}_0, \dot{V}_{b0} = \dot{V}_b - \dot{V}_0, \dot{V}_{c0} = \dot{V}_c - \dot{V}_0$

が求められる．

$$|\dot{V}_{a0}| : |\dot{V}_{b0}| : |\dot{V}_{c0}| = 1 : 0.268 : 0.897$$

8.8 a 相の電圧を基準にとると，各相の電圧は $\dot{E}_a = 200/\sqrt{3}$, $\dot{E}_b = a^2 200/\sqrt{3}$, $\dot{E}_c = a200/\sqrt{3}$ となる．ただし，$a = (-1/2) + j(\sqrt{3}/2)$.
(1) スイッチ S が閉じているときの各相の電流は

$$\dot{I}_a = \frac{\dot{E}_a}{R_a}, \quad \dot{I}_b = \frac{\dot{E}_b}{R_b}, \quad \dot{I}_c = \frac{\dot{E}_c}{R_c}$$

$$\therefore |\dot{I}_a| = \frac{10}{\sqrt{3}}, \quad |\dot{I}_b| = \frac{10}{\sqrt{3}}, \quad |\dot{I}_c| = \frac{5}{\sqrt{3}}$$

中性線を流れる電流 $\dot{I}_0$ は

$$\dot{I}_0 = \dot{I}_a + \dot{I}_b + \dot{I}_c = \frac{5}{2}\left(\frac{1}{\sqrt{3}} - j\right) \quad \therefore |\dot{I}_0| = \frac{5}{\sqrt{3}}$$

負荷の消費電力 P は

$$P = 20 \times \left(\frac{10}{\sqrt{3}}\right)^2 \times 2 + 40 \times \left(\frac{5}{\sqrt{3}}\right)^2 \fallingdotseq 1667\,\text{W}$$

(2) スイッチ S が開いているときの S の両極間の電圧 $\dot{V}_0$ は，問題 8.6 の解答に示した中性点 NN′ 間の電圧 $\dot{V}_0$ より，

$$\dot{V}_0 = \frac{(\dot{E}_a/R_a) + (\dot{E}_b/R_b) + (\dot{E}_c/R_c)}{(1/R_a) + (1/R_b) + (1/R_c)} = \frac{20}{\sqrt{3}} - j2 \quad \therefore |\dot{V}_0| = \frac{40}{\sqrt{3}}$$

したがって，a 相の電流は $\dot{I}_a = (\dot{E}_a - \dot{V}_0)/R_a = 3\sqrt{3} + j$ より $|\dot{I}_a| = 2\sqrt{7}$．同様にして，$|\dot{I}_b| = 2\sqrt{7}$, $|\dot{I}_c| = 2\sqrt{3}$. 負荷の消費電力 P' は

$$P' = 20 \times (2\sqrt{7})^2 \times 2 + 40 \times (2\sqrt{3})^2 = 1600\,\text{W}$$

8.9 断線前の電流は，式 (8.29) より $\dot{I}_a = \dot{Y}\dot{V}_a$，断線後の電流は $\dot{I}'_a = (\dot{V}_a - \dot{V}_b)\dot{Y}/2$ となる．これらより $|\dot{I}'_a|/|\dot{I}_a| = 86.6\%$.

8.10 負荷の中性点の対地電圧を $\dot{V}_N$ とすれば，各相の電流の和は

$$\dot{I}_a + \dot{I}_b + \dot{I}_c = \frac{\dot{V}_a - \dot{V}_N}{\dot{Z}_a} + \frac{\dot{V}_b - \dot{V}_N}{\dot{Z}_b} + \frac{\dot{V}_c - \dot{V}_N}{\dot{Z}_c} = 0$$

となる．したがって，$\dot{V}_N = (\dot{V}_a/\dot{Z}_a + \dot{V}_b/\dot{Z}_b + \dot{V}_c/\dot{Z}_c)/(1/\dot{Z}_a + 1/\dot{Z}_b + 1/\dot{Z}_c)$ となり，$\dot{I}_a$, $\dot{I}_b$, $\dot{I}_c$ が求められる．

$$\dot{V}_N = 6.02 - j21.1\,\text{V}, \quad \dot{I}_a = 11.2 - j17.4\,\text{A},$$

$$\dot{I}_b = -20.3 + j0.74\,\text{A}, \quad \dot{I}_c = 9.07 + j16.7\,\text{A}$$

8.11　解図 8.3 に示すように線電圧 V_{ab}, V_{bc}, V_{ca} を 3 辺とする三角形 ABC を描き，その重心を G とする．G を電源の中性点の電位とし，相電圧 $\dot{E}_a, \dot{E}_b, \dot{E}_c$ をベクトル $\overrightarrow{GA}, \overrightarrow{GB}, \overrightarrow{GC}$ より求める．次に $\dot{E}_a, \dot{E}_b, \dot{E}_c$ より式 (8.69) を用いて電圧の対称分 $\dot{V}_0, \dot{V}_1, \dot{V}_2$ を求めれば，不平衡率は $|\dot{V}_2|/|\dot{V}_1| = 20\,\%$ となる．

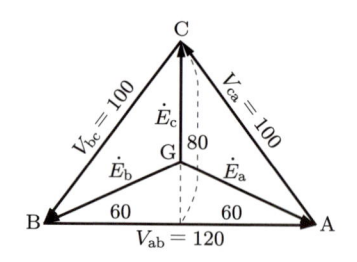

解図 8.3

8.12　機器の定格電圧を V [kV]，定格容量を P [MVA] とすれば，定格電流 I_n [kA] は，単相式では一般に $I_n = P/V$ [kA] であるから，この I_n が機器のインピーダンス $\dot{Z}$ に流されたとき生じる電圧降下 $\dot{Z}I_n$ [kV] の電圧 V [kV] に対する百分率が，パーセントインピーダンス（% $\dot{Z}$ と記す）となる．3 相回路の場合には，基準電圧として線電圧 V [kV] を，基準容量として 3 相容量 P [kVA] をとるとき，$\dot{Z}$ [Ω] のインピーダンスは

$$\%\dot{Z} = \frac{\dot{Z}\,[\Omega] \times P\,[\text{kVA}]}{10V^2\,[\text{kV}]}\,[\%]$$

となる．したがって，対称分インピーダンスを [Ω] に換算すると，

$$\dot{Z} = \frac{10 \times (0.1)^2}{10} 8.3 \angle 70° = 0.083 \angle 70°\ \Omega$$

同様にして，$\dot{Z}_1 = 1.23\angle 89°\ \Omega$, $\dot{Z}_2 = 0.11\angle 70°\ \Omega$ となる．これらを 8.8.4 項 (b) で求めた $\dot{I}_a, \dot{V}_b, \dot{V}_c$ に代入して，

$$\dot{I}_a = 122.5\angle(-86.5°)\,\text{A}, \quad \dot{V}_b = 10.5\angle(-139.7°)\,\text{V}, \quad \dot{V}_c = 11.9\angle 98.9°\,\text{V}$$

8.13　△ 形起電力を $\dot{E}_{ab}, \dot{E}_{bc}, \dot{E}_{ca}$ とし，その対称分を $\dot{E}_0, \dot{E}_1, \dot{E}_2$ とすれば，

$$\begin{bmatrix} \dot{E}_{ab} \\ \dot{E}_{bc} \\ \dot{E}_{ca} \end{bmatrix} = \begin{bmatrix} 1 & 1 & 1 \\ 1 & a^2 & a \\ 1 & a & a^2 \end{bmatrix} \begin{bmatrix} \dot{E}_0 \\ \dot{E}_1 \\ \dot{E}_2 \end{bmatrix}$$

となる．ところが，対称，非対称のいかんにかかわらず，$\dot{E}_{ab} + \dot{E}_{bc} + \dot{E}_{ca} = 0$ であるから，上式より，

$$\dot{E}_0 = \frac{1}{3}(\dot{E}_{ab} + \dot{E}_{bc} + \dot{E}_{ca}) = 0$$

となる．したがって，Δ 形起電力は

$$\dot{E}_{ab} = \dot{E}_1 + \dot{E}_2, \quad \dot{E}_{bc} = a^2\dot{E}_1 + a\dot{E}_2, \quad \dot{E}_{ca} = a\dot{E}_1 + a^2\dot{E}_2$$

となり，第 1 項は対称 3 相起電力 $\dot{E}'_{ab}, \dot{E}'_{bc}, \dot{E}'_{ca}$，第 2 項は第 1 項と相回転の逆な対称 3 相起電力 $\dot{E}''_{ab}, \dot{E}''_{bc}, \dot{E}''_{ca}$ である．

8.14 ベクトル図を描くと，端子 a, b, c の電位は電源電圧 $\dot{E}$ を直径とする円周上にある．これらが正三角形をなす条件を求める．または $\dot{V}_{ab} = R\dot{E}/\{R+(1/j\omega C)\}, \dot{V}_{ca} = -\dot{E}/(1+j\omega rC)$ であるから，$\dot{V}_{ca} = a\dot{V}_{ab}$ とおき実数部と虚数部より R および r を求める．

$$r = \frac{1}{\sqrt{3}\omega C}, \quad R = \frac{\sqrt{3}}{\omega C}$$

8.15 3 相 3 線式なので線電流の和は 0 となる．すなわち $\dot{I}_a + \dot{I}_b + \dot{I}_c = 0$, したがって，$\dot{I}_a, \dot{I}_b, \dot{I}_c$ は解図 8.4 に示すように三角形の各辺に対応する．

$$\dot{I}_a = I_a$$

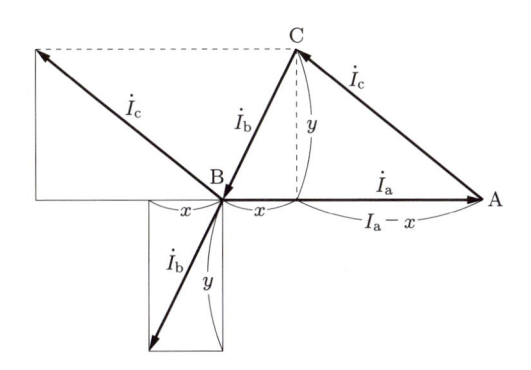

$$\dot{I}_b = -\frac{I_a{}^2 + I_b{}^2 - I_c{}^2}{2I_a}$$
$$\quad - j\frac{1}{2I_a}\sqrt{2(I_a{}^2I_b{}^2 + I_b{}^2I_c{}^2 + I_c{}^2I_a{}^2) - (I_a{}^4 + I_b{}^4 + I_c{}^4)}$$

$$\dot{I}_c = -\frac{I_a{}^2 - I_b{}^2 + I_c{}^2}{2I_a}$$
$$\quad + j\frac{1}{2I_a}\sqrt{2(I_a{}^2I_b{}^2 + I_b{}^2I_c{}^2 + I_c{}^2I_a{}^2) - (I_a{}^4 + I_b{}^4 + I_c{}^4)}$$

解図 8.4

8.16 (a) 問図 (a) で，3 相全体の有効電力 $P = 2.4\,\text{kW}$，無効電力 $Q = 3.2\,\text{kvar}$ であるから，平衡 3 相負荷の皮相電力 S は，$S = \sqrt{P+Q} = 4\,\text{kV·A}$ である．よって，

$$I = \frac{S}{\sqrt{3}V} = \frac{4000}{200\sqrt{3}} = \frac{20}{\sqrt{3}} \quad \therefore \text{ 答：(5)}$$

(b) 問図 (a) で，$P = 3I^2 R, Q = 3I^2 X$ より，

$$R = \frac{P}{3I} = \frac{2400}{3(20/\sqrt{3})^2} = 6\,\Omega, \quad X = \frac{Q}{3I^2} = \frac{3200}{3(20/\sqrt{3})^2} = 8\,\Omega$$

となる．次に，問図 (b) で，Δ 形 C を Y 形に変換する．$R + jX$ と，$-X_C = -j(1/\omega C)$ との並列回路を考える．そのときのインピーダンスを $\dot{Z}\,[\Omega]$ とすると，

$$\dot{Z} = \frac{-(6+j8)jX_C}{(6+j8) - jX_C} = \frac{6X_C{}^2 + jX_C(-100 + 8X_C)}{6^2 + (8 - X_C)^2}$$

力率が 1 であるから，

$$jX_C(-100 + 8X_C) = 0 \quad \therefore\ X_C = 12.5\,\Omega$$

$X_C = 1/3\omega C \times 10^{-6}$ より，$C = 84.9\,\mu\mathrm{F}$ となる．答：(3)

8.17 (a) Δ 形電圧と中性点に対する各相の相電圧との関係式 (8.8) を参照して，

$$\dot{E}_{a0} = \frac{\dot{E}_a}{\sqrt{3}} \angle \left(-\frac{\pi}{6}\right)$$

となる．さらに，$\dot{Z} = 5\sqrt{3} + j5 = 10\angle(\pi/6)$ であるので，

$$\dot{I}_1 = \frac{\dot{E}_{a0}}{\dot{Z}} = \frac{200}{10\sqrt{3}} \angle \left(-\frac{\pi}{3}\right) = 11.55\angle\left(-\frac{\pi}{3}\right) \quad \therefore\ 答：(4)$$

(b) 相電流 $\dot{I}_{ab}$ と線電流 $\dot{I}_1$ の関係は，式 (8.9) を参照して，

$$\dot{I}_{ab} = \frac{\dot{I}_1}{\sqrt{3}} \angle \frac{\pi}{6}$$

ここで，解 (a) の $\dot{I}_1$ を上式に代入して，

$$\dot{I}_{ab} = \frac{200}{30} \angle \left(\frac{\pi}{6} - \frac{\pi}{3}\right) \fallingdotseq 6.67 \angle \left(-\frac{\pi}{6}\right) \quad \therefore\ 答：(5)$$

8.18 (a) 負荷の 1 相あたりのインピーダンスを求める．負荷の Δ 形コンデンサを Y 形に変換すると，1 相あたりの負荷インピーダンスは $1/(1/R + j3\omega C)$ であるので，電源側からみた 1 相のインピーダンス $\dot{Z}$ は

$$\dot{Z} = \frac{1}{1/R + j3\omega C} + j\omega L$$

となる．題意により力率が 1 であるので，$\dot{Z}$ の虚数部は零である．よって，

$$L = \frac{3CR^2}{1 + 9(\omega CR)^2} \quad \therefore\ 答：(2)$$

(b) (a) で求めた $\dot{Z}$ の実数部は $R/\{1 + 9(\omega CR)^2\}$ であるから，線電流 $\dot{I}$ は

$$\dot{I} = \frac{V/\sqrt{3}}{R/\{1+9(\omega CR)^2\}} \quad \cdots ①$$

となる．負荷の Y 形 R を Δ 形に変換すると，1 相あたりの負荷インピーダンスは C と $3R$ の並列回路より求められる．したがって，コンデンサの端子電圧 $\dot{V}_C$ は

$$\dot{V}_C = \frac{\dot{I}}{\sqrt{3}} \cdot \frac{1}{1/3R + j\omega C} \quad \cdots ②$$

となる．式①および式②より，

$$\dot{V}_C = V\frac{R}{1+j3\omega CR} \cdot \frac{1+9(\omega CR)^2}{R}$$

$$\therefore\ V_C = |\dot{V}_C| = V\sqrt{1+9(\omega CR)^2}$$

答：(2)

第 9 章

9.1 送電端の電圧と電流を $\dot{V}_1, \dot{I}_1$，受電端の値を $\dot{V}_2, \dot{I}_2$ とし，線路の特性インピーダンスを $\dot{Z}_0$，伝搬定数を $\dot{\gamma}$ とすると，式 (9.49) および式 (9.50) より，

$$\dot{V}_1 = \dot{V}_2 \cosh \dot{\gamma}l + \dot{Z}_0 \dot{I}_2 \sinh \dot{\gamma}l, \qquad \dot{I}_1 = \dot{I}_2 \cosh \dot{\gamma}l + \frac{\dot{V}_2}{\dot{Z}_0} \sinh \dot{\gamma}l$$

求めるインピーダンス $\dot{Z}_1$ は $\dot{Z}_1 = \dot{V}_1/\dot{I}_1$ となる．

$$\text{答}: \frac{R_2 + \sqrt{R/jB}\tanh\sqrt{jRB}l}{1 + R_2\sqrt{jB/R}\tanh\sqrt{jRB}l}$$

9.2 受電端短絡の場合，送電端よりみたインピーダンス $\dot{Z}_s$ は式 (9.53)（$\dot{Z}_R = 0$ とする）および式 (9.58) より，

$$\dot{Z}_s = \dot{Z}_0 \tanh \dot{\gamma}l \quad \cdots ①$$

同様に，受電端開放の場合，送電端よりみたアドミタンス Y_f は

$$\dot{Y}_f = \frac{1}{\dot{Z}_f} = \frac{1}{\dot{Z}_0}\tanh\dot{\gamma}l \quad \cdots ②$$

式①，②に数値を代入して $\dot{Z}_0$ および $\dot{\gamma}$ を求める．答：$\dot{Z}_0 = 346.41\,\Omega$, $\dot{\gamma} = j0.001427$

9.3 無損失線路では，式 (9.32) より $\dot{\gamma} = j\omega\sqrt{LC}$，式 (9.34) より $\dot{Z}_0 = \sqrt{L/C}$，また前問の式①および②より，$\dot{Z}_0 = \sqrt{\dot{Z}_s/\dot{Y}_f}$, $\dot{\gamma} = (1/l)\tanh^{-1}\sqrt{\dot{Z}_s\dot{Y}_s}$．これらから L, C を求め，$\dot{Z}_s = jb, \dot{Y}_f = ja$ を代入する．

$$\text{答}: L = \frac{1}{\omega l}\sqrt{\frac{b}{a}}\tan^{-1}\sqrt{ab}, \quad C = \frac{1}{\omega l}\sqrt{\frac{a}{b}}\tan^{-1}\sqrt{ab}$$

9.4 無損失線路の特性インピーダンスは式 (9.34) より $\dot{Z}_0 = \sqrt{L/C}$ であるので，受電端における電圧反射係数 m_r は，式 (9.75) より，

$$m_r = \frac{5R - \sqrt{L/C}}{5R + \sqrt{L/C}}$$

9.5 直列インピーダンス $\dot{Z}$ および並列アドミタンス $\dot{Y}$ は，9.1.1 項より，$\dot{Z} = R + j\omega L = 1.017 + j0.215\,\Omega/\text{km}$，$\dot{Y} = G + j\omega C = j0.543 \times 10^{-6}\,[\text{S/km}]$．これらを式 (9.25) および式 (9.26) に代入して，特性インピーダンス $\dot{Z}_0$ および伝搬定数 $\dot{\gamma}$ は，次のようになる．

$$\dot{Z}_0 = \sqrt{\dot{Z}/\dot{Y}} = 1075 + j871.3\,\Omega$$

$$\dot{\gamma} = \sqrt{\dot{Z}\dot{Y}} = (0.4730 + j0.5834) \times 10^{-3}$$

9.6 受電端開放なので，式 (9.53) において $\dot{Z}_R = \infty$ ($\dot{\theta}_R = j\pi/2$)，したがって，送電端の位置角は $(\dot{\gamma}l + j\pi/2)$ となり，送電端から受電端側をみたインピーダンス $\dot{Z}_S$ は，式 (9.58) より，$\dot{Z}_S = \dot{Z}_0 \tanh(\dot{\gamma}l + j\pi/2) = \dot{Z}_0 \cosh \dot{\gamma}l$ となる．

ここで，題意より，$\dot{Z} = \sqrt{R/G}$，$\dot{\gamma} = \sqrt{RG}$ となる．したがって，電源より流出する電流 $\dot{I}$ は

$$\dot{I} = \frac{E}{R_e + \dot{Z}_S} = \frac{E}{R_e + \sqrt{R/G}\cosh\sqrt{RG}\,l}$$

参考文献

[1] 熊谷，手塚：交流理論，共立出版
[2] 手塚，富谷：交流回路論，共立出版
[3] 末崎，天野：電気回路論，コロナ社
[4] 田中，藤沢：電気回路 I，朝倉書店
[5] 藤本：解説電磁気学，丸善
[6] 熊谷，榊，大野，尾崎：電気回路 (1), (2)，オーム社
[7] 電気学会：電気回路論（改訂版），電気学会
[8] 電気工学ハンドブック，電気学会
[9] 山田：交流回路計算法（改訂），コロナ社
[10] 別宮：対称座標法解説（増補版），オーム社
[11] 福田：電気回路，河出書房
[12] 大槻編：大学課程電気回路，オーム社
[13] H. Romanowitz: Introduction to Electrical Circuit, Toppan Company.
[14] 宮本，松田訳編：基礎数学ハンドブック，森北出版
[15] 電子通信学会編：改版 基礎電気回路 I, II，コロナ社
[16] 末崎：回路網解析序説，コロナ社
[17] エネルギー管理教育研修会：エネルギー管理士受験準備講座テキスト，財団法人省エネルギーセンター

索 引

英数字

3 相回路　142
3 相交流起電力　131
3 相交流発電機　156, 159
3 相発電機　153
Δ–Y 等価変換　138, 140
Δ 結線　134, 135
Γ 形回路　100
G 行列　91
G パラメータ　91
H 行列　90
H パラメータ　90
π 形回路　88, 105
R–C 直列回路　40
R–L–C 直列回路　26, 41
R–L 直列回路　38
T 形回路　87, 92
Y 形アドミタンス　155
Y 結線　134

あ　行

アドミタンス行列　84
暗　箱　83
アンペア　2
位相差　19
位相速度　175
位相定数　174
位置角　179
インダクタンス回路　21, 37
インピーダンス　27
インピーダンス角　43
インピーダンス行列　85
インピーダンス整合　184
影像インピーダンス　96

影像パラメータ　95, 98
枝　68
オイラーの式　33
往復反射　185
オーム　2
オームの法則　2

か　行

回転磁界　148, 150
回路素子　1
重ねの理　72
加法定理　102
環状結線　134, 137
環状電圧　134
環状電流　134
関数の直交性　109
木　68
奇関数波　114
基準ベクトル　35
基礎方程式の解　172
基本波　107
逆回路　57
逆起電力　20
逆行列　190
逆相電流　154
共　振　49
共振回路　48
共振角周波数　49, 50
共振曲線　50
行　列　188
行列の加減　188
行列の積　189
極座標表示　33
虚数単位　32

索　引

虚数部　32
キルヒホッフの第 1 法則　6
キルヒホッフの第 2 法則　6
キルヒホッフの法則　6, 43
偶関数波　111
駆動点アドミタンス　72
グラフ　68
結合係数　55
結線方式　134
減衰定数　174
コイル　2
格子形回路　88, 104
合成インピーダンス　58
高調波　107, 151
交流電圧　17
交流電圧源　1
交流電流　17
交流電流源　1
コンダクタンス　2, 43
コンデンサ　4

さ　行

サージインピーダンス　173
サセプタンス　43
三角波　115
軸対称二端子対回路　102
自己インダクタンス　3
自己インピーダンス　70
自己誘導作用　3
指数関数　191
磁　束　2
磁束密度　17
四端子回路　83
四端子定数　86
実効値　19
実数部　32
ジーメンス　2
周　期　18
周期関数　108
縦続接続　91
周波数　18
受電端開放　181
受電端短絡　180

ジュール熱　12
瞬時電力　22
枝　路　7
進行波　183
正弦波　114
正弦波電流　35
正相電流　154
正電荷　2
静電容量　4, 24
接続点　7
絶対値　32
節　点　68
零相電流　154
線形回路　2
線形素子　2
線電圧　134
線電流　134
全波整流波形　112
線路の共振　180
双曲線関数　191
相互インダクタンス　4
相互インピーダンス　70
相互誘導回路　54
相互誘導作用　4
相電圧　134
相電流　134
相反定理　74

た　行

第 2 高調波　107
第 3 高調波　107
台形波　117
対称 2 相交流　150
対称 3 相起電力　131
対称 3 相交流　135, 148
対称 3 相発電機　151
対称 n 相起電力　133
対称 Y 形起電力　142
対称座標法　153
対称多相交流　136, 148
対称二端子対回路網　86
多相交流起電力　131
中性点　134

直流電圧源　1
直流電流源　1
直列共振　49, 50
直列接続　93
直角座標表示　33
直交関数　109
抵　抗　2
抵抗回路　36
抵抗成分　43
定抵抗回路　59
テブナンの定理　75
電圧共振　51
電圧源　1
電圧降下　6
電圧反射係数　184
電圧平衡　7
電圧平衡式　20
電荷の流れ　2
電気抵抗　2
電　源　1
電信方程式　171
伝達アドミタンス　72
伝達定数　98
伝搬定数　174
電　流　2
電流源　1
電流の正方向　2
電流の強さ　2
電　力　12
電力ベクトル　53
透過波　183
等価変換　138
同　相　20
特性インピーダンス　173
独立な閉路の数　69

な　行

二端子対回路　83
二等分定理　103
二等辺三角波　118
のこぎり波　115

は　行

倍率器　10
波動方程式　171
バール　28
反共振　49, 52
反射波　183
半波整流波　30
ひずみ波交流　107
ひずみ波交流電圧　122
ひずみ波交流の皮相電力　128
ひずみ波交流の有効電力　126
ひずみ率　128
非線形回路　2
非線形素子　2
皮相電力　28, 128
非対称 3 相起電力　131
非対称 3 相電流　153
非対称 n 相起電力　133
非対称 Y 形起電力　145
ファラッド　4
複素アドミタンス　43, 45
複素インピーダンス　42, 45
複素指数関数形　110
複素数　32
複素数の四則演算　33
複素数表示による解析法　36
複素平面　32
不平衡 Y 形負荷　145
不平衡アドミタンス　159
不平衡回路　159
不平衡率　155
フーリエ級数　107
フーリエ級数の係数　108
ブリッジの平衡条件　9
ブロンデルの定理　148
分布定数回路　170
分布定数回路の基礎方程式　171
分流器　11
閉回路　7
平均値　19
平均電力　23
平衡 Δ 形負荷　144
平衡 Y 形負荷　146

並直列接続　94
並列共振　49, 51, 52
並列接続　92
閉　路　68
閉路方程式　69
ベクトルオペレータ　36
ベクトル軌跡　46
ベクトル表示　35
偏　角　32
ヘンリー　3
ホイートストンブリッジ　8
方形波　114, 118
補　木　68
星形結線　134, 136
補償の定理　77

ま　行

無効電力　28
無損失線路　175

無ひずみ線路　176

や　行

有限長線路　185
有効電力　28
誘導起電力　3
誘導リアクタンス　22
容量回路　37
容量リアクタンス　24
余弦波　112

ら　行

リアクタンス　27, 43
力　率　27
リンク　68
連結グラフ　68

わ　行

ワット　12, 28

著者略歴

有馬　泉（ありま・いずみ）
- 1957 年　大阪大学大学院修士課程修了後
　　　　　大阪大学工学部，同工業教員養成所を経て
- 1967 年　岐阜大学助教授
- 1971 年　岐阜大学教授（電気工学科）
- 1995 年　岐阜大学名誉教授
- 1995 年　中日本自動車短期大学学長
- 2001 年　中日本自動車短期大学学長退職
- 2001 年　神野学園理事
- 2003 年　神野学園理事退職

岩崎　晴光（いわさき・はるみつ）（故人）
- 1943 年　大阪高等工業学校卒業後
　　　　　三菱電機株式会社を経て
- 1975 年　岐阜大学教授（電気工学科）
- 1984 年　愛知工業大学教授（電気工学科）
- 1993 年　愛知工業大学退職
　　　　　この間，電気学会試験電圧標準特別委員会絶縁試験法小委員会
　　　　　委員として高電圧試験関係 JEC の改訂に参画，高電圧試験ハ
　　　　　ンドブック共同執筆
- 2007 年　逝去

編集担当　富井　晃（森北出版）
編集責任　石田昇司（森北出版）
組　　版　ウルス
印　　刷　エーヴィスシステムズ
製　　本　ブックアート

基礎電気回路 1（第 3 版）　　　　　　　© 有馬　泉・岩崎晴光　2014

- 1978 年 10 月 30 日　第 1 版第 1 刷発行　【本書の無断転載を禁ず】
- 1998 年 3 月 30 日　第 1 版第 22 刷発行
- 1999 年 5 月 12 日　第 2 版第 1 刷発行
- 2013 年 3 月 5 日　第 2 版第 13 刷発行
- 2014 年 6 月 4 日　第 3 版第 1 刷発行
- 2024 年 3 月 8 日　第 3 版第 4 刷発行

著　者　　有馬　泉・岩崎晴光
発行者　　森北博巳
発行所　　森北出版株式会社
　　　　　東京都千代田区富士見 1-4-11（〒102-0071）
　　　　　電話 03-3265-8341 ／ FAX 03-3264-8709
　　　　　https://www.morikita.co.jp/
　　　　　日本書籍出版協会・自然科学書協会　会員
　　　　　JCOPY ＜（一社）出版者著作権管理機構　委託出版物＞

落丁・乱丁本はお取替えいたします．

Printed in Japan／ISBN978-4-627-73183-7